U0227984

C_{20}-二萜生物碱

周先礼 高 峰 著

科学出版社
北 京

内 容 简 介

本书系统总结了 C_{20}-二萜生物碱和双二萜生物碱的结构类型、结构特征、分布特点、药理活性、结构修饰、化学合成及核磁共振谱特征等内容，并全面收集 400 余个 C_{20}-二萜生物碱和 23 个双二萜生物碱的名称、分子式、植物来源以及碳、氢化学位移数据。

本书是二萜生物碱系列书的分册之一，适合天然产物化学、天然药物化学、医药学、植物学、波谱分析等领域的科研和专业技术人员参考。

图书在版编目 (CIP) 数据

C_{20}-二萜生物碱/周先礼，高峰著. —北京：科学出版社，2021.2
ISBN 978-7-03-065950-7

Ⅰ. ①C⋯ Ⅱ. ①周⋯ ②高⋯ Ⅲ. ①二萜烯生物碱 Ⅳ. ①Q946.88

中国版本图书馆 CIP 数据核字（2020）第 162216 号

责任编辑：华宗琪 / 责任校对：杜子昂
责任印制：罗　科 / 封面设计：墨创文化

科 学 出 版 社 出版
北京东黄城根北街 16 号
邮政编码：100717
http://www.sciencep.com

四川煤田地质制图印刷厂 印刷
科学出版社发行　各地新华书店经销

*

2021 年 2 月第　一　版　　开本：720×1000　B5
2021 年 2 月第一次印刷　　印张：29 3/4
字数：600 000

定价：299.00 元
（如有印装质量问题，我社负责调换）

序

自 1833 年盖革（P. L. Geiger）从欧乌头（*Aconitum napellus* L.）中分离出乌头碱以来，对二萜生物碱的化学研究已有 180 多年。迄今为止，被报道的二萜生物碱已逾 1500 个。早期二萜生物碱的研究主要集中于提取分离与结构测定方面。随着大量新结构和许多有显著生理活性的二萜生物碱的发现，该类生物碱成为天然有机化学的重要研究领域之一。

20 世纪 80 年代以前，二萜生物碱化学的研究主要集中于北美［雅可布（W. A. Jacobs）、马里恩（L. Marion）、爱德华兹（O. E. Edwards）、威斯纳尔（K. Wiesner）、杰拉西（C. Djerassi）、派勒蒂尔（S. W. Pelletier）、本恩（M. H. Benn）］、日本（杉野目晴贞、落合英二、坂井进一郎）和苏联［尤努索夫父子（S. Yu. Yunusov，M. S. Yunusov）］。此后，研究的中心则逐渐转移到美国［派勒蒂尔（S. W. Pelletier）］和中国。在我国，首先是朱任宏（20 世纪 50 年代），后来是周俊、梁晓天、陈耀祖等先后开展国产草乌中二萜生物碱化学的研究。此外，郝小江实验室对蔷薇科绣线菊属（*Spiraea* L.）植物中 C_{20}-二萜生物碱也做了持久而深入的研究。

数十年来围绕着二萜生物碱的植化、谱学、合成、生物活性等方面做了大量的研究工作。近年来，研究的重点又更多地侧重于活性和全合成方面。

在二萜生物碱研究的专著方面，除了我们 2010 年编写出版的单卷本《C_{19}-二萜生物碱》（*The Alkaloids*：*Chemistry and Biology*，Vol. 69，G. A. Cordell，Eds.，Elsevier Press）外，其余多以单章形式收载在 Manske 和 Pelletier 两个权威系列的生物碱丛书中。但是，中文版的二萜生物碱研究方面的专著至今尚未看到。考虑到二萜生物碱的重要性以及发展现状与趋势，周先礼和高峰两位教授合作编著了二萜生物碱系列书。该书的出版无疑将为我国广大从事生物碱化学和天然有机化学研究的科研人员提供重要参考。

在结构上，该丛书按照此类生物碱的结构类型，分别撰写为《C_{18}-二萜生物碱》、《C_{19}-二萜生物碱》和《C_{20}-二萜生物碱》三部。每部都比较系统地归纳总结了各类二萜生物碱的生源途径、来源分布、结构类型、代表性化合物、结构修饰、半合成与全合成、药理作用及波谱特征等。该书涉及面较广，内容翔实，结构严谨。此外，著者对此类化合物的研究与积累有十多年之久。

　　该书对于从事生物碱化学、植物化学、中药化学、天然药物化学与天然有机化学等方面研究的研究生、科研人员来说，都是一本很值得推荐的参考书。

王锋鹏

2019 年 12 月

于成都华西坝

前　言

生物碱是一类含氮的碱性天然有机化合物。二萜生物碱是生物碱家族中结构类型最为复杂的一类天然产物，具有四环二萜或五环二萜氨基化而形成的杂环体系。该类化合物具有广泛的药用价值，尤其在镇痛、抗炎、抗心衰以及抗心律失常等方面表现出显著的药理作用。根据其生源途径，二萜生物碱主要分为四个大的结构类型，即 C_{18}-二萜生物碱、C_{19}-二萜生物碱、C_{20}-二萜生物碱和双二萜生物碱。随着天然有机化学的不断发展，近年来结构新颖、活性显著的 C_{20}-二萜生物碱及双二萜生物碱化合物不断被发现。在天然有机化学的研究过程中，碳、氢核磁共振谱的应用发挥了尤为重要的作用，已经成为结构分析方面首要的研究方法。

本书共分为 3 章。第 1 章绪论部分简述了 C_{20}-二萜生物碱的结构类型、结构特征及分布特点、药理活性、结构修饰、化学合成、核磁共振谱特征，以及双二萜生物碱的结构特征及分布特点等内容；第 2 章和第 3 章分别收录了 400 余个 C_{20}-二萜生物碱和 23 个双二萜生物碱的名称、分子式、植物来源以及碳、氢核磁共振谱数据。

由于作者水平有限，书中难免存在疏漏或不当之处，诚恳地希望读者批评指正，以便改进。

周先礼　高　峰

2020 年 7 月于成都

目　　录

第1章 绪 论

C$_{20}$-二萜生物碱的骨架类型较多，结构复杂多变。天然 C$_{20}$-二萜生物碱逾 400 个，主要分布在毛茛科（Ranunculaceae）乌头属（*Aconitum* L.）、翠雀属（*Delphinium* L.）、飞燕草属（*Consolida* L.）以及蔷薇科（Rosaceae）绣线菊属（*Spiraea* L.）植物中，有抗心律失常、镇痛、抗炎等多种药理活性。从传统中药材关白附{黄花乌头［*Aconitum coreanum* (Levl.) Rapaics］}中发现的海替生型二萜生物碱关附甲素（guan fu base A）已开发成以 Na$^+$离子通道为主，具有多离子通道阻滞作用的抗心律失常药物；从雪上一支蒿［短柄乌头（*Aconitum brachypodum* Diels）］中发现的雪上一支蒿甲素（bullatine A）具有良好的镇痛作用。

相较于其他类二萜生物碱，双二萜生物碱的数量较少，目前仅发现 23 个。双二萜生物碱主要是由 2 分子 C$_{20}$-二萜生物碱或 1 分子 C$_{20}$-二萜生物碱和 1 分子 C$_{19}$-二萜生物碱缩合而成，主要分布在乌头属植物中。

现对 C$_{20}$-二萜生物碱的结构类型、结构特征、分布特点、药理活性、结构修饰和全合成，以及双二萜生物碱的结构特征和分布特点进行总结。

1.1 C$_{20}$-二萜生物碱

1.1.1 结构类型

骨架复杂多样的 C$_{20}$-二萜生物碱属于较原始的二萜生物碱类型，与 C$_{18}$-二萜生物碱和 C$_{19}$-二萜生物碱相比，其绝大多数都具有环外双键 $\Delta^{16(17)}$结构。Wang 等（2010）按骨架结构将 C$_{20}$-二萜生物碱归纳为以下 10 种类型：①阿替生型（atisine type，C1）：C$_{20}$-二萜生物碱中结构最简单的一种类型。②光翠雀碱型（denudatine type，C2）：具有六环体系，其 C(20)与 C(7)相连形成一个稠环。③海替定型（hetidine type，C3）：在阿替生型骨架的基础上 C(20)与 C(14)相连形成的六环体系。④海替生型（hetisine type，C4）：在海替定型骨架的基础上 N 原子与 C(6)相连形成的七环体系。⑤vakognavine 型（C5）：该类型骨架在海替生型结构基础上，N—C(19)间的化学键发生断裂，C(19)氧化为醛基。⑥纳哌啉型（napelline type，C6）：与光翠雀碱型相比，区别在于 D 环上的变化，前者为五元环，后者为六元环。⑦kusnezoline 型（C7）：该类生物碱数量较少，目前为止仅发现 4 个，与其他

C₂₀-二萜生物碱最大的区别在于分子内具有两个四氢吡喃环。⑧racemulosine型（C8）：是 C₂₀-二萜生物碱 A 环破裂重排形成的一类非典型的结构类型。该种骨架类型由 Wang 等（2000）在彭州岩乌头（*Aconitum racemulosum* Franch var. *pengzhouense*）中首次发现。随后，周先礼课题组从拟黄花乌头（*Aconitum anthoroideum* DC.）中发现了另外 3 个该骨架类型结构的二萜生物碱（Huang et al，2020）。⑨arcutine 型（C9）：该类型结构的显著特征是 C(5)与 C(20)相连。⑩tricalysiamide型（C10）：是带有咖啡醇型二萜结构的重排维特钦型二萜生物碱，其典型特征为 C(3)—N—C(19)相连。

此外，阿诺特啉型（anopterine type，C11）和维特钦型（veatchine type，C12）也是两种较为常见的 C₂₀-二萜生物碱骨架类型。这两种类型与阿替生型的主要区别在于 D 环上，阿诺特啉型和维特钦型为五元环，而阿替生型为六元环。这两种骨架并不在上述分类的 10 种类型之中，故将其骨架分别编号为 C11、C12。即 C₂₀-二萜生物碱的主要结构类型有 12 种（图 1.1）。

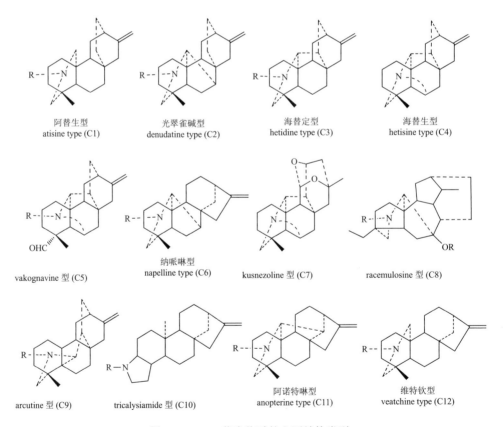

阿替生型
atisine type (C1)

光翠雀碱型
denudatine type (C2)

海替定型
hetidine type (C3)

海替生型
hetisine type (C4)

vakognavine 型 (C5)

纳哌啉型
napelline type (C6)

kusnezoline 型 (C7)

racemulosine 型 (C8)

arcutine 型 (C9)

tricalysiamide 型 (C10)

阿诺特啉型
anopterine type (C11)

维特钦型
veatchine type (C12)

图 1.1　C₂₀-二萜生物碱的主要结构类型

1.1.2 结构特征及分布特点

1. 结构多样性

目前，报道的 C_{20}-二萜生物碱已超过 400 个：阿替生型（C1）71 个，光翠雀碱型（C2）37 个，海替定型（C3）44 个，海替生型（C4）154 个，vakognavine型（C5）22 个，纳哌啉型（C6）42 个，kusnezoline 型（C7）4 个，racemulosine型（C8）4 个，arcutine 型（C9）3 个，tricalysiamide 型（C10）4 个，阿诺特啉型（C11）9 个，维特钦型（C12）7 个，重排类型 3 个。另外，还有 5 个新骨架化合物。

1）新骨架化合物

Guo 等（2018）从传统中药乌头（*Aconitum carmichaelii* Debx.）中分离得到的aconicarmisulfonine A（**1**）是罕见的磺酰化天然 C_{20}-二萜生物碱新骨架化合物（图 1.2）。

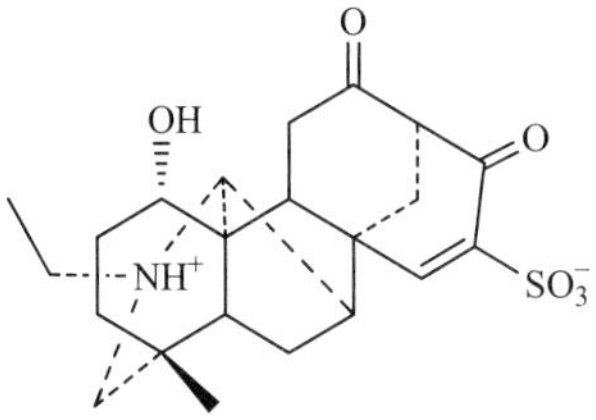

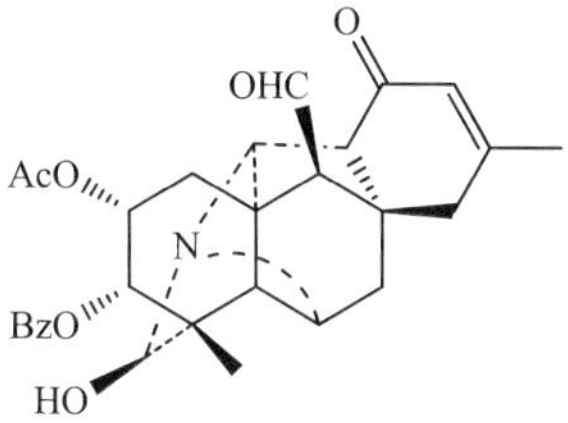

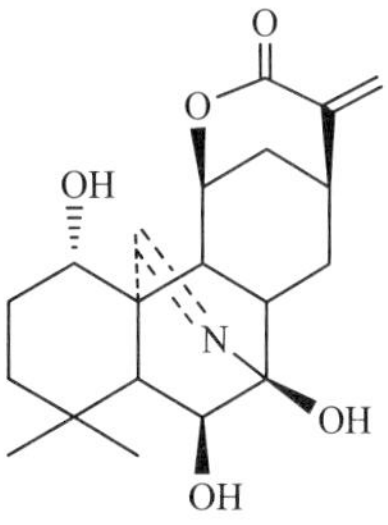

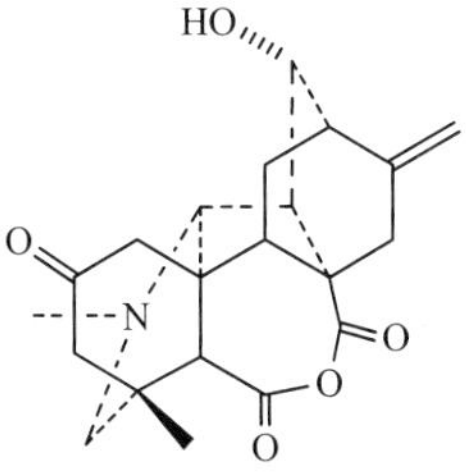

图 1.2 化合物 **1~5** 的结构

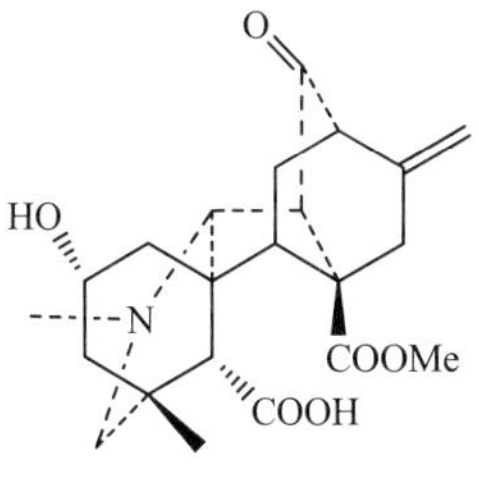

Shan 等（2017）从翠雀属植物还亮草的变种大花还亮草（*Delphinium anthriscifolium* var. *majus* Pamp.）中分离得到 anthriscifolsine A（**2**），该结构是海替生型 C_{20}-二萜生物碱的 C(11)—C(12)键发生断裂之后，通过质子转移和差向异构化而形成的 C_{20}-新骨架。

kaurine A（**3**）（Liu et al.，2015）植物来源为冬凌草[*Isodon rubescens* (Hemsl.) Hara]，该化合物是在维特钦型结构基础上，C(15)—C(8)键断裂，C(15)与 C(11) 形成六元内酯环结构，C(19)—N 键断裂，生成 C(7)—N 键。

从翠雀属植物 *Delphinium cardiopetalum* DC. 中发现的 cardionidine（**4**）（Reina et al.，1992），是由海替定型骨架 B 环的 C(6)和 C(7)位发生断裂后氧化成酸，脱去一分子水而形成分子内酸酐的新骨架化合物。黄草乌（*Aconitum vilmorinianum* Kom.）中的黄乌定（vilmoridine，**5**）（Ding et al.，1994）与化合物 **4** 为同一骨架类型化合物。

2）结构新颖的 C₂₀-二萜生物碱

grandiflodine A（**6**）（Chen et al.，2017）是 C(20)—N 键断裂的海替生型 C₂₀-二萜生物碱，来自翠雀属植物 *Delphinium grandiflorum* L.（图 1.3）。该化合物也是首次发现的含有氰基结构的二萜生物碱类天然产物。

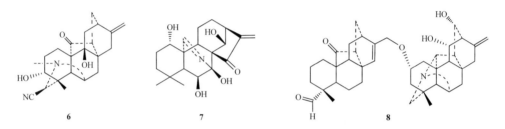

图 1.3　化合物 **6**～**8** 的结构

kaurine B（**7**）（Liu et al.，2015）与 kaurine A（**3**）是同时从植物 *Isodon rubescens* (Hemsl.) Hara 中分离得到，该化合物属于维特钦型 C₂₀-二萜生物碱，特征在于 C(19)—N 的断裂和 C(7)—N 键的生成。

Huang 等（2020）从拟黄花乌头（*Aconitum anthoroideum* DC.）中分离得到的 anthoroidine A（**8**），是首次发现的由 C₂₀-二萜生物碱与二萜缀合而成的化合物。

3）重排 C₂₀-二萜生物碱

在 C₂₀-阿替生型、光翠雀碱型和纳哌啉型三个途径到 C₁₉-乌头碱型二萜生物碱的生物转化过程中，有一关键的中间体——重排 C₂₀-二萜生物碱（图 1.4）。由于重排 C₂₀-二萜生物碱为转化途径中的中间体且自然界中存在较少，故未在上述 C₂₀-二萜生物碱的结构类型分类之中。

目前，发现的该类生物碱仅有 3 个：aconicarchamine A（**9**）（Shen et al.，2011）、actaline（**10**）（Nishanov et al.，1989）和 ajabicine（**11**）（Joshi et al.，1993），分别来源于乌头（*Aconitum carmichaelii* Debx.）、塔拉斯乌头（*Aconitum talassicum*）和飞燕草（*Delphinium ajacis*）（图 1.5）。这几个化合物的存在，验证了上述生物转化途径的正确性。

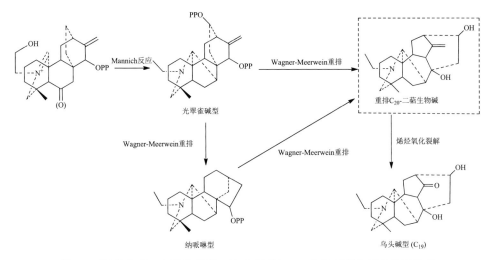

图 1.4 阿替生型、光翠雀碱型、纳哌啉型和 C_{19}-乌头碱型之间的生源关系

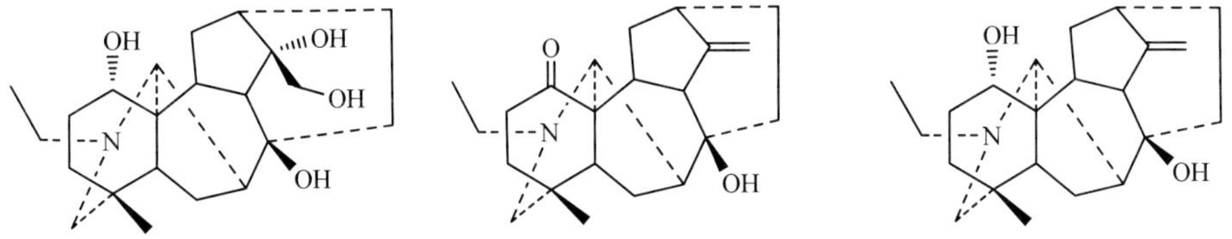

9   **10**   **11**

图 1.5 化合物 **9**~**11** 的结构

2. 分布

C_{20}-二萜生物碱分布较为广泛，主要分布于毛茛科乌头属、翠雀属、飞燕草属，其次为蔷薇科绣线菊属、毛茛科唐松草属、蓼科酸模属等中有少量分布，见表 1.1。

表 1.1 C_{20}-二萜生物碱在植物中的分布

	分类群	骨架类型*
毛茛科 Ranunculaceae	乌头属 *Aconitum* L.	C4、C6、C3、C2、C1、C5、C9、C8、C7
	翠雀属 *Delphinium* L.	C4、C5、C1、C3、C2
	飞燕草属 *Consolida* (DC.) S. F. Gray	C4、C1、C2
	唐松草属 *Thalictrum* L.	C1、C3
蔷薇科 Rosaceae	绣线菊属 *Spiraea* L.	C1、C3、C4

续表

分类群		骨架类型*
蓼科 Polygonaceae	酸模属 Rumex L.	C4
丝缨花科 Garryaceae	丝缨花属 Garrya Douglas ex Lindl.	C12
南鼠刺科 Escalloniaceae	银铃桂属 Anopterus Labill.	C11
茜草科 Rubiaceae	狗骨柴属 Diplospora DC.	C10
唇形科 Labiatae	香茶菜属 Rabdosia (Bl.) Hassk.	C12

*骨架类型按数量多少排序

1.1.3 药理活性

近年来，随着结构新颖的 C$_{20}$-二萜生物碱不断被发现，有关其药理活性研究的报道也不断涌现，其在抗炎、抗肿瘤、镇痛及拒食活性等方面表现出了明显的效果。例如，关附甲素（guan fu base A，GFA）是从黄花乌头块根中发现的具有抗心律失常活性的 C$_{20}$-二萜生物碱，后被开发成盐酸关附甲素注射液应用于临床。

1. 抗肿瘤活性

现代药理研究表明，C$_{20}$-二萜生物碱主要通过抑制肿瘤细胞增殖、促进细胞凋亡、干扰细胞周期等多种途径来抑制肿瘤细胞生长，从而表现出良好的抗肿瘤活性。目前，针对 C$_{20}$-二萜生物碱的抗肿瘤活性研究主要集中在细胞水平上。2010 年，He 等（2010）从黄毛翠雀花（*Delphinium chrysotrichum* Finet et Gagnep.）中分离得到一个阿替生型 C$_{20}$-二萜生物碱 delphatisine C（**12**），并采用磺酰罗丹明 B（SRB）染色法测定其对肺癌细胞株 A549 和乳腺癌细胞株 MCF-7 的细胞毒性（图 1.6）。研究发现，**12** 对 A549 细胞表现出较强的抑制作用，半抑制浓度（IC$_{50}$）为 2.36 μmol/L。He 等（2011）还发现来自河南翠雀花（*Delphinium honanense* W. T. Wang）植物中的另一个阿替生型 C$_{20}$-二萜生物碱 honatisine（**13**）对乳腺癌细胞株 MCF-7 有抑制作用，其 IC$_{50}$ 值为 3.16 μmol/L。Wada 等（2007）测试了从 *Aconitum yesoense* var. *macroyesoense* (Nakai) Tamura、*Delphinium elatum* L. 和 *Aconitum japonicum* Thunb. 三种植物中分离得到的 8 个 C$_{19}$-二萜生物碱，6 个 C$_{20}$-二萜生物碱及 25 个半合成衍生物对人脑胶质瘤细胞 A172 的毒性。结果表明，维特钦型 C$_{20}$-二萜生物碱 luciculine 的衍生物 12-acetylluciculine（**14**）、阿替生型生物碱 kobusine（**15**）、pseudokobusine（**16**）

的衍生物 11-veratroylpseudokobusine（**17**）、11-cinnamoylpseudokobusine（**18**）、11-(*m*-trifluoromethylbenzoyl)-pseudokobusine（**19**）、11-anisoylpseudokobusine（**20**）、11-*p*-nitrobenzoylpseudokobusine（**21**）、11-(*m*-trifluoromethylbenzoyl)-kobusine（**22**）这 7 个化合物对 A172 细胞表现出较强的抑制作用.构效关系研究表明 pseudokobusine（**16**）的 C(11)位酰化是发挥细胞毒性的关键结构.Hazawa 等（2011）发现 **19** 和 **20** 对非霍奇金淋巴瘤 Raji 细胞有生长抑制活性，IC_{50} 值分别为 2.2 μg/mL 和 2.4 μg/mL.其中，**19** 通过抑制细胞外信号调节激酶活性，诱导增强磷脂酰肌醇 3-激酶（PI3K）通路磷酸化，调控细胞周期发挥对肿瘤细胞的抑制作用，且对人造血干细胞的正常生长无明显影响.

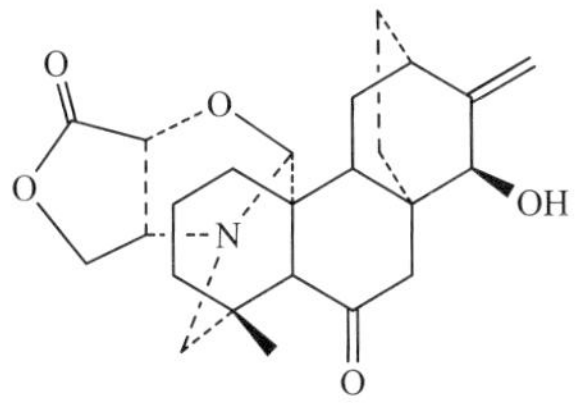

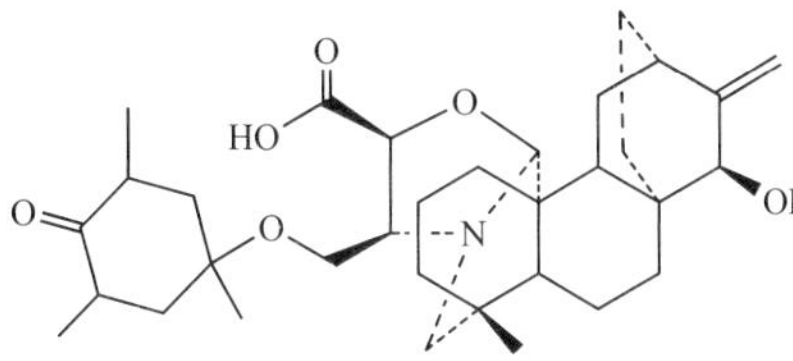

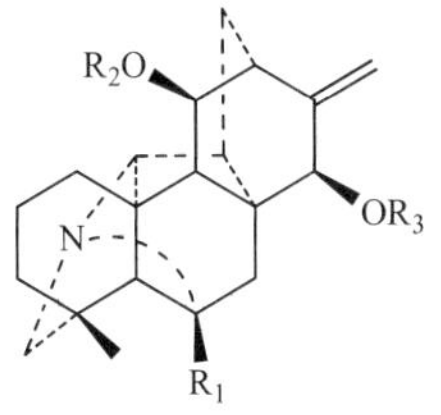

15 $R_1 = R_2 = R_3 = H$
16 $R_1 = OH, R_2 = R_3 = H$
17 $R_1 = OH, R_2 = COC_6H_3(OCH_3)_2, R_3 = H$
18 $R_1 = OH, R_2 = COCH = CHC_6H_5, R_3 = H$
19 $R_1 = OH, R_2 = COC_6H_4CF_3 (m), R_3 = H$
20 $R_1 = OH, R_2 = COC_6H_4OCH_3 (p), R_3 = H$
21 $R_1 = OH, R_2 = COC_6H_4NO_2 (p), R_3 = H$
22 $R_1 = R_3 = H, R_2 = COC_6H_4CF_3 (m)$

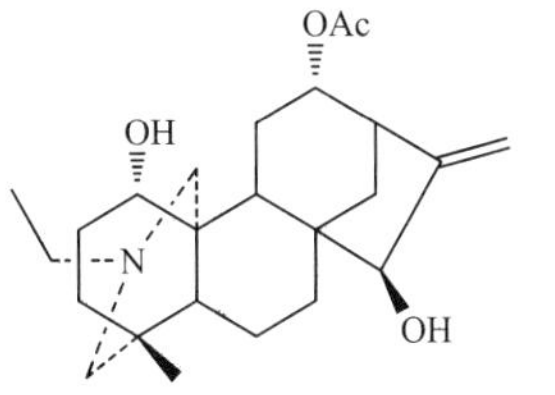

图 1.6　化合物 **12**～**22** 的结构

2. 抗心律失常活性

苏联学者 Dzhakhangirov 等（1977）报道了纳哌啉型 C_{20}-二萜生物碱 napelline（**23**）和 C_{19}-二萜生物碱 heteratisine（**24**）具有明显的抗心律失常活性，这是首次对二萜生物碱进行抗心律失常活性研究（图 1.7）.此后，抗心律失常活性较好的 C_{20}-二萜生物碱陆续被报道.从黄花乌头中分离得到的关附甲素（gaun fu base A，**25**）、关附壬素（guan fu base I，**26**）和关附庚素（gaun fu base G，**27**），三者结构类似.后德辉等（1987）通过药理实验证明，这三个化合物对氯仿诱发的小鼠室颤和乌头碱诱发的大鼠室性心律失常均有明显的保护作用，**27** 的作用最强，**25** 稍弱，**26** 最弱.三者在结构上的差异仅为母核上乙酰基的数目和位置，母核中羟基被酰化的数目越多，表现出的抗心律失常活性越强。Xing 等（2014）采用全细胞膜片电压钳技术测试 4 个 C$_{19}$-二萜生物碱和 17 个 C$_{20}$-二萜生物碱对心肌细胞钠电流的影响，结果表明 guan fu base S（**28**）表现出较强的抑制作用，IC$_{50}$ 值为 3.48 μmol/L，具有良好的抗心律失常效果。Salimov 等（2004）研究发现从乌头属植物 *Aconitum soongaricum* Stapf 中分离得到的 12-acetyl-12-*O*-epinapelline（**29**）具有抗心律失常活性。当给药浓度为 5～20 mg/kg 时，可减轻乌头碱诱发的小鼠室性心律失常。

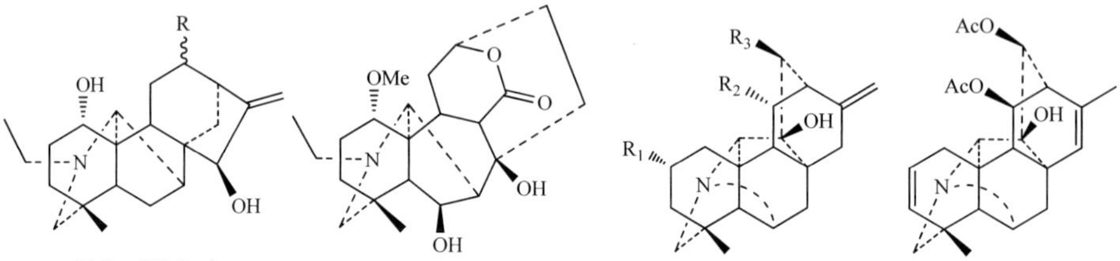

23 R = OH（*α*）
29 R = OAc（*β*）

24

25 R$_1$ = OAc, R$_2$ = OH, R$_3$ = OAc
26 R$_1$ = OAc, R$_2$ = OAc, R$_3$ = OH
27 R$_1$ = OAc, R$_2$ = OAc, R$_3$ = OAc

28

图 1.7 化合物 **23**～**29** 的结构

3. 抗血小板聚集作用

李玲等（2002）用 Born 氏比浊法观察了 9 个来自小叶华北绣线菊（*Spiraea fritschiana* var. *parvifolia*）中的海替生型 C$_{20}$-二萜生物碱对体外血小板活化因子（PAF）、花生四烯酸（AA）和腺苷二磷酸（ADP）三种诱导剂引起的血小板聚集活性的影响，结果表明多数化合物均可显著抑制 PAF 诱导的血小板聚集，其中化合物 spirafine Ⅱ（**30**）和 spirafine Ⅲ（**31**）活性最强（图 1.8）。构效关系为：①在海替生型 C$_{20}$-二萜生物碱中具有 $\Delta^{16(17)}$，可增强 PAF 诱导的血小板聚集抑制活性；②具有 C(16)位 *α*-OH 的化合物活性强于具有 *β*-OH 的化合物；③C(6)连有羰基的化合物比连有羟基的化合物活性高。Spiramine Q（**32**）能有效抑制 AA 诱导的血小板聚集，降低兔血小板中 5-羟色胺的分泌，具有较强的抗血小板聚集和抗血栓作用（Shen et al.，2000）。Spiramine C 衍生物（**33**）可非选择性抑制 PAF、AA 和 ADP 诱导的聚集，且抑制 AA 诱导的血小板聚集作用与阿司匹林活性相当（Li et al.，2002）。Spiramine N-6（**34**）（Shen et al.，2004）可选择性抑制 PAF 诱导的血小板聚集，IC$_{50}$ 值为 26 μmol/L，对由 AA、ADP 引起的血小板聚集无明显作用。

30

31

32

33

34

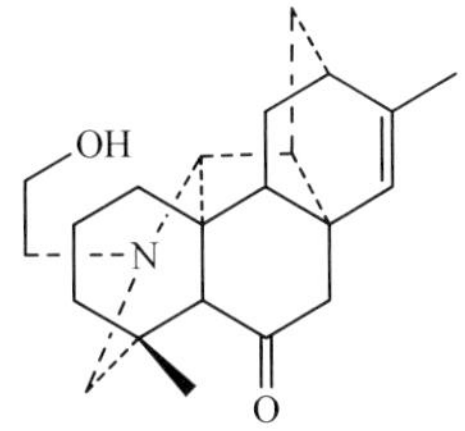

图 1.8 化合物**30**～**34**的结构

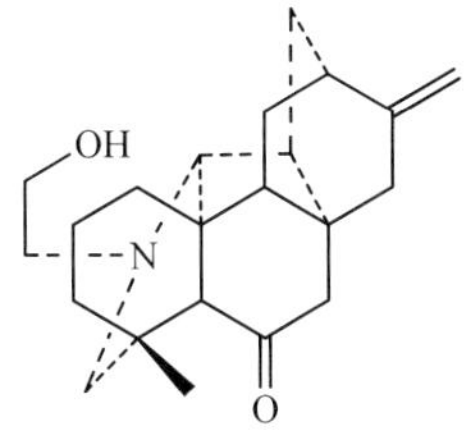

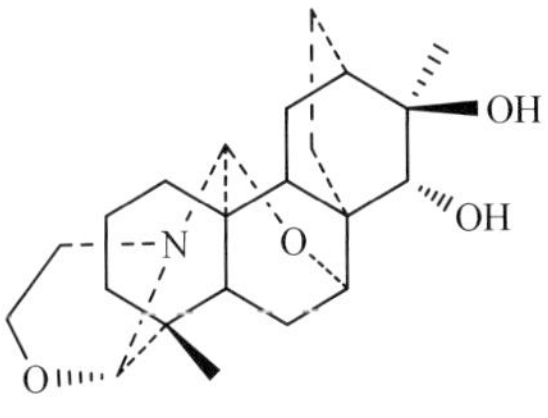

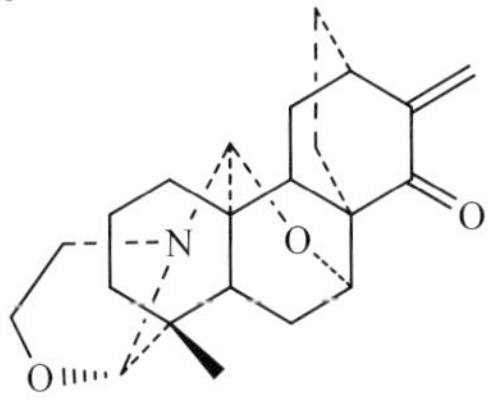

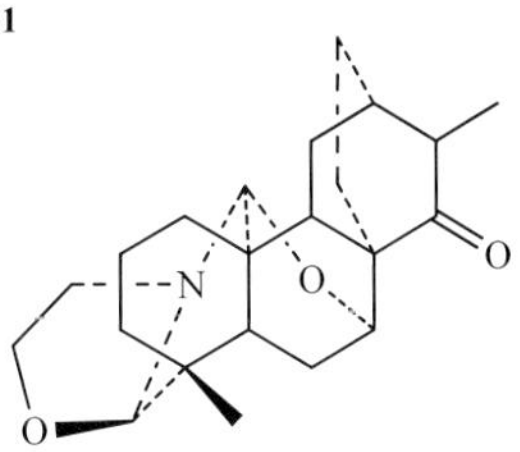

4. 杀虫及拒食活性

1998 年，Gonzalez-Coloma 等（1998）研究了 5 个 C_{20}-二萜生物碱对灰翅夜蛾（*Spodoptera littoralis*）和马铃薯甲虫（*Leptinotarsa decemlineata*）的毒杀和拒食活性。结果表明，受试化合物对灰翅夜蛾和马铃薯甲虫均没有毒性，cardiopetamine（**35**）和 15-acetylcardiopetamine（**36**）能显著抑制灰翅夜蛾和马铃薯甲虫的取食行为，且对杂食性的鳞翅目和寡食性的鞘翅目昆虫也有拒食活性，表明其拒食活性具有广谱性（图 1.9）。Reina 等（2007）测试了 22 个 C_{20}-二萜生物碱对克氏锥虫（*Trypanososma cruzi*）和利什曼原虫（*Leishmania infantum*）

35

36

37

38

39

40

41

42

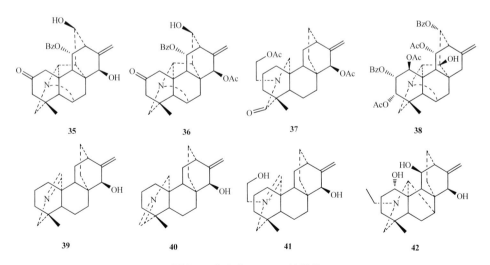

图 1.9 化合物**35**～**42**的结构

的杀虫活性。15, 22-*O*-diacetyl-19- oxo-dihydroatisine（**37**）、delphigraciline（**38**）、azitine（**39**）和 isoazitine（**40**）对利什曼原虫表现出较高的杀灭活性，atisinium chloride（**41**）对克氏锥虫具有较好的杀灭效果。2012 年，Yuan 等（2012）考察了来自高乌头的 lepenine（**42**）对黏虫（*Mythimna separata*）的杀虫和拒食活性，结果表明该化合物具有很强的诱导取食作用，72 h 的诱食率可达到 99.5%。

5. 抗氧化作用

handelidine（**43**）（尹田鹏，2016）是从剑川乌头（*Aconitum handelianum* Comber）中分离得到的环外双键被双羟化且具有 C(15)-C(16)-C(17)位连三醇的光翠雀碱型 C20-二萜生物碱（图 1.10）。该化合物具有抗氧化能力，对 DPPH 和 ABTS 自由基清除活性的 IC50 值分别为 121.94 μg/mL 和 11.15 μg/mL（阳性对照芦丁对 DPPH 和 ABTS 自由基清除活性的 IC50 值分别为 6.64 μg/mL 和 1.53 μg/mL）。

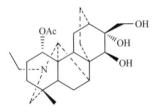

图 1.10　化合物 **43** 的结构

1.1.4　结构修饰

王如斌等（1992）采用不同疏水性的羧酸对关附甲素（**25**）及其水解产物关附醇胺（**44**）进行酰化，化合物结构及结构修饰路线如图 1.11 所示。

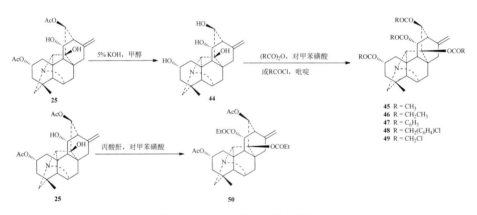

45 R = CH3
46 R = CH2CH3
47 R = C6H5
48 R = CH2(C6H4)Cl
49 R = CH2Cl

图 1.11　王如斌等的结构修饰路线

山东大学冯洪珍（2004）在保持关附醇胺（**44**）母核的基础上，先将 C 环上的碳碳双键 $\Delta^{16(17)}$ 还原为碳碳单键制得氢化关附醇胺（**51**）。这样减弱了其分子刚性，使分子柔性增强，势能降低，有可能更好地与钠通道内口的结合位点结合，增强其与受体的结合能力，抑制钠离子内流。再将氢化关附醇胺（**51**）与不同的酰化试剂缩合成酯，如图 1.12 所示。

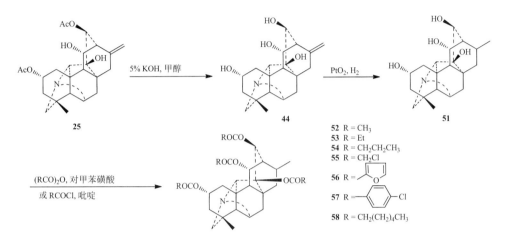

图 1.12　冯洪珍的结构修饰路线

1.1.5　化学合成

C$_{20}$-二萜生物碱是二萜生物碱家族中结构类型最为复杂的一类，到目前为止发现的主要骨架类型多达 12 类，如图 1.13 所示。由于其复杂多样化的结构和显著的生物活性，C$_{20}$-二萜生物碱的合成研究一直是有机化学家的目标。自 1963 年 Nagata 完成第一例 C$_{20}$-二萜生物碱(±)-atisine 的全合成至今，化学家们成功地完成了 6 种类型（atisines，veatchines，napellines，hetisines，denudatines，hetidines）共 22 个 C$_{20}$-二萜生物碱分子的全合成。

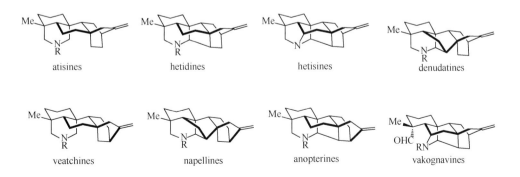

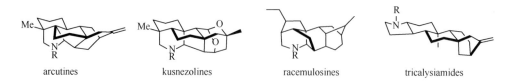

arcutines　　　　　kusnezolines　　　　　racemulosines　　　　　tricalysiamides

图 1.13　全合成的 C_{20}-二萜生物碱结构类型

　　20 世纪 60～90 年代，C_{20}-二萜生物碱全合成研究领域的重点主要集中在结构相对简单的 atisines 和 veatchines 分子。在这一时期，仅有(±)-atisine、veatchine、garryine、(±)-napelline 和 diacetyloxodenudatine 这 5 个分子被化学家合成出来（图 1.14）。Nagata 研究小组不仅以在 C(8)、C(10)两个叔碳位置引入氰基并进一步官能团化及成环为关键反应完成了(±)-atisine 的首例全合成（Nagata et al., 1963），还以(±)-atisine 全合成路线中的五环关键中间体为起始物，完成了 veatchines 分子 garryine 和 veatchine 的合成（Nagata et al., 1964; 1967）。与 Nagata 研究小组相同，Wiesner 在 1966 年完成 garryine 和 veatchine 的合成后，于同年以该合成路线中的内酰胺桥环中间体为起始物，采用光催化的[2 + 2]环加成反应和逆醇醛缩合（retro-aldol），醇醛缩合（aldol）串联反应为关键步骤，成功地合成了(±)-atisine（Guthrie et al., 1966）。两年后，Wiesner 又用这条合成(±)-atisine 路线的五环关键中间体为底物，以更加简洁高效的方法制备了 veatchine。此外，他还于 1974 年首次完成了 napellines 分子 napelline 的合成，并于六年后，在基于 denudatines 骨架直接转化重排为具有 napellines 骨架前体的基础上，优化了 napelline 的合成路线，同时采用类似的策略，依次经氮杂环丙烷体系重排、aldol 反应、光催化[2 + 2]环加成-retro-aldol 串联，以及 Diels-Alder 加成等关键反应首次成功合成了 denudatines 类型的分子 diacetyloxodenudatine。Wiesner 教授史无前例地完成了 4 种类型共 5 个 C_{20}-二萜生物碱分子的全合成，其中 napelline 是迄今为止唯一被合成出来的 napellines 分子。毫无疑问，Wiesner 教授为 C_{20}-二萜生物碱的全合成领域做出了巨大贡献。在这一时期中，除上述两个研究小组外，Masamune 也在成功合成 garryine 的基础上，用 garryine 合成中的前体制备了(±)-atisine。1988 年，Fukumoto 采用首先建立 A/E 桥环片段，继而利用分子内双 Michael 加成反应一步构建 BCD 环系的策略，简洁高效地完成了(±)-atisine 的全合成（Ihara et al., 1988）。

　　经历 20 世纪 90 年代的短暂沉寂，随着有机化学的巨大发展，二萜生物碱的合成研究再次成为热点。除了 7 个结构相对简单的 atisines 分子和 5 个 denudatines 分子外，化学家们还完成了结构更加复杂多样的 hetidines 骨架以及 3 个 hetidines 分子和 4 个 hetisines 分子的全合成（图 1.15）。

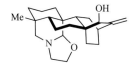

atisine
1963, Nagata
1964, Masamune
1966, Wiesner
1988, Fukumoto

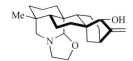

veatchine
1964, Nagata
1966/1968, Wiesner

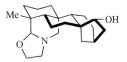

garryine
1964, Masamune
1966, Wiesner
1967, Nagata

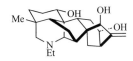

napelline
1974/1980, Wiesner

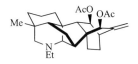

diacetyloxodenudatine
1980, Wiesner

图 1.14 20 世纪 60～90 年代 C$_{20}$-二萜生物碱的合成概况

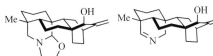

(±)-atisine
atisines
2012, Wang

(±)-isoazitine
atisines
2012, Wang

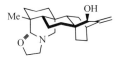

(−)-isoatisine
atisines
2014, Baran

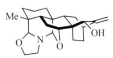

(±)-spiramines C, 19S
(±)-spiramines D, 19R
atisines
2016, Xu

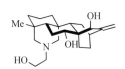

dihydroajaconine
atisines
2016, Xu; 2016, Qin

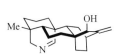

azitine
atisines
2018, Ma

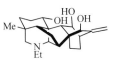

lepenine
denudatines
2014, Fukuyama

cochlearenine
denudatines
2016, Sarpong

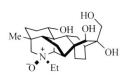

paniculamine
denudatines
2016, Sarpong

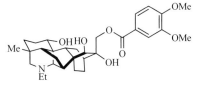

N-ethyl-1α-hydroxy-17-veratroyldictyzine
denudatines
2016, Sarpong

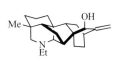

gymnandine
denudatines
2016, Qin

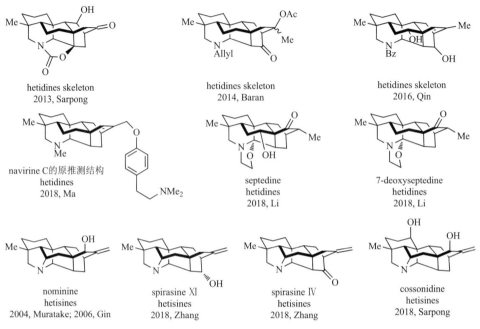

hetidines skeleton
2013, Sarpong

hetidines skeleton
2014, Baran

hetidines skeleton
2016, Qin

navirine C的原推测结构
hetidines
2018, Ma

septedine
hetidines
2018, Li

7-deoxyseptedine
hetidines
2018, Li

nominine
hetisines
2004, Muratake; 2006, Gin

spirasine XI
hetisines
2018, Zhang

spirasine IV
hetisines
2018, Zhang

cossonidine
hetisines
2018, Sarpong

图 1.15　2000 年以后 C₂₀-二萜生物碱的合成概况

　　hetisines C₂₀-二萜生物碱是在 atisines 化合物的基础上，C(20)与 C(14)相连，N
与 C(6)相连形成的，是 C₂₀-二萜生物碱中结构类型最复杂的一类，其代表化合物
nominine 是时隔 16 年后第一个被合成出来的 C₂₀-二萜生物碱化合物。2004 年，著
名合成化学家 Muratake 在知名期刊 *Angew. Chem. Int. Ed.* 上报道了 nominine 的首次
全合成。该合成从醛 **59** 出发，以 Lewis 酸催化的 acetal-ene 反应构建 G 环，进而连
接 N—C(6)键后用自由基环合历程建立 D 环，最后经 S_N2 反应连接 N—C(20)键，
完成氮杂桥环系统的建立，总计 36 步反应成功制得 nominine [图 1.16（a）]。两
年后，Gin 等用一条更为简洁的路线合成了 nominine，该路线仅有 15 步反应，
关键步骤包括氮杂-1,3-偶极环加成构建吡咯桥环以及分子内 Diels-Alder 反应建
立双环[2.2.2]辛烷体系[图 1.16（b）]。对于这一类复杂分子的全合成研究，还包
括 2018 年张敏研究员报道的(±)-spirasine IV 和(±)-spirasine XI（Zhang et al.，2018）
以及 Sarpong 完成的 cossonidine（Kou et al.，2018）。

59　　　　acetal-ene　　　　**60**　　　　自由基环化　　　　**61**　　　S_N2反应　　　nominine, 36步
　　　　　　　　　　　　　　　　　　　　　　　　　　　　　　　　　　　　　　Muratake等

(a)

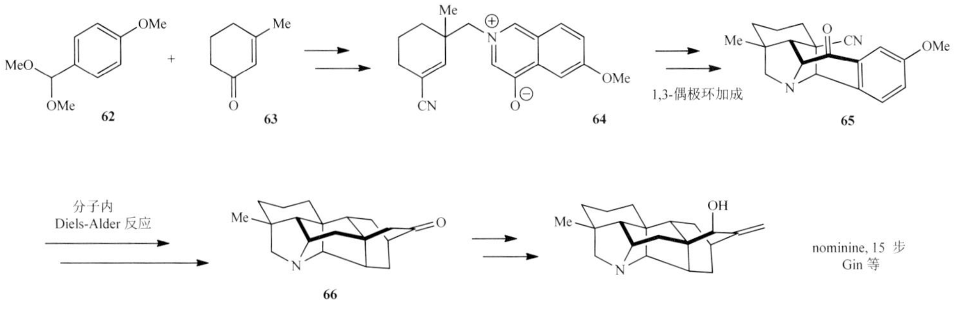

(b)

图 1.16　Muratake 等（a）和 Gin 等（b）对 nominine 的全合成

对于 C$_{20}$-二萜生物碱的全合成研究来说，知名化学家 Sarpong 所做的贡献无疑是巨大的。他不仅完成了第一个 hetidines 骨架的合成，还成功合成了三个 denudatines 分子和一个 hetisines 分子（图 1.15）。2013 年，他将其课题组前期发展的三价镓催化的烯炔环异构化应用在 hetidines 骨架的合成中，构建了 6-7-6 三环化合物 **68**，再经 S$_N$2 反应连接了 N—C(20)键，继而通过氧化去芳香化反应、Michael 加成和 aldol 反应成功构建了 hetidines 骨架（Hamlin et al.，2013）（图 1.17）。随后，Baran 和秦勇教授也相继发表了 hetidines 骨架的合成（Cherney et al.，2014；Li et al.，2016）。但遗憾的是，他们并没有完成 hetidines 天然产物的全合成。

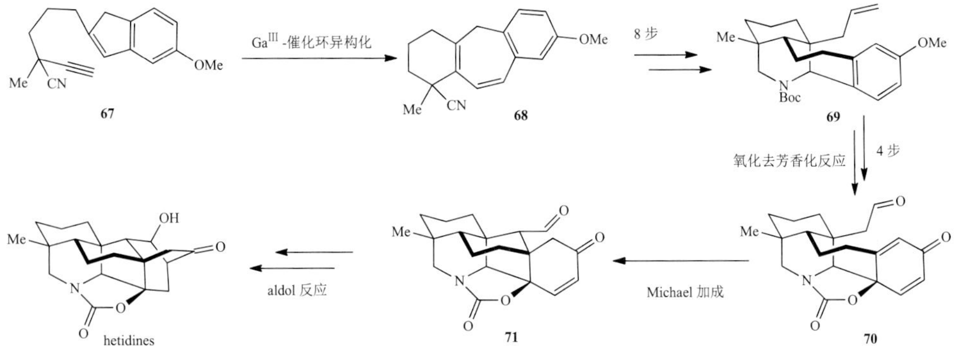

图 1.17　Sarpong 等首次完成 hetidines 骨架合成

hetidines 天然产物是目前已经完成全合成的 C$_{20}$-二萜生物碱中最后被合成出来的。直到 2018 年，马大为研究员和李昂研究员才相继完成了 hetidines 化合物 navirine C（原推测结构）和 septedine 以及 7-deoxyseptedine 的全合成（Liu and Ma，2018；

Zhou et al.，2018）（图 1.15）。到目前为止，在 hetidine 型 C$_{20}$-二萜生物碱的合成中，也仅有这三个分子被合成出来。马大为研究员首次将金属螯合控制的共轭加成应用于天然产物的合成中，用 γ-OH 不饱和氰基化合物 72 与格氏试剂 73 加成制得氰基化合物后，以氧化去芳香化分子内 Diels-Alder 环加成为关键反应，成功构建了双氰基四环关键中间体 75，并用 HAT 反应连接 C(20)—C(14)键，还原环化构建 E 环，用 19 步反应完成了文献报道的 navirine C 结构的合成[图 1.18（a）]。遗憾的是，合成出来的化合物的核磁数据与分离文献报道的不一致，由于分离样品和原始图谱丢失，他们未能修正 navirine C 的结构。同一时间，李昂研究员在知名化学期刊 *J. Am. Chem. Soc* 上报道了两个 hetidines 化合物的合成。如图 1.18（b）所示，易制备不饱和中间体 78 以 Carreira 多烯环化和阴离子 Diels-Alder 为关键反应，经多步转化构建了 ABCDF 五环关键中间体 81，通过多步官能团转化为 C(19)醛 82/83 后，用还原胺化引入氮并与 C(20)缩合环化构建 E 环，进而完成 septedine 和 7-deoxyseptedine 的全合成。对于 hetisines 天然产物的合成，马大为研究员与李昂研究员的合成思路相同，均先构建 ABCDF 五环体系，最后才合成含氮的 E 环，继而经官能团转化完成全合成。

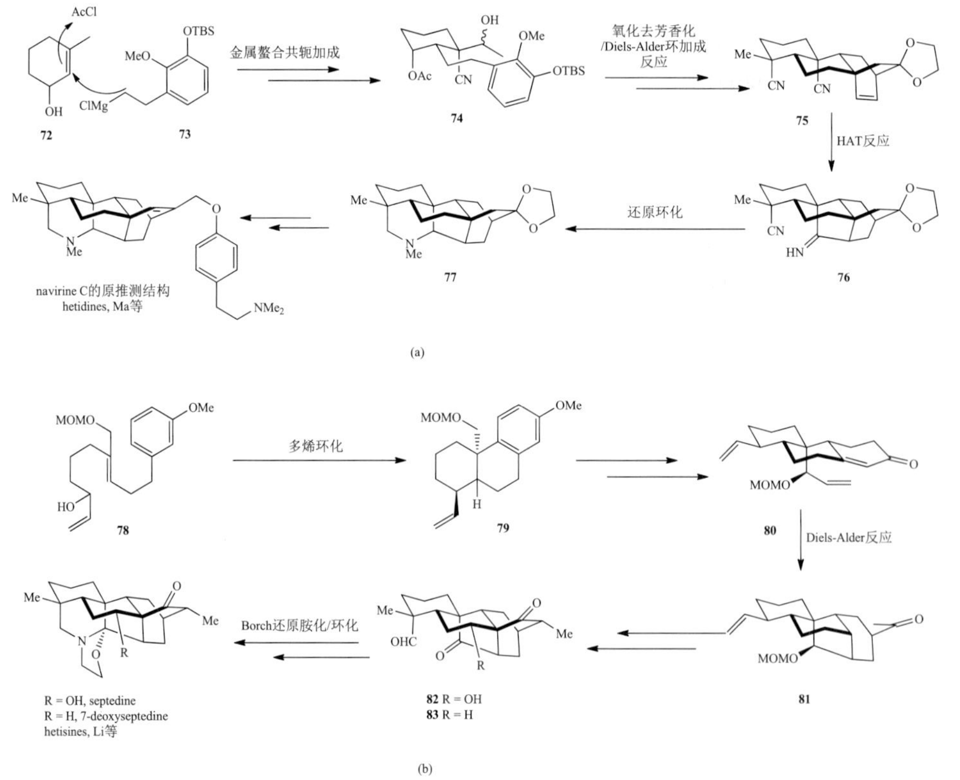

(a)

(b)

图 1.18　马大为等（a）和李昂等（b）对 hetisines 天然产物的全合成

除上述外，王锋鹏教授、Baran 教授、Fukuyama 教授、徐亮教授和秦勇教授均完成了一个或多个 C_{20}-二萜生物碱的全合成，为该研究领域的进步做出了巨大贡献。随着合成的 C_{20}-二萜生物碱分子越来越多，该领域的研究被推向了一个新的高度；而其骨架的多样性、结构的复杂性及不断发现的新结构和新活性，也使得 C_{20}-二萜生物碱的全合成研究继续受到合成化学家的关注。接下来，如何以更简洁高效的途径合成 C_{20}-二萜生物碱仍会是二萜生物碱研究领域的热点。

1.1.6 核磁共振谱特征

1. ^{1}H NMR 谱

从 C_{20}-二萜生物碱的骨架分类来看，除 racemulosine 型和 tricalysiamide 型两种类型结构外，其余的 C_{20}-二萜生物碱在 C(4)上均连有 C(18)角甲基。C(18)角甲基在 ^{1}H NMR 上显示出特征的单峰质子信号，化学位移 δ_H 为 0.7~1.3 ppm，随着 C(2)、C(3)、C(5)、C(19)和氮原子上发生取代与否而稍有不同。此外，大部分骨架的 C 环或 D 环上都连有一个环外双键，这可作为判断是否为 C_{20}-二萜生物碱的一个重要特征。环外双键的两个质子信号 δ_H 为 4.5~5.2 ppm，表现为宽单峰或者双重峰。在 vakognavine 型的化合物中，C(19)醛基特征的单峰或宽单峰质子信号在低场 δ_H 为 9.3~10.0 ppm。氮甲基（N—CH$_3$）的质子信号为 2.1~2.5 ppm，表现为单峰，氮乙基中的甲基以三重峰（$J = 6~7$ Hz）的形式出现在 δ_H 为 0.9~1.2 ppm 处。在 atisine 型中常存在 N＝C(20)双键，C(20)上单个质子的化学位移 δ_H 为 7.3~7.8 ppm。而在 atisine、denudatine 和 hetidine 这三种类型结构中，常含有 N＝C(19)键，其 H—C(19) δ_H 为 7.2~7.4 ppm。

C_{18}-二萜生物碱、C_{19}-二萜生物碱中多连有甲氧基、邻氨基苯甲酰氧基及其衍生物等取代基，与之不同的是 C_{20}-二萜生物碱中鲜有上述基团的存在。C_{20}-二萜生物碱中常见羟基、酮羰基和乙酰氧基、异丁酰氧基、异戊酰氧基、苯甲酰氧基等酯类取代基。特征质子和常见取代基上的质子信号的 δ_H 值如表 1.2 所示。

表 1.2　特征质子和常见取代基上的质子信号的 δ_H 值范围

特征质子或取代基	化学位移 δ_H /ppm
角甲基（CH$_3$）	0.7~1.3（s）
环外双键	4.5~5.2（br s）
氮甲基（N—CH$_3$）	2.1~2.5（s）
氮乙基（N—CH$_2$—CH$_3$）	0.9~1.2（t）
N＝C(19)H （atisine 型、denudatine 型、hetidine 型）	7.2~7.4（br s 或 d）

续表

特征质子或取代基	化学位移 δ_H /ppm
N=C(20)H（atisine 型）	7.3～7.8（br s 或 d）
醛基（CHO）	9.0～9.8 [C(19)—CHO] 8.5～8.7 [N—CH$_2$—CHO]
乙酰氧基（OCOCH$_3$）	1.6～2.1（s）
异丁酰氧基 [OCOCH(CH$_3$)$_2$]	2.5～2.6（m）[CH(CH$_3$)$_2$] 1.1～1.2（d）[CH(CH$_3$)$_2$]
异戊酰氧基 [OCOCH(CH$_3$)CH$_2$CH$_3$]	2.3～2.6（m）[CH(CH$_3$)CH$_2$CH$_3$] 1.4～1.7（m）[CH(CH$_3$)CH$_2$CH$_3$] 0.8～0.9（t）[CH(CH$_3$)CH$_2$CH$_3$] 1.1～1.2（d）[CH(CH$_3$)CH$_2$CH$_3$]
丙酰氧基（OCOCH$_2$CH$_3$）	2.2～2.3（m）[CH$_2$CH$_3$] 0.9～1.1（t）[CH$_2$CH$_3$]
苯甲酰氧基（OCOC$_6$H$_5$）	7.1～8.5（m）
3,4-二甲氧基苯甲酰氧基 [OCOC$_6$H$_4$(OCH$_3$)$_2$]	6.8～7.7（m）[Ar—H] 3.9（s）[OCH$_3$]

2. ^{13}C NMR 谱

特征碳和常见取代基上的 δ_C 值如表 1.3 所示。C$_{20}$-二萜生物碱 C 环上环外双键的 C(16)化学位移 δ_C 为 149～157 ppm，C(17)为 104～111 ppm。部分 C$_{20}$-二萜生物碱的 C(16)＝C(17)键转变为环内双键 C(15)＝C(16)，化学位移也发生相应的改变。羟基是 C$_{20}$-二萜生物碱中常见的官能团之一，连接位置不同及周围化学环境的影响使得与其相连的碳原子化学位移 δ_C 在 65～80 ppm 范围内。hetisine型 C$_{20}$-二萜生物碱的氮原子与 C(6)相连接，形成七元环结构，当羟基在 C(6)位置上发生含氧取代时，C(6)的 δ_C 值向低场移动至 97～102 ppm。酮羰基取代在 C$_{20}$-二萜生物碱结构中较为常见，常在 C(2)、C(6)、C(7)、C(13)、C(14)、C(15)和 C(19)位上进行取代。受周围化学环境的影响，不同位置的取代其化学位移相差较大。

表 1.3　特征碳和常见取代基上的 δ_C 值范围

特征碳或取代基	化学位移 δ_C/ppm
角甲基（CH$_3$）	21～29
环外双键	149～157 [C(16)] 104～111 [C(17)]
环内双键	125～131 [C(15)] 140～147 [C(16)]

续表

特征碳或取代基	化学位移 δ_C/ppm
C(6)—OH（hetisine 型）	97～102
C(19)—β-OH	87～91
乙酰氧基（OCOCH$_3$）	168～171 [OCOCH$_3$] 20～24 [OCOCH_3]
酮羰基（C=O）	207～209 [C(13)=O] 212～219 [C(14)=O] 172～176 [C(19)=O]
醛羰基（C=O）	190～198 [C(19)—COH] 181～183 [N—CH$_2$—COH]
乙氧基（OCH$_2$CH$_3$）	63～66 [OCH_2CH$_3$] 14～16 [OCH$_2$$CH_3$]
丙酰氧基（OCOCH$_2$CH$_3$）	173～176 [OCOCH$_2$CH$_3$] 28～29 [OCOCH_2CH$_3$] 8～10 [OCOCH$_2$$CH_3$]
异丁酰氧基 [OCOCH(CH$_3$)$_2$]	176～177 [OCOCH(CH$_3$)$_2$] 34～35 [OCOCH(CH$_3$)$_2$] 18～19 [OCOCH(CH_3)$_2$]
异戊酰氧基 [OCOCH(CH$_3$)CH$_2$CH$_3$]	176～178 [OCOCH(CH$_3$)CH$_2$CH$_3$] 40～41 [OCOCH(CH$_3$)CH$_2$CH$_3$] 26～27 [OCOCH(CH$_3$)CH_2CH$_3$] 11～12 [OCOCH(CH$_3$)CH$_2$$CH_3$] 16～17 [OCOCH($CH_3$)CH$_2CH_3$]
苯甲酰氧基（OCOC$_6$H$_5$）	166～168（C=O）　130～131（1′） 129～130（2′，6′）　128～129（3′，5′） 132～133（4′）
对甲氧基苯甲酰氧基（OCOC$_6$H$_4$OCH$_3$）	166～168（C=O）　122～123　（1′） 131～132（2′，6′）113～114（3′，5′）　163～164（4′） 55～56（4′-OCH_3）
3,4-二甲氧基苯甲酰氧基 [OCOC$_6$H$_4$(OCH$_3$)$_2$]	166～168（C=O）　122～123（1′）　110～112（2′） 148～149（3′）　152～153（4′）　110～112（5′） 123～124（6′） 55～56（3′-OCH_3，4′-OCH_3）

1.2　双二萜生物碱

双二萜生物碱是二萜生物碱中数量最少的一类，共发现 23 个，是由两分子 C_{20}-二萜生物碱或一分子 C_{19}-二萜生物碱和一分子 C_{20}-二萜生物碱缩合形成。数量虽少，但这种"组合单元"使得双二萜生物碱结构多变。

1.2.1　结构特征

由两分子 C$_{20}$-二萜生物碱形成的双二萜生物碱按结构特征可划分为以下六种类型（图 1.19）：①atisine-hetidine 型是最早发现的结构类型之一，分子中 atisine 的 C(16)、C(17)与 hetidine 的 C(17')、C(16')、C(15')缩合成四氢吡喃环进行连接。②具有相同连接方式的结构还有 atisine-重排 hetidine 型，是由一分子 atisine 与一分子重排 hetidine 缩合形成。1976 年，S. W. Pelletier 共发现 8 个 atisine-hetidine 型和 atisine-重排 hetidine 型的双二萜生物碱，此后再未见这两种结构类型的报道。近十年来，发现的双二萜生物碱多以 hetidine-hetisine 型和 atisine-denudatine 型为主，共有 10 个。③hetidine 与 hetisine 经 C(17)—O—C(11')形成的 hetidine-hetisine 型有 6 个。④atisine 与 denudatine 由 C(17)—O—C(22')缩合成的 atisine-denudatine 型有 4 个。⑤denudatine-denudatine 型是由两分子的 denudatine 结构通过 C(17)—O—C(22')醚键连接形成。⑥hetidine-重排 hetisine 型化合物仅从拟黄花乌头（*Aconitum anthoroideum* DC.）中发现 1 个。该类型结构的 C(17)与 C(17')相连，C(11')—C(12')键断裂，C(13')位羟基与 C(11')位羟基通过羟醛缩合形成重排 C 环。

由一分子 C$_{20}$-二萜生物碱和一分子 C$_{19}$-二萜生物碱缩合形成双二萜生物碱类型则较少，目前发现的两种类型中，C$_{19}$-二萜生物碱都是内酯型结构，且 C$_{19}$-二萜生物碱与 C$_{20}$-二萜生物碱间均通过 C(8)—O—C(17')键连接，主要差异在于 C$_{20}$-二萜生物碱的不同。这两种类型即为 lactone-hetisine 型和 lactone-hetidine 型（图 1.19）。

1.2.2　分布特点

双二萜生物碱作为一类结构特殊的化学成分对植物属系的划分具有重要的参考价值。23 个双二萜生物碱中有 8 个分布在翠雀属植物 *Delphinium staphisagria* 中；8 个集中分布在甘青乌头及其变种中；3 个分布在显柱乌头系中；其余零散分布在各乌头中（表 1.4）。

植物化学分类上将甘青乌头系 Ser. *Tangutica* 称为内酯型二萜生物碱类群。甘青乌头系共有 3 种植物。螺瓣乌头（*Aconitum spiripetalum* Hand.-Mazz.）未见化学成分研究，甘青乌头［*Aconitum tanguticum* (Maxim.) Stapf］及变种毛果甘青乌头中（*Aconitum tanguticum* var. *trichocarpum* Hand.-Mazz.）共发现 4 个包含 C$_{19}$-内酯结构（lactone-hetisine 型、lactone-hetidine 型）的双二萜生物碱和 4 个 hetidine-hetisine 型双二萜生物碱。滇西乌头（*Aconitum bulleyanum* Diels）、普格乌头（*Aconitum pukeense* W. T. Wang）属显柱乌头系 Ser. *Stylosa*。显柱乌头系共有

30 余种植物，除滇西乌头、太白乌头、独龙乌头、丽江乌头等植物已进行了充分的化学研究外，多数种类研究甚少，该系的植物化学成分值得进一步研究。

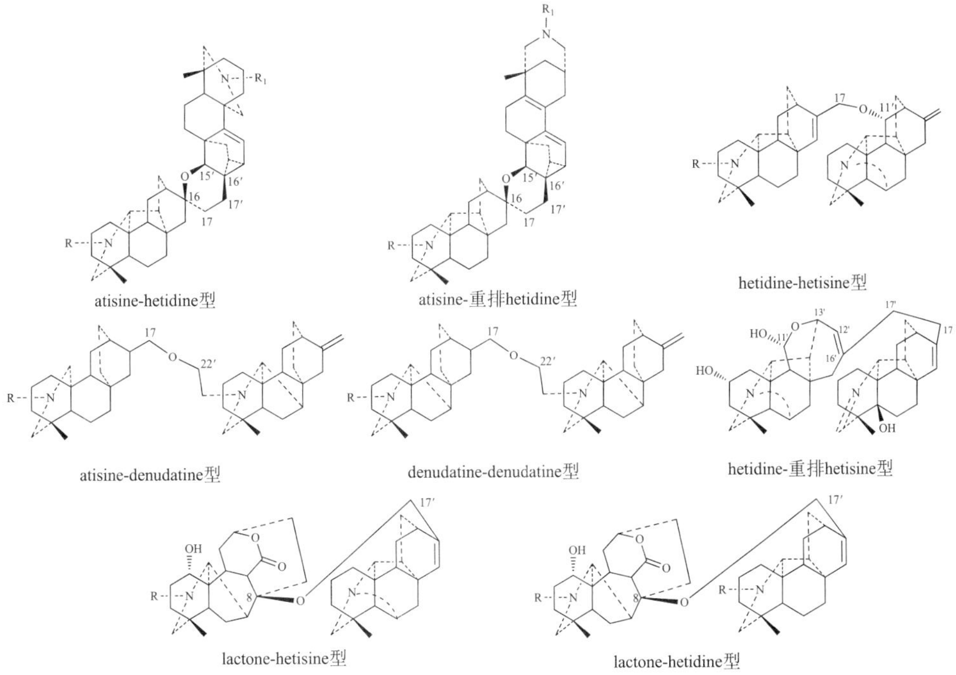

atisine-hetidine 型　　　　　atisine-重排 hetidine 型

hetidine-hetisine 型

atisine-denudatine 型　　　　denudatine-denudatine 型

hetidine-重排 hetisine 型

lactone-hetisine 型　　　　　lactone-hetidine 型

图 1.19　双二萜生物碱结构类型

表 1.4　双二萜生物碱的分布

类型	植物来源	化合物名称
	翠雀属 *Delphinium* L.	
atisine-hetidine 型	*Delphinium staphisagria*	staphisagrine
		staphisagnine
atisine-重排 hetidine 型	*Delphinium staphisagria*	staphidine
		staphimine
		staphirine
		staphisine
		staphigine
		staphinine

续表

类型	植物来源	化合物名称
	乌头属 Aconitum L.	
hetidine-hetisine 型	Aconitum tanguticum var. trichocarpum Hand.-Mazz. 毛果甘青乌头	trichocarpinine trichocarpinine A trichocarpinine B trichocarpinine C
atisine-denudatine 型	Aconitum piepunense Hand.-Mazz. 中甸乌头	piepunine
	Aconitum bulleyanum Diels 滇西乌头	bulleyanine A bulleyanine B
denudatine-denudatine 型	Aconitum pukeense W. T. Wang 普格乌头	pukeensine
hetidine-重排 hetisine 型	Aconitum anthoroideum DC. 拟黄花乌头	anthoroidine B
lactone-hetisine 型	Aconitum tanguticum var. trichocarpum Hand.-Mazz. 毛果甘青乌头	trichocarpidine
lactone-hetidine 型	Aconitum tanguticum var. trichocarpum Hand.-Mazz. 毛果甘青乌头	trichocarpine A trichocarpine B
	Aconitum tanguticum (Maxim.) Stapf 甘青乌头	tangirine

参 考 文 献

冯洪珍. 2004. 关附甲素的结构修饰及抗心律失常活性的研究. 济南：山东大学.

后德辉, 邬利娅, 徐为人, 等. 1987. 关附庚素与关附甲素及壬素抗心律失常的比较. 中国药科大学学报, 4: 268-272.

李玲, 李民, 沈月毛, 等. 2002. 华北绣线菊二萜生物碱抗血小板聚集性研究. 天然产物研究与开发, 3: 7-10.

王如斌, 彭司勋, 华维一. 1992. 关附甲素结构修饰. 中国药科大学学报, 23 (5): 257-259.

尹田鹏. 2016. 六种云南产乌头属植物的生物碱成分研究. 昆明：云南大学.

Chen N H, Zhang Y B, Li W, et al. 2017. Grandiflodines A and B, two novel diterpenoid alkaloids from *Delphinium grandiflorum*. RSC Advances, 7 (39): 24129-24132.

Cherney E C, Lopchuk J M, Green J C, et al. 2014. A unified approach to ent-atisane diterpenes and related alkaloids: synthesis of (–)-methyl atisenoate, (–)-isoatisine, and the hetidine skeleton. Journal of the American Chemical Society, 136 (36): 12592-12595.

Ding L S, Wu F E, Chen Y Z. 1994. A new skeleton diterpenoid alkaloid from *Aconitum vilmorinianum*. Acta Chimica Sinica, 52 (9): 932-936.

Dzhakhangirov F N, Sadritdinov F S. 1977. Pharmacology of napelline and heteratisine alkaloids. Doklady Akademii Nauk UzSSR, 3: 50-51.

Gonzalez-Coloma A, Guadano A, Gutierrez C, et al. 1998. Antifeedant *Delphinium* diterpene alkaloids. Structure-activity relationships. Journal of Agricultural and Food Chemistry, 46 (1): 286-290.

Guo Q L, Xia H, Shi G N, et al. 2018. Aconicarmisulfonine A, a sulfonated C_{20}-diterpenoid alkaloid from the lateral roots of *Aconitum carmichaelii*. Organic Letters, 20 (3): 816-819.

Guthrie R W, Valenta Z, Wiesner K. 1966. Synthesis in the series of diterpene alkaloids. VI. Simple synthesis of atisine. Tetrahedron Letters, 7 (38): 4645-4654.

Hazawa M, Takahashi K, Wada K, et al. 2011. Structure-activity relationships between the *Aconitum* C_{20}-diterpenoid alkaloid derivatives and the growth suppressive activities of Non-Hodgkin's lymphoma Raji cells and human hematopoietic stem/progenitor cells. Investigational New Drugs, 29 (1): 1-8.

He Y Q, Ma Z Y, Wei X M, et al. 2010. Chemical constituents from *Delphinium chrysotrichum* and their biological activity. Fitoterapia, 81 (7): 929-931.

He Y Q, Ma Z Y, Wei X M, et al. 2011. Honatisine, a novel diterpenoid alkaloid, and six known alkaloids from *Delphinium honanense* and their cytotoxic activity. Chemistry & Biodiversity, 8 (11): 2104-2109.

Hamlin A M, Cortez F D, Lapointe D, et al. 2013. Gallium(III)-catalyzed cycloisomerization approach to the diterpenoid alkaloids: construction of the core structure for the hetidines and hetisines. Angewandte Chemie International Edition, 52 (18): 4854-4857.

Huang S, Zhang J F, Chen L, et al. 2020. Diterpenoid alkaloids from *Aconitum anthoroideum* with protection against MPP^+-induced apoptosis of SH-SY5Y cells and acetylcholinesterase inhibitory activity. Phytochemistry, 178: 112459.

Ihara M, Suzuki M, Fukumoto K, et al. 1988. Stereoselective total synthesis of ($\pm$)-atisine via intramolecular double Michael reaction. Journal of the American Chemical Society, 110 (6): 1963-1964.

Joshi B S, Puar M S, Desai H K, et al. 1993. The structure of ajabicine, a novel diterpenoid alkaloid from *Delphinium ajacis*. Tetrahedron Letters, 34 (9): 1441-1444.

Kou K G M, Pflueger J J, Kiho T, et al. 2018. A benzyne insertion approach to hetisine-type diterpenoid alkaloids: synthesis of Cossonidine (Davisine). Journal of the American Chemical Society, 140 (26): 8105-8109.

Li L, Shen Y M, Yang X S, et al. 2002. Antiplatelet aggregation activity of diterpenoid alkaloids from *Spiraea japonica*. European Journal of Pharmacology, 449: 23-28.

Li X H, Zhu M, Wang Z X, et al. 2016. Synthesis of atisine, ajaconine, denudatine, and hetidine diterpenoid alkaloids by a bioinspired approach. Angewandte Chemie International Edition, 55 (50): 15667-15671.

Liu J, Ma D W. 2018. A unified approach for the assembly of atisine-and hetidine-type diterpenoid alkaloids: total syntheses of azitine and the proposed structure of Navirine C. Angewandte Chemie International Edition, 57 (22): 6676-6680.

Liu X, Yang J, Wang W G, et al. 2015. Diterpene alkaloids with an aza-ent-kaurane skeleton from *Isodon rubescens*. Journal of Natural Products, 78 (2): 196-201.

Muratake H, Natsume M. 2004. Total synthesis of ($\pm$)-nominine, a heptacyclic hetisine-type aconite alkaloid. Angewandte Chemie International Edition, 43: 4646-4649.

Nagata W, Sugasawa T, Narisada M, et al. 1963. Stereospecific total synthesis of *dl*-atisine. Journal of the American Chemical Society, 85 (15): 2342-2343.

Nagata W, Narisada M, Wakabayashi T, et al. 1964. Total synthesis of *dl*-garryine and *dl*-veatchine. Journal of the

American Chemical Society，86（5）：929-930.

Nagata W，Sugasawa T，Narisada M，et al. 1967. Total synthesis of *dl*-atisine. Journal of the American Chemical Society，89（6）：1483-1499.

Nishanov A A，Tashkhodzhaev B，Sultankhodzhaev M N，et al. 1989. Alkaloids from aerial parts of *Aconitum talassicum*. Structure of actaline. Khimiya Prirodnykh Soedinenii，1：39-44.

Peese K M，Gin D Y. 2006. Efficient synthetic access to the hetisine C$_{20}$-diterpenoid alkaloids. A concise synthesis of nominine via oxidoisoquinolinium-1, 3-dipolar and dienamine-Diels-Alder cycloadditions. Journal of the American Chemical Society，128（7）：8734-8735.

Reina M，Gonzalez-Coloma A. 2007. Structural diversity and defensive properties of diterpenoid alkaloids. Phytochemistry Reviews，6：81-95.

Reina M，Madinaveitia A，De la Fuente G，et al. 1992. Cardionidine，an unusual C$_{20}$ diterpenoid alkaloid from *Delphinium cardiopetalum* DC. Tetrahedron Letters，33（12）：1661-1662.

Salimov B T，Turgunjov K K，Tashkhodzhaev B，et al. 2004. Structure and antiarhythmic activity of 12-acetyl-12-epinapelline，a new diterpenoid alkaloid from *Aconitum soongoricum*. Chemistry of Natural Compounds，40（2）：151-155.

Shan L H，Zhang J F，Gao F，et al. 2017. Diterpenoid alkaloids from *Delphinium anthriscifolium* var. *majus*. Scientific Reports，7：6063.

Shen Y，Zuo A X，Jiang Z Y，et al. 2011. Two new C$_{20}$-diterpenoid alkaloids from *Aconitum carmichaelii*. Helvetica Chimica Acta，94（1）：122-126.

Shen Z Q，Chen Z H，Li L，et al. 2000. Antiplatelet and antithrombotic effects of the diterpene Spiramine Q from *Spiraea japonica* var. *incisa*. Planta Medica，66：287-289.

Shen Z Q，Zhang L Y，Chen P，et al. 2004. Spiramine N-6，a novel agent of antiplatelet and anti-platelet-neutrophil interactions. Natural Product Research and Development，16（2）：138-142.

Wada K，Hazawa M，Takahashi K，et al. 2007. Inhibitory effects of diterpenoid alkaloids on the growth of A172 human malignant cells. Journal of Natural Products，70（12）：1854-1858.

Wang F P，Chen Q H，Liu X Y. 2010. Diterpenoid alkaloids. Natural Products Reports，27（4）：529-570.

Wang F P，Peng C S，Yu K B. 2000. Racemulosine，a novel skeletal C$_{20}$-diterpenoid alkaloid from *Aconitum racemulosum* Franch var. *pengzhouense*. Tetrahedron，56（38）：7443-7446.

Xing B N，Jin S S，Wang H，et al. 2014. New diterpenoid alkaloids from *Aconitum coreanum* and their anti-arrhythmic effects on cardiac sodium current. Fitoterapia，94：120-126.

Yoshitake N，Yuki H，Satoshi Y，et al. 2014. Total synthesis of (−)-lepenine. Journal of the American Chemical Society，136（18）：6598-6601.

Yuan C L，Wang X L. 2012. Isolation of active substances and bioactivity of *Aconitum sinomontanum* Nakai. Natural Product Research，26（22）：2099-2102.

Zhang Q Z，Zhang Z S，Huang Z，et al. 2018. Stereoselective total synthesis of hetisine-type C$_{20}$-diterpenoid alkaloids：spirasine Ⅳ and Ⅺ. Angewandte Chemie International Edition，57（4）：937-941.

Zhou S P，Guo R，Yang P，et al. 2018. Total synthesis of septedine and 7-deoxyseptedine. Journal of the American Chemical Society，140（29）：9025-9029.

第2章　C$_{20}$-二萜生物碱核磁数据

　　近年来结构新颖的 C$_{20}$-二萜生物碱不断被发现，但由于其结构复杂多变，核磁图谱解析也较为困难。在现代植物化学及药物合成研究中，对于一个未知化合物的结构解析，^{13}C NMR 和 ^{1}H NMR 谱的测定及解析是常用的方法之一。通过对测定的化合物的核磁共振波谱数据进行解析，或与文献中已有的化合物数据进行分析比对，再结合其他波谱分析，便可以得出待测化合物的结构。因此，我们在此对 C$_{20}$-二萜生物碱的核磁数据、植物来源、分子式及分子量进行归纳、整理，以便广大读者查阅。

　　常见的基团缩写

Ac:

*i*Bu:

MeBu:

*n*Bu:

Bz:

As:

OMe

Vr:

OMe

OMe

Cn:

2.1 阿替生型（atisine type，C1）

化合物名称：13-(2-methylbutyryl)azitine

分子式：C$_{25}$H$_{37}$NO$_3$ **分子量**（$M+1$）：400

植物来源：*Delphinium scabriflorum*

参考文献：Shrestha P M，Katz A. 2004. Diterpenoid alkaloids from the roots of *Delphinium scabriflorum*. Journal of Natural Products，67（9）：1574-1576.

13-(2-methylbutyryl)azitine 的 NMR 数据

位置	δ_C/ppm	δ_H/ppm（J/Hz）	位置	δ_C/ppm	δ_H/ppm（J/Hz）
1	33.6 t	1.72br d（14.5）	13	72.6 d	5.04 dd（4.7，11.9）
		1.06 br d（12.7）	14	25.5 t	1.65 m
2	19.9 t	1.48 dd（6.6，13.8）			1.30 m
3	42.3 t	1.42 dd（5.1，18.0）	15	70.8 d	3.74 br t
		1.24 m	16	152.9 s	
4	34.3 s		17	109.9 t	5.17 br s
5	44.9 d		18	25.8 q	0.86 s
6	19.3 t	1.60 m	19	60.0 t	3.45 d（10.7）
		1.19 m	20	—	7.93 br d
7	31.9 t	2.05 m	1′	178.2 s	
		1.33 m	2′	41.3 d	2.57 m
8	37.4 s		3′	26.7 t	1.70 m
9	38.0 d	1.94 br d（8.4）			1.50 m
10	42.0 s		4′	11.7 q	0.92 t（7.3）
11	28.2 t	1.78 m	5′	16.9 q	1.16 d（7.0）
		1.62 m			
12	35.5 d	2.38 m			

化合物名称：15, 22-*O*-diacetyl-19-oxodihydroatisine

分子式：C$_{26}$H$_{37}$NO$_5$　　　　　　　分子量（$M+1$）：444

植物来源：*Delphinium staphisagria*

参考文献：Diaz J G，Ruiz J G，De la Fuente G. 2000. Alkaloids from *Delphinium staphisagria*. Journal of Natural Products，63（8）：1136-1139.

15, 22-*O*-diacetyl-19-oxodihydroatisine 的 NMR 数据

位置	δ_C/ppm	δ_H/ppm（*J*/Hz）	位置	δ_C/ppm	δ_H/ppm（*J*/Hz）
1	41.4 t	1.79 m	14	26.9 t	2.23 ddd（15，11.5，3）
		1.15 m			1.12 m
2	20.0 t	1.57 m	15	76.7 d	5.13 br t（2）
		1.44 tt（13.5，4.5）	16	150.4 s	
3	39.6 t	1.78 td（12，7）	17	111.1 t	5.04 t（1.5）
		1.39 td（13.5，4.5）			4.91 t（1.5）
4	41.7 s		18	23.1 q	1.14 s
5	50.3 d	1.11 m	19	174.5 s	
6	19.4 t	1.66 m	20	54.3 t	3.77 d（14）
		1.13 m			3.13 d（14）
7	31.4 t	1.23 m	21	46.4 t	3.78 ddd（14.5，6，4.5）
		1.23 m			3.46 ddd（14.5，7，4.5）
8	36.9 s		22	62.4 t	4.34 ddd（11.5，6，4.5）
9	39.1 d	1.76 m			4.23 ddd（11.5，7，4.5）
10	36.0 s		15-OAc	171.2 s	
11	28.8 t	1.82 m		21.2 q	2.13 s
		1.19 m	22-OAc	170.7 s	
12	35.9 d	2.39 br s		20.8 q	2.02 s
13	26.2 t	1.68 m			
		1.52 m			

注：溶剂 CDCl$_3$；^{13}C NMR：125 MHz；^{1}H NMR：500 MHz

化合物名称：19-*O*-deethylspiramine N

分子式：$C_{20}H_{29}NO_3$　　　　　　　　分子量（*M*+1）：332

植物来源：*Spiraea japonica* L. f. var. *ovalifolia* Franch. 椭圆叶粉花绣线菊

参考文献：Zuo G Y，He H P，Hong X，et al. 2001. New diterpenoid alkaloids from *Spiraea japonica* var. *ovalifolia*. Chinese Chemical Letters，12（2）：147-150.

19-*O*-deethylspiramine N 的 NMR 数据

位置	δ_C/ppm	δ_H/ppm（*J*/Hz）	位置	δ_C/ppm	δ_H/ppm（*J*/Hz）
1	35.4 t	2.46 m	11	28.6 t	2.02 d（13.0）
		1.04 m			1.56 m
2	20.1 t	1.41 m	12	36.3 d	2.31 d（16.0）
		1.76 m	13	27.5 t	1.15 m
3	34.3 t	1.61 m			1.62 m
		0.99 m	14	26.3 t	1.18 m
4	36.8 s				1.76 m
5	49.8 d	1.21 d（14.0）	15	80.1 d	4.26 d（4.1）
6	14.6 t	1.65 m	16	156.0 s	
		2.34 m	17	108.7 t	5.11 s
7	77.6 d	3.90 dd（4.1，7.4）			5.33 s
8	41.6 s		18	25.7 q	1.10 s
9	44.8 d	1.27 d（5.4）	19	88.9 d	5.30 s
10	43.2 s		20	163.2 d	7.99 s

注：溶剂 C_5D_5N；¹³C NMR：100 MHz；¹H NMR：400 MHz

化合物名称：19-oxodihydroatisine

分子式：C$_{22}$H$_{33}$NO$_3$　　　　　　分子量（$M+1$）：360

植物来源：*Delphinium staphisagria*

参考文献：Diaz J G，Ruiz J G，De la Fuente G. 2000. Alkaloids from *Delphinium staphisagria*. Journal of Natural Products，63（8）：1136-1139.

19-oxodihydroatisine 的 NMR 数据

位置	δ_C/ppm	δ_H/ppm（J/Hz）	位置	δ_C/ppm	δ_H/ppm（J/Hz）
1	41.3 t	1.19 m	12	35.9 d	2.32 br s
		1.81 m	13	26.4 t	1.46 m
2	20.1 t	1.51 m			1.62 m
		1.57 m	14	27.2 t	2.13 ddd（3，11.5，15）
3	39.6 t	1.80 m			0.97 ddd（7，12，15）
		1.36 td（4.5，13.5）	15	76.7 d	3.63 br t（2）
4	41.8 s		16	155.8 s	
5	50.1 d	1.69 m	17	110.1 t	5.04 t（1.5）
6	19.5 t	1.14 m	18	23.0 q	1.15 s
		1.68 m	19	176.8 s	
7	30.9 t	1.47 m	20	54.4 t	3.72 dd（1.5，13）
		1.71 m			3.12 br d（13）
8	37.5 s		21	50.8 t	3.58 ddd（3.6，4.5，6，14.5）
9	37.9 d	1.74 m			3.51 ddd（3.7，4.5，7，14.5）
10	36.0 s		22	61.7 t	3.83 ddd（3.6，4.5，6，11.5）
11	28.9 t	1.12 m			3.79 ddd（4.5，7，11.5）
		1.73 m			

注：溶剂 CDCl$_3$；^{13}C NMR：125 MHz；^{1}H NMR：500 MHz

化合物名称：22-*O*-acetyl-19-oxodihydroatisine

分子式：$C_{24}H_{35}NO_4$　　　　　　分子量（$M+1$）：402

植物来源：*Delphinium staphisagria*

参考文献：Diaz J G，Ruiz J G，De la Fuente G. 2000. Alkaloids from *Delphinium staphisagria*. Journal of Natural Products，63（8）：1136-1139.

22-*O*-acetyl-19-oxodihydroatisine 的 NMR 数据

位置	δ_C/ppm	δ_H/ppm （J/Hz）	位置	δ_C/ppm	δ_H/ppm （J/Hz）
1	41.4 t	1.12 m	13	26.4 t	1.62 br t（13）
		1.79 m			1.48 m
2	20.1 t	1.56 m	14	27.2 t	2.15 ddd（3，11.5，15）
		1.41 tt（4.5，13.5）			0.97 ddd（7，12，15）
3	39.6 t	1.78 m	15	76.7 d	3.62 br t（2）
		1.33 td（4.5，13.5）	16	155.8 s	
4	41.8 s		17	110.2 t	5.04 t（1.5）
5	50.2 d	1.15 m			5.10 t（1.5）
6	19.6 t	1.14 m	18	23.2 q	1.11 s
		1.68 m	19	174.6 s	
7	31.0 t	1.16 m	20	54.5 t	3.76 dd（1.5，13）
		1.72 m			3.09 d（13）
8	37.6 s		21	46.4 t	3.76 ddd（4.5，6，14.5）
9	38.0 d	1.73 m			3.44 ddd（4.5，7，14.5）
10	36.0 s		22	62.4 t	4.31 ddd（4.5，6，11.5）
11	28.9 t	1.19 m			4.20 ddd（4.5，7，11.5）
		1.74 m	22-OAc	170.7 s	
12	36.0 d	2.32 m		20.8 q	2.02 s

注：溶剂 CDCl₃；¹³C NMR：125 MHz；¹H NMR：500 MHz

化合物名称：ajaconine

分子式：C$_{22}$H$_{33}$NO$_3$　　　　　　　　分子量（$M+1$）：360

植物来源：*Consolida oliveriana*

参考文献：Ulubelen A，Desai H K，Hart B P，et al. 1996. Diterpenoid alkaloids from *Consolida oliveriana*. Journal of Natural Products，59（9）：907-910.

ajaconine 的 NMR 数据

位置	δ_C/ppm	δ_H/ppm（J/Hz）	位置	δ_C/ppm	δ_H/ppm（J/Hz）
1	30.0 t	1.55 m	13	26.3 t	1.85 m
		1.17 m	14	26.9 t	2.15 m
2	21.0 t	2.27 m			1.35 m
		1.40 m	15	75.2 d	4.15 br s
3	41.1 t	1.58 m	16	156.7 s	
		1.23 m	17	107.9 t	5.11 s
4	33.4 s				4.99 s
5	44.1 d	1.22 s	18	25.0 q	0.73 s
6	26.5 t	2.42 m	19	51.4 t	2.81 AB（11.3）
		1.80 t（3.4）			2.27 AB（11.3）
7	72.1 d	3.67 t（9.2）	20	87.7 d	4.57 br s
8	41.5 s		21	57.9 t	2.94 m
9	40.1 d	1.50 m			2.83 m
10	35.2 s		22	57.1 t	3.67 m
11	25.1 t	1.65 m			2.82 m
		1.40 m	15-OH		2.46 br d
12	36.7 d	2.36 t（3.7）	22-OH		4.08 br d

注：溶剂 CDCl$_3$；^{13}C NMR：100 MHz；^{1}H NMR：400 MHz

化合物名称：atidine

分子式：C$_{22}$H$_{33}$NO$_3$　　　　　　　　分子量（$M+1$）：360

植物来源：*Aconitum* L.

参考文献：Mody N V，Pelletier S W. 1978. [13]C nuclear magnstic resonance spectroscopy of atisine and veatchine-type C$_{20}$-diterpenoid alkaloids from *Aconitum* and *Garrya* species. Tetrahedron，34（16）：2421-2431.

atidine 的 NMR 数据

位置	δ_C/ppm	δ_H/ppm（J/Hz）
1	40.7 t	
2	22.6 t	
3	39.1 t	
4	33.5 s	
5	47.9 d	
6	36.2 t	
7	215.8 s	
8	53.0 s	
9	41.6 d	
10	37.2 s	
11	28.0 t	
12	36.0 d	
13	26.6 t	
14	25.3 t	
15	72.8 d	
16	151.5 s	
17	109.5 t	5.05 s，5.18 s
18	25.8 q	0.77 s
19	58.9 t	
20	53.5 t	
21	58.0 t	
22	60.5 t	3.67 t（2.0）

注：溶剂 CDCl$_3$

化合物名称：atidine diacetate

分子式：$C_{26}H_{37}NO_5$　　　　　　分子量（$M+1$）：444

植物来源：*Aconitum* L.

参考文献：Mody N V，Pelletier S W. 1978. [13]C nuclear magnetic resonance spectroscopy of atisine and veatchine-type C_{20}-diterpenoid alkaloids from *Aconitum* and *Garrya* species. Tetrahedron，34（16）：2421-2431.

atidine diacetate 的 NMR 数据

位置	δ_C/ppm	δ_H/ppm（J/Hz）
1	41.0 t	
2	23.3 t	
3	39.3 t	
4	33.5 s	
5	47.4 d	
6	36.2 t	
7	211.5 s	
8	50.8 s	
9	42.3 d	
10	37.3 s	
11	27.8 t	
12	36.1 d	
13	26.8 t	
14	25.6 t	
15	73.6 d	
16	149.2 s	
17	110.8 t	
18	25.6 q	
19	59.1 t	
20	52.9 t	
21	57.0 t	
22	61.1 t	
15-OAc	169.9 s	
	21.0 q	
22-OAc	170.3 s	
	21.9 q	

注：溶剂 CDCl₃；^{13}C NMR：25.03 MHz

化合物名称：atisine

分子式：C$_{22}$H$_{33}$NO$_2$　　　　　　　　分子量（$M+1$）：344

植物来源：*Aconitum heterophyllum* Wall.

参考文献：Pelletier S W，Mody N V. 1977. The conformational analysis of the E and F rings of atisine，veatchine，and related alkaloids. The existence of C-20 epimers. Journal of the American Chemical Society，99（1）：284-286.

atisine 的 NMR 数据

位置	δ_C/ppm(A)	δ_C/ppm(B)	δ_H/ppm（J/Hz）
1	42.0 t	42.0 t	
2	22.4 t	21.7 t	
3	41.0 t	40.9 t	
4	33.8 s	28.2 s	
5	51.6 d	48.9 d	
6	17.8 t	18.5 t	
7	34.6 t	32.0 t	
8	37.5 s	37.5 s	
9	40.0 d	39.6 d	
10	40.4 s	40.4 s	
11	28.2 t	28.2 t	
12	36.6 d	36.6 d	
13	27.7 t	27.7 t	
14	25.5 t	25.5 t	
15	77.0 d	77.0 d	
16	157.5 s	157.5 s	
17	108.9 t	108.4 t	
18	26.7 q	26.1 q	
19	56.4 t	53.3 t	
20	93.9 d	94.2 d	
21	50.3 t	50.3 t	
22	64.1 t	59.2 t	

注：溶剂 CDCl$_3$；^{13}C NMR：25.03 MHz；A 和 B 为差向异构体

化合物名称：atisine azomethine acetate

分子式：$C_{22}H_{31}NO_2$　　　　　分子量（$M+1$）：342

植物来源：*Aconitum* L.

参考文献：Mody N V，Pelletier S W. 1978. [13]C nuclear magnetic resonance spectroscopy of atisine and veatchine-type C_{20}-diterpenoid alkaloids from *Aconitum* and *Garrya* species. Tetrahedron，34（16）：2421-2431.

atisine azomethine acetate 的 NMR 数据

位置	δ_C/ppm	δ_H/ppm（J/Hz）
1	42.4 t	
2	20.0 t	
3	34.1 t	
4	32.9 s	
5	47.0 d	
6	19.4 t	
7	31.2 t	
8	36.7 s	
9	39.2 d	
10	42.5 s	
11	28.0 t	
12	35.9 d	
13	25.8 t	
14	25.0 t	
15	76.2 d	
16	151.1 s	
17	110.1 t	
18	25.8 q	
19	60.7 t	
20	165.1 d	
15-OAc	170.8 s	
	21.2 q	

注：溶剂 CDCl$_3$；^{13}C NMR：25.03 MHz

化合物名称：atisinium chloride

分子式：C$_{22}$H$_{34}$NO$_2$　　　　　　分子量（M^+）：344

植物来源：*Aconitum gymnandrum* Maxim. 露蕊乌头

参考文献：Pelletier S W，Mody N V. 1978. An unusual rearrangement of ajaconine：an example of a "disfavored" 5-endo-trigonal ring closure. Journal of the American Chemical Society，101（2）：492-494.

atisinium chloride 的 NMR 数据

位置	δ_C/ppm	δ_H/ppm（J/Hz）
1	42.7 t	
2	21.5 t	
3	37.6 t	
4	35.4 s	
5	46.6 d	
6	21.2 t	
7	32.5 t	
8	39.4 s	
9	41.8 d	
10	48.6 s	
11	29.9 t	
12	36.8 d	
13	27.6 t	
14	27.2 t	
15	77.2 d	
16	156.8 s	
17	112.5 t	
18	26.3 q	
19	66.1 t	
20	185.5 d	
21	61.7 t	
22	59.8 t	

注：溶剂 D$_2$O

化合物名称：atisinone

分子式：C$_{22}$H$_{31}$NO$_2$　　　　　　分子量（$M+1$）：342

植物来源：*Aconitum heterophyllum*

参考文献：Pelletier S W，Mody N V. 1977. The conformational analysis of the E and F rings of atisine，veatchine，and related alkaloids. The existence of C-20 epimers. Journal of the American Chemical Society，99（1）：284-286.

atisinone 的 NMR 数据

位置	δ_C/ppm(A)	δ_C/ppm(B)	δ_H/ppm（J/Hz）
1	40.8 t	40.8 t	
2	22.4 t	21.5 t	
3	40.5 t	40.5 t	
4	33.8 s	27.7 s	
5	51.5 d	48.6 d	
6	17.4 t	18.2 t	
7	34.2 t	34.2 t	
8	44.7 s	44.7 s	
9	44.2 d	44.2 d	
10	41.7 s	41.7 s	
11	29.6 t	29.6 t	
12	36.2 d	36.2 d	
13	27.7 t	27.7 t	
14	29.3 t	29.3 t	
15	204.0 s	203.0 s	
16	147.4 s	147.1 s	
17	116.3 t	115.9 t	
18	26.6 q	25.9 q	
19	55.9 t	53.2 t	
20	93.4 d	93.4 d	
21	50.1 t	50.1 t	
22	64.3 t	59.2 t	

注：溶剂 CDCl$_3$；^{13}C NMR：25.03 MHz；A 和 B 为差向异构体

化合物名称：azitine

分子式：C₂₀H₂₉NO   **分子量**（*M* + 1）：300

植物来源：*Delphinium staphisagria*

参考文献：Diaz J G，Ruiz J G，De la Fuente G. 2000. Alkaloids from *Delphinium staphisagria*. Journal of Natural Products，63（8）：1136-1139.

azitine 的 NMR 数据

位置	δ_C/ppm	δ_H/ppm（J/Hz）	位置	δ_C/ppm	δ_H/ppm（J/Hz）
1	34.2 t	1.69 br dt（13.2，2）	10	42.5 s	
		1.09 dd（15.7，3）	11	28.0 t	1.75 m（2H）
2	20.0 t	1.49 dd（13.3，2.3）	12	35.9 d	2.39 quint（3）
		1.32 dt（13.5，4.5）	13	26.0 t	1.60 m（2H）
3	42.4 t	1.45 ddd（14，4.5，2.3）	14	25.1 t	1.93 ddd（15，11，4.5）
		1.22 br td（13.5，4.5）			0.88 ddd（15，11，7.2）
4	32.9 s		15	75.8 d	3.70 br t（2）
5	46.9 d	1.01 dt（12.5，2.2）	16	156.6 s	
6	19.5 t	1.60 m	17	109.1 t	5.10 t（1.5）
		1.07 br dd（12.2，3）			5.04 t（1.5）
7	30.9 t	1.80 m	18	25.9 q	0.84 s
		1.13 dt（13.5，3）	19	60.7 t	3.82 d（2.5）
8	37.3 s		20	165.8 d	7.88 dd（4.5，2.5）
9	38.0 d	1.81 dd（9，2）			

注：溶剂 CDCl₃；¹³C NMR：125 MHz；¹H NMR：500 MHz

化合物名称：beiwusine A

分子式：$C_{22}H_{33}NO_4$　　　　　　**分子量**（$M+1$）：376

植物来源：*Aconitum kusnezoffii* Reichb. 北乌头

参考文献：Li Z B，Wang F P. 1998. Two new diterpenoid alkaloids，beiwusines A and B，from *Aconitum kusnezoffii*. Journal of Asian Natural Products Research，1（2）：87-92.

beiwusine A 的 NMR 数据

位置	δ_C/ppm	δ_H/ppm（J/Hz）
1	80.6 d	3.49 dd（6.4，9.6）
2	33.2 t	
3	38.9 t	
4	33.0 s	0.76 s
5	45.2 d	
6	17.5 t	
7	27.6 t	
8	53.4 s	
9	46.8 d	
10	42.2 s	
11	30.1 t	
12	36.8 d	
13	44.5 t	
14	214.7 s	
15	79.2 d	4.00 br s
16	151.8 s	
17	111.4 t	5.13 s（2H）
18	26.2 q	
19	60.0 t	
20	47.3 t	
21	59.6 t	
22	58.1 t	3.59 dt（11.2，1.0）（2H）

注：溶剂 CDCl₃；¹³C NMR：50 MHz；¹H NMR：200 MHz

化合物名称：beiwusine B

分子式：$C_{22}H_{33}NO_4$　　　　　　　　分子量（$M+1$）：376

植物来源：*Aconitum kusnezoffii* Reichb. 北乌头

参考文献：Li Z B，Wang F P. 1998. Two new diterpenoid alkaloids，beiwusines A and B，from *Aconitum kusnezoffii*. Journal of Asian Natural Products Research，1（2）：87-92.

beiwusine B 的 NMR 数据

位置	δ_C/ppm	δ_H/ppm（J/Hz）
1	70.1 d	3.74 d（2.6）
2	31.8 t	
3	35.9 t	
4	33.6 s	0.78 s
5	37.0 d	
6	17.1 t	
7	26.9 t	
8	52.0 s	
9	40.8 d	
10	41.8 s	
11	26.2 t	
12	36.7 d	
13	44.5 t	
14	215.0 s	
15	79.3 d	3.99 s
16	151.5 s	
17	111.6 t	5.14 d（1.4）（2H）
18	26.0 q	
19	58.8 t	
20	50.3 t	
21	60.0 t	
22	57.9 t	3.55 m

注：溶剂 CDCl₃；¹³C NMR：50 MHz；¹H NMR：200 MHz

化合物名称：brunonine

分子式：$C_{22}H_{33}NO_3$　　　　　　分子量（$M+1$）：360

植物来源：*Delphinium brunonianum* Royle 囊距翠雀花

参考文献：Deng W，Sung W L. 1986. Brunonine：a new C_{20}-diterpenoid alkaloid. Heterocycles，24（4）：869-872.

brunonine 的 NMR 数据

位置	δ_C/ppm	δ_H/ppm（J/Hz）
1	35.1 t	
2	19.5 t	
3	34.0 t	
4	36.2 s	
5	48.5 d	
6	19.5 t	
7	69.5 d	
8	42.9 s	
9	38.2 d	
10	42.6 s	
11	28.2 t	
12	35.9 d	
13	28.0 t	
14	25.5 t	
15	70.6 d	
16	155.7 s	
17	109.1 t	
18	24.9 q	
19	94.7 d	
20	165.5 d	
19-OEt	64.6 t	
	15.2 q	

注：溶剂 CDCl₃

化合物名称：chellespontine

分子式：C$_{22}$H$_{33}$NO$_2$　　　　　　分子量（$M+1$）：344

植物来源：*Consolida hellespontica*

参考文献：Desai H K，Joshi B S，Pelletier S W，et al. 1993. New alkaloids from *Consolida hellespontica*. Heterocycles，36（5）：1081-1089.

chellespontine 的 NMR 数据

位置	δ_C/ppm	δ_H/ppm（J/Hz）
1	25.9 t	
2	19.8 t	
3	41.0 t	
4	33.4 s	
5	44.9 d	
6	19.4 t	
7	35.0 t	5.09
		5.40
8	38.1 s	
9	40.1 d	2.38
10	46.4 s	
11	31.0 t	
12	36.3 d	
13	25.9 t	
14	28.1 t	
15	75.0 d	
16	156.4 s	
17	109.5 t	
18	24.7 q	0.84 s
19	59.5 t	
20	58.3 t	
21	64.5 t	
22	183.5 d	

注：溶剂 C$_5$D$_5$N；^{13}C NMR：75.5 MHz；^{1}H NMR：300.13 MHz

化合物名称：cochleareine

分子式：C$_{22}$H$_{37}$NO$_4$　　　　　　分子量（$M+1$）：380

植物来源：*Aconitum cochleare*

参考文献：Kolak U，Turkekul A，Ozgokce F，et al. 2005. Two new diterpenoid alkaloids from *Aconitum cochleare*. Pharmazie，60（12）：953-955.

cochleareine 的 NMR 数据

位置	δ_C/ppm	δ_H/ppm（J/Hz）	位置	δ_C/ppm	δ_H/ppm（J/Hz）
1	33.82 t	1.70 m	14	23.79 t	2.30 m
2	67.38 d	3.89 dd（6.6，11.1）	15	85.01 d	3.93 s
3	41.88 t	1.95 m	16	79.40 s	
4	37.74 s		17	66.56 t	4.02 d（11.5）
5	35.42 d	1.70 m			3.63 d（11.5）
6	30.70 t	1.30 m	18	24.96 q	0.79 s
7	27.27 t	1.25 m	19	51.32 t	1.3 m
8	41.76 s		20	57.05 t	2.50 d（12.0）
9	42.98 d	2.20 d（4.9）			2.80 d（12.0）
10	52.00 s		21	51.94 t	2.75 dd（7.5，13.8）
11	21.30 t	1.35 dd（8.0，17.3）			2.96 dd（7.5，13.8）
12	41.67 d	2.06 m	22	11.42 q	1.19 t（7.0）
13	23.19 t	1.22 m			
		1.34 m			

注：溶剂 CD$_3$OD；^{13}C NMR：100 MHz；^{1}H NMR：400 MHz

化合物名称：consorientaline

分子式：C$_{22}$H$_{33}$NO$_3$ 分子量（$M+1$）：360

植物来源：*Consolida orientalis*

参考文献：Mericli F，Mericli A H，Ulubelen A，et al. 2001. Norditerpenoid and diterpenoid alkaloids from Turkish *Consolida orientalis*. Journal of Natural Products，64（6）：787-789.

consorientaline 的 NMR 数据

位置	δ_C/ppm	δ_H/ppm（J/Hz）	位置	δ_C/ppm	δ_H/ppm（J/Hz）
1	34.1 t	2.88 m	12	35.2 d	2.37 br s
		1.90 m	13	24.1 t	1.80 m
2	18.4 t	1.86 br d			1.91 m
		1.03 m	14	27.9 t	1.90 m
3	40.7 t	1.63 m			1.82 m
		1.40 br d	15	69.4 d	4.26 d（3.8）
4	33.0 s		16	153.8 s	
5	43.2 d	1.64 br s	17	109.6 t	5.02 br s
6	18.7 t	1.60 m			5.10 br s
		1.21 dd（2.1, 12.3）	18	24.5 q	0.84 s
7	67.5 d	3.84 br d	19	59.2 t	3.75 d（10.9）
8	42.4 s				3.40 d（10.9）
9	39.2 d	2.14 d（3.7）	20	57.2 t	4.10 br s
10	45.7 s		21	63.8 t	3.60 m
11	29.5 t	1.91 dd（3.1, 12.3）			3.85 m
		1.50 m	22	182.6 d	8.74 s

注：溶剂 CDCl$_3$；^{13}C NMR：75 MHz；^{1}H NMR：300 MHz

化合物名称：coryphidine

分子式：C$_{31}$H$_{44}$N$_2$O$_3$　　　　　　　　分子量（$M+1$）：493

植物来源：*Aconitum coreanum* (Levl.) Rapaics　黄花乌头

参考文献：Bessonova I A，Yagudaev M R，Yunusov M S. 1992. Alkaloids of *Aconitum coreanum*. Ⅷ. Structure of coryphidine. Khimiya Prirodnykh Soedinenii，28（2）：209-212.

coryphidine 的 NMR 数据

位置	δ_C/ppm	δ_H/ppm（J/Hz）	位置	δ_C/ppm	δ_H/ppm（J/Hz）
1	46.31 t		17	36.50 t	
2	22.41 t		18	27.58 q	0.87 s
3	40.46 t		19	55.35 t	3.14 d（13.2）
4	38.90 s				3.45 d（13.2）
5	55.30 d		20	171.41 s	
6	20.23 t		21	171.48 s	
7	37.42 t		22	23.21 q	1.92 s
8	49.50 s		1′	54.77 t	
9	52.78 d		2′	38.02 t	
10	55.27 s		3′	43.14 s	
11	28.74 t		4′	131.17 d	5.60～5.53 m（2H）
12	36.59 d		5′	130.68 d	
13	32.91 t		6′	63.86 d	4.17 tdd（10.8，5.5，1.8）
14	31.49 t		7′	35.05 t	2.95 ddd（8.2，7.0，1.8）
15	135.69 d	5.60～5.53 m	8′	70.54 d	
16	147.82 s		N—Me	40.76 q	2.31 s

注：^{13}C NMR：100 MHz，溶剂 C$_5$D$_5$N；^{1}H NMR：400 MHz，溶剂 CD$_3$OD

化合物名称：deacetylspiramine F

分子式：C$_{22}$H$_{33}$NO$_3$　　　　　　　分子量（$M+1$）：360

植物来源：*Spiraea japonica* L.f. var. *ovalifolia* Franch. 椭圆叶粉花绣线菊

参考文献：Zuo G Y，He H P，Hong X，et al. 2001. New spiramines from *Spiraea japonica* var. *ovalifolia*. Heterocycles，55（3）：487-493.

deacetylspiramine F 的 NMR 数据

位置	δ_C/ppm	δ_H/ppm（J/Hz）
1	41.7 t	
2	21.5 t	
3	30.4 t	
4	34.9 s	
5	44.8 d	
6	25.7 t	
7	74.5 d	
8	41.7 s	
9	44.8 d	
10	34.9 s	
11	24.1 t	
12	37.9 d	
13	25.4 t	
14	21.2 t	
15	70.2 d	
16	156.5 s	
17	111.6 t	
18	26.8 q	
19	53.9 t	
20	88.0 d	
21	58.4 t	
22	59.9 t	

注：溶剂 CDCl$_3$；^{13}C NMR：100 MHz

化合物名称：deacetylspiramine S

分子式：C$_{22}$H$_{31}$NO$_4$　　　　　　　分子量（$M+1$）：374

植物来源：*Spiraea japonica* L. f. var. *ovalifolia* Franch. 椭圆叶粉花绣线菊

参考文献：Zuo G Y，He H P，Hong X，et al. 2001. New diterpenoid alkaloids from *Spiraea japonica* var. *ovalifolia*. Chinese Chemical Letters，12（2）：147-150.

deacetylspiramine S 的 NMR 数据

位置	δ_C/ppm	δ_H/ppm（J/Hz）	位置	δ_C/ppm	δ_H/ppm（J/Hz）
1	33.6 t	2.37 m	12	35.5 d	2.36 m
		0.89 m	13	27.2 t	1.30 m
2	20.4 t	1.45 m			1.41 m
		1.30 m	14	27.6 t	1.42 m
3	40.0 t	1.42 m			1.68 m
		1.84 m	15	80.7 d	3.93 d（7.8）
4	41.2 s		16	147.1 s	
5	49.7 d	1.52 d（9.6）	17	109.0 t	5.09 s
6	15.3 t	1.95 m			5.06 s
		1.75 m	18	21.8 q	1.21 s
7	77.3 d	3.73 dd（5.3，8.8）	19	173.2 s	
8	41.1 s		20	88.7 d	5.11 s
9	45.7 d	1.12 dd（5.9，8.6）	21	42.2 t	3.28 m
10	39.5 s				3.90 m
11	26.0 t	1.69 m	22	64.4 t	3.87 m
		1.42 m			4.18 m

注：溶剂 CDCl$_3$；^{13}C NMR：100 MHz；^{1}H NMR：400 MHz

化合物名称：delphatisine A

分子式：$C_{22}H_{33}NO_4$　　　　　分子量（$M+1$）：376

植物来源：*Delphinium chrysotrichum* Finet et Gagnep. 黄毛翠雀花

参考文献：He Y Q，Wei X M，Han Y L，et al. 2007. Two new diterpene alkaloids from *Delphinium chrysotrichum*. Chinese Chemical Letters，18（5）：545-547.

delphatisine A 的 NMR 数据

位置	δ_C/ppm	δ_H/ppm（J/Hz）	位置	δ_C/ppm	δ_H/ppm（J/Hz）
1	34.2 t	1.96 m	12	37.0 d	2.41 m
		1.07 m	13	26.5 t	2.18 m
2	20.9 t	2.34 m			1.38 m
		1.30 m	14	25.5 t	2.38 m
3	30.1 t	1.56 m			1.94 m
		1.20 m	15	75.7 d	4.20 s
4	35.5 s		16	157.6 s	
5	47.5 d	1.36 m	17	108.2 t	5.13 br s
6	25.4 t	1.63 m			5.03 br s
		1.23 m	18	23.1 q	0.90 s
7	72.0 d	3.66 dd（10.2，6.2）	19	91.7 d	4.22 s
8	35.9 s		20	84.1 d	4.86 s
9	39.5 d	1.50 m	21	45.8 t	3.06 m
10	41.9 s				3.04 m
11	27.2 t	1.62 m	22	65.2 t	3.88 m
		1.38 m			3.08 m

注：溶剂 CDCl₃

化合物名称：delphatisine B

分子式：$C_{24}H_{33}NO_4$ 分子量（$M+1$）：400

植物来源：*Delphinium chrysotrichum* Finet et Gagnep. 黄毛翠雀花

参考文献：He Y Q，Wei X M，Han Y L，et al. 2007. Two new diterpene alkaloids from *Delphinium chrysotrichum*. Chinese Chemical Letters，18（5）：545-547.

delphatisine B 的 NMR 数据

位置	δ_C/ppm	δ_H/ppm（J/Hz）	位置	δ_C/ppm	δ_H/ppm（J/Hz）
1	36.2 t	2.40 m	13	25.2 t	1.84 m
		2.38 m			1.23 m
2	26.3 t	2.08 m	14	26.0 t	1.88 m
		1.38 m			1.85 m
3	35.5 t	2.73 m	15	75.3 d	4.20 s
		2.64 m	16	156.9 s	
4	34.5 s		17	108.1 t	5.13 br s
5	46.3 d	1.25 m			5.02 br s
6	20.4 t	2.30 m	18	24.8 q	0.85 s
		1.30 m	19	56.5 t	3.11 m
7	29.6 t	1.50 m			3.03 m
		1.20 m	20	90.1 d	4.49 s
8	36.5 s		21	57.3 d	2.93 m
9	39.9 d	1.52 m	22	71.4 d	3.61 d（10.6）
10	41.6 s		23	175.6 s	
11	26.8 t	1.63 m	24	69.1 t	4.24 dd（8.0）
		1.36 m			4.20 dd（8.0）
12	36.7 d	2.35 m			

注：溶剂 CDCl₃

化合物名称：delphatisine C

分子式：C$_{24}$H$_{31}$NO$_5$ **分子量**（*M*+1）：414

植物来源：*Delphinium chrysotrichum* Finet et Gagnep. 黄毛翠雀花

参考文献：He Y Q，Ma Z Y，Wei X M，et al. 2010. Chemical constituents from *Delphinium chrysotrichum* and their biological activity. Fitoterapia，81（7）：929-931.

delphatisine C 的 NMR 数据

位置	δ$_C$/ppm	δ$_H$/ppm（*J*/Hz）	位置	δ$_C$/ppm	δ$_H$/ppm（*J*/Hz）
1	36.1 t	2.42 br dd（3.2，14）	13	25.2 t	1.86 br d（12.1）
		2.39 m			1.25 dd（7.8，12.1）
2	26.2 t	2.10 m	14	26.1 t	2.00 br d（12.8）
		1.40 dd（3.0，12.1）			1.86 dd（6.5，12.8）
3	36.4 t	2.76 m	15	75.2 d	4.20 s
		2.66 dd（5.0，14.0）	16	156.6 s	
4	41.0 s		17	108.0 t	5.14 br s
5	59.0 d	1.96 s			5.02 br s
6	210.9 s		18	29.1 q	1.23 s
7	52.7 t	2.56 d（18.0）	19	58.6 t	3.13 d（10.2）
		2.16 d（18.0）			3.08 d（10.2）
8	40.3 s		20	90.0 d	4.50 s
9	40.0 d	1.54 m	21	57.2 d	2.98 dt（8.2，10.6）
10	44.1 s		22	71.3 d	3.62 d（10.6）
11	26.7 t	2.06 m	23	175.7 s	
		1.38 m	24	69.0 t	4.24 t（8.0）
12	36.6 d	2.37 m			4.22 t（8.0）

注：溶剂 CDCl$_3$；^{13}C NMR：100 MHz；^{1}H NMR：400 MHz

化合物名称：dihydroajaconine

分子式：C$_{22}$H$_{35}$NO$_3$　　　　　　**分子量**（$M+1$）：362

植物来源：*Consolida orientalis*

参考文献：Hajdu Z，Forgo P，Loeffler B，et al. 2005. Diterpene and norditerpene alkaloids from *Consolida orientalis*. Biochemical Systematics and Ecology，33（10）：1081-1085.

dihydroajaconine 的 NMR 数据

位置	δ_C/ppm	δ_H/ppm（J/Hz）	位置	δ_C/ppm	δ_H/ppm（J/Hz）
1	39.8 t	1.10 m	13	25.4 t	1.42 m
		1.90 dd（10.6，6.3）			1.58 m
2	23.1 t	1.52 m	14	20.6 t	1.32 m
		2.42 m			1.85 m
3	41.4 t	1.41 m	15	71.9 d	4.14 s
		1.65 m	16	156.1 s	
4	33.4 s		17	110.0 t	5.05 s
5	47.8 d	1.13 m			5.11 s
6	26.7 t	1.68 m（2H）	18	26.5 q	0.81 s
7	70.5 d	3.92 dd（10.2，6.3）	19	60.2 t	2.19 dd（11.1，2.1）
8	42.5 s				2.49 d（11.1）
9	39.5 d	1.65 m	20	53.9 t	2.57 dd（11.1，2.1）
10	38.0 s				2.78 d（11.1）
11	28.1 t	1.42 m	21	60.8 t	2.45 m（2H）
		1.65 m	22	58.0 t	3.65 m（2H）
12	36.1 d	2.34 br s			

注：溶剂 CDCl$_3$；^{13}C NMR：125 MHz；^{1}H NMR：500 MHz

化合物名称：dihydroatisine azomethine

分子式：C$_{20}$H$_{31}$NO　　　　　　分子量（$M+1$）：302

植物来源：*Aconitum* L.

参考文献：Mody N V，Pelletier S W. 1978. [13]C nuclear magnetic resonance spectroscopy of atisine and veatchine-type C$_{20}$-diterpenoid alkaloids from *Aconitum* and *Garrya* species. Tetrahedron，34（16）：2421-2431.

dihydroatisine azomethine 的 NMR 数据

位置	δ_C/ppm	δ_H/ppm（J/Hz）
1	40.6 t	
2	23.3 t	
3	31.5 t	
4	32.4 s	
5	49.7 d	
6	17.6 t	
7	31.6 t	
8	37.5 s	
9	39.7 d	
10	36.5 s	
11	28.0 t	
12	35.5 d	
13	27.7 t	
14	26.4 t	
15	76.7 d	
16	156.4 s	
17	109.5 t	
18	26.4 q	
19	51.8 t	
20	45.6 t	

注：溶剂 CDCl$_3$；^{13}C NMR：25.03 MHz

化合物名称：dihydroatisine diacetate

分子式：C$_{26}$H$_{39}$NO$_4$ 分子量（$M+1$）：430

植物来源：*Aconitum* L.

参考文献：Mody N V，Pelletier S W. 1978. [13]C nuclear magnetic resonance spectroscopy of atisine and veatchine-type C$_{20}$-diterpenoid alkaloids from *Aconitum* and *Garrya* species. Tetrahedron，34（16）：2421-2431.

dihydroatisine diacetate 的 NMR 数据

位置	δ_C/ppm	δ_H/ppm（J/Hz）	位置	δ_C/ppm	δ_H/ppm（J/Hz）
1	40.5 t		14	26.3 t	
2	23.2 t		15	77.2 d	
3	41.8 t		16	151.3 s	
4	33.6 s		17	110.7 t	
5	49.9 d		18	26.3 q	
6	17.3 t		19	60.4 t	
7	31.9 t		20	53.9 t	
8	36.8 s		21	57.2 t	
9	40.5 d		22	61.6 t	
10	38.2 s		15-OAc	170.6 s	
11	28.0 t			20.9 q	
12	36.4 d		22-OAc	170.9 s	
13	27.4 t			21.3 q	

注：溶剂 CDCl$_3$；^{13}C NMR：25.03 MHz

化合物名称：dihydroatisine

分子式：$C_{22}H_{35}NO_2$　　　　　　　分子量（$M+1$）：346

植物来源：*Delphinium staphisagria*

参考文献：Diaz J G，Ruiz J G，De la Fuente G. 2000. Alkaloids from *Delphinium staphisagria*. Journal of Natural Products，63（8）：1136-1139.

dihydroatisine 的 NMR 数据

位置	δ_C/ppm	δ_H/ppm（J/Hz）	位置	δ_C/ppm	δ_H/ppm（J/Hz）
1	40.2 t	1.90 br dd（13.5，6.3）	13	26.3 t	1.60 m
		1.14 m			1.39 m
2	23.3 t	2.40 m	14	27.6 t	2.06 ddd（15，11.5，3）
		1.50 m			0.86 br ddd（15，12，7）
3	41.3 t	1.70 td（13.5，5）	15	77.0 d	3.58 br t（2）
		1.40 m	16	156.7 s	
4	33.6 s		17	109.8 t	5.07 t（1.5）
5	49.6 d	0.99 br dd（11.6，4.5）			5.01 t（1.5）
6	17.3 t	1.52 m	18	26.5 q	0.78 s
		1.52 m	19	60.7 t	2.45 br d（11）
7	31.4 t	1.70 m			2.20 dd（11，2.5）
		1.16 m	20	53.9 t	2.77 br d（11）
8	37.4 s				2.57 dd（11，2.5）
9	39.5 d	1.63 m	21	60.2 t	2.45 m
10	38.0 s				2.45 m
11	28.1 t	1.60 m	22	57.9 t	3.62 t（5.5）
		1.40 m			3.62 t（5.5）
12	36.3 d	2.31 quint（2）			

注：溶剂 CDCl₃；¹³C NMR：125 MHz；¹H NMR：500 MHz

化合物名称：heterophyllinine B

分子式：C$_{24}$H$_{35}$NO$_4$　　　　　　　分子量（$M+1$）：402

植物来源：*Aconitum heterophyllum* Wall.

参考文献：Nisar M，Ahmad M，Wadood N，et al. 2009. New diterpenoid alkaloids from *Aconitum heterophyllum* Wall：selective butyrylcholinestrase inhibitors. Journal of Enzyme Inhibition and Medicinal Chemistry，24（1）：47-51.

heterophyllinine B 的 NMR 数据

位置	δ_C/ppm	δ_H/ppm（J/Hz）	位置	δ_C/ppm	δ_H/ppm（J/Hz）
1	41.2 t	1.05 m	13	27.5 t	1.74 m
		1.41 m			1.52 m
2	20.5 t	1.61 m	14	27.5 t	1.45 m
		1.50 m			0.98 m
3	28.0 t	1.58 m	15	77.9 d	3.49 br s
		1.32 m	16	156.8 s	
4	41.0 s		17	110.2 t	5.03 br s
5	50.1 d	0.88 br s			4.98 br s
6	77.9 d	3.29 m	18	23.1 q	0.98 br s
7	41.8 t	1.67 m	19	100.0 d	4.01 s
		1.44 m	20	51.0 t	2.91 d（10.3）
8	41.0 s				2.82 d（10.3）
9	41.3 d	0.59 m	21	55.8 t	3.28 m
10	38.0 s				2.54 m
11	29.2 t	0.98 m	22	59.6 t	3.91 m
		0.86 m			3.79 m
12	33.2 d	1.90 m	15-OAc	169.5 s	
				24.3 q	2.02 br s

注：溶剂 CDCl$_3$；^{13}C NMR：100 MHz；^{1}H NMR：400 MHz

化合物名称：honatisine

分子式：C$_{33}$H$_{49}$NO$_6$ 分子量（$M+1$）：556

植物来源：*Delphinium honanense* W. T. Wang 河南翠雀花

参考文献：He Y Q，Ma Z Y，Wei X M，et al. 2011. Honatisine，a novel diterpenoid alkaloid，and six known alkaloids from *Delphinium honanense* and their cytotoxic activity. Chemistry & Biodiversity，8（11）：2104-2109.

honatisine 的 NMR 数据

位置	δ_C/ppm	δ_H/ppm（J/Hz）	位置	δ_C/ppm	δ_H/ppm（J/Hz）
1	36.1 t	2.41 dd（3.2，14.0）	16	156.6 s	
		2.39（overlapped）	17	108.0 t	5.14 br s
2	26.3 t	2.09（overlapped）			5.02 br s
		1.39 dd（3.0，12.0）	18	24.7 q	0.86 s
3	35.6 t	2.74（overlapped）	19	56.4 t	3.12 d（10.2）
		2.65（overlapped）			3.08 d（10.2）
4	34.4 s		20	90.0 d	4.50 s
5	46.1 d	1.26（overlapped）	21	57.2 d	2.98 dt（8.4，10.6）
6	20.3 t	2.31（overlapped）	22	71.3 d	3.62 d（10.6）
		1.31（overlapped）	23	175.7 s	
7	29.5 t	1.51（overlapped）	24	69.0 t	4.24 t（8.6）
		1.21（overlapped）			4.22 t（8.6）
8	36.4 s		1′	69.4 s	
9	39.8 d	1.53（overlapped）	2′	53.7 t	2.64（overlapped）
10	41.5 s				2.71（overlapped）
11	26.7 t	1.64（overlapped）	3′	31.6 d	2.18（overlapped）
		1.37（overlapped）	4′	210.9 s	
12	36.6 d	2.36（overlapped）	5′	31.6 d	2.18（overlapped）
13	25.1 t	1.85 d（12.1）	6′	53.7 t	2.64（overlapped）
		1.24 dd（7.6，12.1）			2.71（overlapped）
14	25.9 t	1.89 d（12.8）	7′	29.1 q	1.26 s
		1.86 dd（6.5，12.8）	8′	20.1 q	1.15 s
15	75.1 d	4.20 s	9′	20.1 q	1.15 s

注：溶剂 CDCl$_3$；^{13}C NMR：100 MHz；^{1}H NMR：400 MHz

化合物名称：isoatisine

分子式：C$_{22}$H$_{33}$NO$_2$　　　　　分子量（$M+1$）：344

植物来源：*Aconitum heterophyllum*

参考文献：Pelletier S W，Mody N V. 1977. The conformational analysis of the E and F rings of atisine，veatchine，and related alkaloids. The existence of C-20 epimers. Journal of the American Chemical Society，99（1）：284-286.

isoatisine 的 NMR 数据

位置	δ_C/ppm	δ_H/ppm（J/Hz）
1	40.6 t	
2	22.1 t	
3	40.0 t	
4	38.1 s	
5	48.6 d	
6	19.2 t	
7	31.9 t	
8	37.5 s	
9	39.6 d	
10	35.9 s	
11	28.1 t	
12	36.4 d	
13	27.6 t	
14	26.4 t	
15	76.8 d	
16	156.2 s	
17	109.6 t	
18	24.3 q	
19	98.4 d	
20	49.8 t	
21	54.9 t	
22	58.6 t	

注：溶剂 CDCl$_3$；^{13}C NMR：25.03 MHz

化合物名称：isoazitine

分子式：C$_{20}$H$_{29}$NO   分子量（$M+1$）：300

植物来源：*Delphinium staphisagria*

参考文献：Diaz J G，Ruiz J G，De la Fuente G. 2000. Alkaloids from *Delphinium staphisagria*. Journal of Natural Products，63（8）：1136-1139.

isoazitine 的 NMR 数据

位置	δ_C/ppm	δ_H/ppm（J/Hz）	位置	δ_C/ppm	δ_H/ppm（J/Hz）
1	41.4 t	1.00 m	11	28.4 t	1.72 m
		1.70 m			1.36 ddd（12.5，7.7，2）
2	20.2 t	1.27 m	12	36.3 d	2.34 br s
		1.50 m	13	26.3 t	1.57 m（2H）
3	37.6 t	1.28 m	14	27.0 t	2.14 ddd（4.5，11，15）
		1.49 m			0.92 dddd（7.2，11，15）
4	38.9 s		15	77.0 d	3.61 br t（2）
5	47.6 d	0.98 m	16	156.6 s	
6	19.6 t	0.99 m	17	109.1 t	5.04 t（1.5）
		1.56 m			5.10 t（1.5）
7	31.0 t	1.68 m	18	23.7 q	1.07 s
		1.12 br dt（3，13.5）	19	169.0 d	7.43 br s
8	36.4 s		20	55.5 t	3.92 dt（2，19）
9	38.4 d	1.58 m			3.42 dd（3，19）
10	37.6 s				

注：溶剂 CDCl$_3$；^{13}C NMR：125 MHz；^{1}H NMR：500 MHz

化合物名称：leucostomine A

分子式：C$_{22}$H$_{34}$NO$_3$　　　　　　分子量（M^+）：360

植物来源：*Aconitum leucostomum* Worosch. 白喉乌头

参考文献：Xu W L，Chen L，Shan L H，et al. 2016. Two new atisine-type C$_{20}$-diterpenoid alkaloids from *Aconitum leucostomum*. Heterocycles，92（11）：2059-2065.

leucostomine A 的 NMR 数据

位置	δ_C/ppm	δ_H/ppm（J/Hz）	位置	δ_C/ppm	δ_H/ppm（J/Hz）
1	37.3 t	1.78（overlapped）	11	71.8 d	4.05 d（4.2）
		2.22 d（15.0）	12	45.9 d	2.50 dd（1.8，4.2）
2	21.4 t	1.28（overlapped）	13	25.2 t	1.72 m
		1.78（overlapped）	14	26.1 t	0.90 m
3	42.8 t	1.57 m			1.49（overlapped）
		1.78（overlapped）	15	77.0 d	3.84 br s
4	35.6 s		16	151.2 s	
5	46.7 d	1.49（overlapped）	17	117.4 t	5.25 br s
6	21.6 t	1.05 m			5.33 br s
		1.78（overlapped）	18	26.5 q	1.08 s
7	32.1 t	1.28（overlapped）	19	61.8 t	3.72 ABq（18.0）
		1.83 m			3.84 ABq（18.0）
8	40.3 s		20	185.4 d	8.52 br s
9	52.5 d	1.88 d（1.8）	21	66.5 t	4.19 t（4.8）
10	48.4 s		22	59.9 t	4.07 m

注：溶剂 D$_2$O；^{13}C NMR：150 MHz；^{1}H NMR：600 MHz

化合物名称：leucostomine B

分子式：C$_{22}$H$_{34}$NO$_4$　　　　　分子量（M$^+$）：376

植物来源：*Aconitum leucostomum* Worosch. 白喉乌头

参考文献：Xu W L，Chen L，Shan L H，et al. 2016. Two new atisine-type C$_{20}$-diterpenoid alkaloids from *Aconitum leucostomum*. Heterocycles，92（11）：2059-2065.

leucostomine B 的 NMR 数据

位置	δ_C/ppm	δ_H/ppm（J/Hz）	位置	δ_C/ppm	δ_H/ppm（J/Hz）
1	35.7 t	1.71 m	12	45.4 d	2.41 dd（1.8，3.6）
		2.28 d（13.8）	13	23.4 t	1.65 m
2	20.1 t	1.75 m（2H）	14	18.5 t	1.27 m
3	41.6 t	1.56 m			1.35 m
		1.73 m	15	70.8 d	4.20 br s
4	34.2 s		16	150.7 s	
5	44.0 d	1.56（overlapped）	17	115.0 t	5.19 br s
6	29.0 t	1.14 q（13.2）			5.34 br s
		1.88 dt（3.6，13.2）	18	24.9 q	1.10 s
7	68.5 d	3.97 br s	19	60.3 t	3.75 ABq（18.0）
8	44.3 s				3.82 ABq（18.0）
9	51.3 d	1.84 d（1.8）	20	183.8 d	8.62 br s
10	46.7 s		21	65.0 t	4.15 t（4.8）
11	70.3 d	3.98 d（3.6）	22	58.4 t	3.99 m

注：溶剂 CD$_3$OD；^{13}C NMR：150 MHz；^{1}H NMR：600 MHz

化合物名称：*N*-methyl dihydroztisine azomethine

分子式：$C_{21}H_{33}NO$　　　　　　　　　**分子量**（$M+1$）：316

植物来源：*Aconitum* L.

参考文献：Mody N V，Pelletier S W. 1978. ^{13}C nuclear magnetic resonance spectroscopy of atisine and veatchine-type C_{20}-diterpenoid alkaloids from *Aconitum* and *Garrya* species. Tetrahedron，34（16）：2421-2431.

N-methyl dihydroztisine azomethine 的 NMR 数据

位置	δ_C/ppm	δ_H/ppm（J/Hz）
1	41.9 t	
2	22.5 t	
3	40.7 t	
4	33.7 s	
5	49.5 d	
6	17.4 t	
7	31.7 t	
8	37.6 s	
9	39.6 d	
10	38.2 s	
11	28.2 t	
12	36.5 d	
13	27.7 t	
14	26.5 t	
15	77.0 d	
16	156.8 s	
17	109.5 t	
18	26.4 q	
19	62.7 t	
20	56.2 t	
21	46.9 q	

注：溶剂 CDCl$_3$；^{13}C NMR：25.03 MHz

化合物名称：ouvrardiandine A

分子式：C$_{28}$H$_{37}$NO$_7$　　　　　　分子量（$M+1$）：500

植物来源：*Aconitum ouvrardianum* Hand.-Mazz. 德钦乌头

参考文献：Hou L H，Chen D L，Jian X X，et al. 2007. Three new diterpenoid alkaloids from roots of *Aconitum ouvrardianum* Hand.-Mazz. Chemical & Pharmaceutical Bulletin，55（7）：1090-1092.

ouvrardiandine A 的 NMR 数据

位置	δ_C/ppm	δ_H/ppm（J/Hz）	位置	δ_C/ppm	δ_H/ppm（J/Hz）
1	47.7 t	2.28 br s	15	75.0 d	5.56 s
		2.29 br s	16	142.4 s	
2	202.6 s		17	115.9 t	5.10 s
3	79.7 d	4.54 s			5.24 s
4	39.4 s		18	22.3 q	1.29 s
5	56.8 d	2.02 br s	19	49.7 t	2.77 ABq（10.2）
6	43.2 t	1.62 d（12.0）			2.84 ABq（10.2）
		2.05 dd（12.0，6.0）	20	93.4 d	4.33 s
7	74.1 d	4.03 d（6.0）	21	41.8 q	2.36 s
8	52.9 s		3-OAc	170.7 s	
9	39.0 d	2.41 m		21.1 q	2.14 s
10	42.4 s		1′	176.5 s	
11	26.4 t	1.83 m	2′	41.4 d	2.41 m
		2.20 m	3′	26.5 t	1.48 m
12	53.8 d	3.10 t（2.9）			1.71 m
13	209.5 s		4′	11.7 q	0.92 t（7.3）
14	39.4 t	2.40 d（overlapped）	5′	16.7 q	1.16 d（7.1）
		2.92 d（19.0）			

注：溶剂 CDCl$_3$；^{13}C NMR：150 MHz；^{1}H NMR：600 MHz

化合物名称：ouvrardiandine B

分子式：$C_{30}H_{33}NO_7$　　　　　分子量（$M+1$）：520

植物来源：*Aconitum ouvrardianum* Hand.-Mazz. 德钦乌头

参考文献：Hou L H，Chen D L，Jian X X，et al. 2007. Three new diterpenoid alkaloids from roots of *Aconitum ouvrardianum* Hand.-Mazz. Chemical & Pharmaceutical Bulletin，55（7）：1090-1092.

ouvrardiandine B 的 NMR 数据

位置	δ_C/ppm	δ_H/ppm（J/Hz）	位置	δ_C/ppm	δ_H/ppm（J/Hz）
1	47.7 t	2.37 br s	15	76.0 d	5.85 s
		2.37 br s	16	141.9 s	
2	202.5 s		17	116.5 t	5.24 s
3	79.8 d	4.57 s			5.32 s
4	39.5 s		18	22.3 q	1.31 s
5	56.8 d	2.07 br s	19	49.7 t	2.79 ABq（10.2）
6	43.2 t	1.67 d（12.0）			2.85 ABq（10.2）
		2.10 dd（12.0，6.0）	20	93.4 d	4.35 s
7	74.1 d	4.05 dd（6.0）	21	41.9 q	2.39 s
8	53.0 s		3-OAc	170.8 s	
9	39.0 d	2.50 m		21.2 q	2.14 s
10	42.9 s		15-OCO	166.4 s	
11	26.4 t	1.88 m	1'	129.2 s	
		2.27 m	2'，6'	129.8 d	8.03 d（8.0）
12	53.8 d	3.19 t（2.8）	3'，5'	128.6 d	7.47 t（8.0）
13	209.6 s		4'	133.6 d	7.62 t（8.0）
14	39.6 t	2.59 d（19.6）			
		3.04 d（19.6）			

注：溶剂 CDCl₃；¹³C NMR：100 MHz；¹H NMR：400 MHz

化合物名称：spiramide

分子式：C$_{26}$H$_{35}$NO$_6$ 分子量（$M+1$）：458

植物来源：*Spiraea japonica* L. f. 粉花绣线菊

参考文献：He H P，Shen Y M，Zhang J X，et al. 2001. New diterpene alkaloids from the roots of *Spiraea japonica*. Journal of Natural Products，64（3）：379-380.

spiramide 的 NMR 数据

位置	δ_C/ppm	δ_H/ppm（J/Hz）	位置	δ_C/ppm	δ_H/ppm（J/Hz）
1	34.3 t	2.41 br dd（3.2，13.3）	14	24.1 t	1.89 br d（12.8）
		0.95 ddd（4.6，4.8，13.3）			1.60 dd（6.5，12.8）
2	20.8 t	1.46 m	15	45.5 t	2.20 br d（16.2）
		1.39 m			1.98 br d（16.2）
3	42.5 t	1.78 m	16	149.3 s	
		1.43 m	17	106.6 t	4.77 d（1.7）
4	43.0 s				4.60 d（1.7）
5	53.1 d	1.84 d（11.6）	18	24.6 q	1.15 s
6	69.4 d	5.33 dd（9.9，11.6）	19	172.7 s	
7	79.9 d	4.76 d（9.9）	20	87.9 d	5.06 s
8	38.3 s		21	41.5 t	3.97 ddd（8.2，8.2，11.2）
9	47.4 d	1.48 m			3.29 ddd（3.7，8.2，11.2）
10	41.5 s		22	64.7 t	4.15 ddd（3.7，8.2，8.2）
11	28.8 t	2.09 ddd（2.4，7.2，13.5）			3.84 dt（8.2，8.2）
		1.73 m	6-OAc	169.8 s	
12	36.0 d	2.25 br s		21.3 q	1.98 s
13	26.2 t	1.65 br d（12.1）	7-OAc	170.4 s	
		1.52 dd（7.8，12.1）		20.6 q	1.92 s

注：溶剂 CDCl$_3$；^{13}C NMR：125 MHz；^{1}H NMR：500 MHz

化合物名称：spiramidine A

分子式：C$_{22}$H$_{31}$NO$_3$　　　　　　**分子量**（$M+1$）：358

植物来源：*Spiraea japonica* L. f. var. *ovalifolia* Franch. 椭圆叶粉花绣线菊

参考文献：Zuo G Y，He H P，Hong X，et al. 2001. New diterpenoid alkaloids from *Spiraea japonica* var. *ovalifolia*. Chinese Chemical Letters，12（2）：147-150.

spiramidine A 的 NMR 数据

位置	δ_C/ppm	δ_H/ppm（J/Hz）	位置	δ_C/ppm	δ_H/ppm（J/Hz）
1	40.0 t	1.43 m	12	38.5 d	2.86 m
		1.22 m	13	45.5 t	2.16 m
2	21.6 t	2.28 m			2.23 m
		1.45 m	14	219.4 s	
3	29.8 t	1.91 m	15	38.2 t	2.99 s
		1.97 m			2.24 dd（2.5，8）
4	35.4 s		16	147.1 s	
5	48.5 d	0.89 m	17	107.5 t	4.87 br s
6	27.7 t	1.43 m			4.69 br s
		1.58 m	18	24.0 q	1.04 s
7	76.5 d	3.03 d（2.5）	19	97.7 d	3.70 br s
8	51.9 s		20	54.7 t	2.65 m
9	49.6 d	1.50 m			3.04 m
10	39.3 s		21	58.7 t	3.46 m
11	27.7 t	1.98 m			3.41 m
		1.58 m	22	64.5 t	3.75 m

注：溶剂 CDCl$_3$；^{13}C NMR：100 MHz；^{1}H NMR：400 MHz

化合物名称：spiramidine B

分子式：$C_{22}H_{31}NO_3$　　　　　　分子量（$M+1$）：358

植物来源：*Spiraea japonica* L. f. var. *ovalifolia* Franch. 椭圆叶粉花绣线菊

参考文献：Zuo G Y，He H P，Hong X，et al. 2001. New diterpenoid alkaloids from *Spiraea japonica* var. *ovalifolia*. Chinese Chemical Letters，12（2）：147-150.

spiramidine B 的 NMR 数据

位置	δ_C/ppm	δ_H/ppm（J/Hz）	位置	δ_C/ppm	δ_H/ppm（J/Hz）
1	40.0 t	1.43 m	12	38.4 d	2.86 m
		1.22 m	13	44.8 t	2.16 m
2	21.5 t	2.28 m			2.23 m
		1.45 m	14	219.4 s	
3	29.8 t	1.91 m	15	38.1 t	2.99 s
		1.97 m			2.24 dd（2.5，8）
4	35.4 s		16	146.3 s	
5	46.9 d	0.71 m	17	107.0 t	4.83 br s
6	27.7 t	1.43 m			4.62 br s
		1.58 m	18	24.0 q	1.01 s
7	76.5 d	3.03 d（2.5）	19	95.5 d	3.89 br s
8	51.9 s		20	54.6 t	2.65 m
9	49.5 d	1.50 m			3.04 m
10	39.3 s		21	58.6 t	3.46 m
11	27.3 t	1.98 m			3.41 m
		1.58 m	22	63.0 t	3.75 m

注：溶剂 $CDCl_3$；¹³C NMR：100 MHz；¹H NMR：400 MHz

化合物名称：spiramilactam A

分子式：C$_{22}$H$_{31}$NO$_4$　　　　　　　　分子量（M+1）：374

植物来源：*Spiraea japonica* L. f. var. *ovalifolia* Franch. 椭圆叶粉花绣线菊

参考文献：Liu H Y，Ni W，Chen C X，et al. 2009. Two new diterpenoid lactams from *Spiraea japonica* var. *ovalifolia*. Helvetica Chimica Acta，92（6）：1198-1202.

spiramilactam A 的 NMR 数据

位置	δ_C/ppm	δ_H/ppm （J/Hz）	位置	δ_C/ppm	δ_H/ppm （J/Hz）
1	29.2 t	1.78 dd（5.0，14.5）	13	26.9 t	1.59～1.61 m
		1.20 ddd（5.0，6.5，14.5）			1.31～1.33 m
2	25.9 t	1.63～1.65 m	14	27.4 t	2.08 dd（2.0，11.0）
		1.47～1.49 m			1.35～1.38 m
3	20.5 t	1.89～1.93 m	15	40.1 t	3.37 d（15.0）
		1.42～1.46 m			2.22 d（15.0）
4	44.2 s		16	152.0 s	
5	58.8 d	1.58～1.60 m	17	108.0 t	4.94 br s
6	71.3 d	4.46 dd（2.8，4.4）			4.80 br s
7	74.7 d	3.75 d（4.4）	18	21.6 q	1.53 s
8	37.0 s		19	175.4 s	
9	46.7 d	1.70 dd（4.0，8.5）	20	86.2 d	5.24 d（1.6）
10	34.6 s		21	50.1 t	4.32 ddd（2.0，6.0，13.5）
11	40.0 t	1.86～1.88 m			3.71 ddd（2.0，6.0，13.5）
		1.37～1.40 m	22	60.9 t	4.12 t（6.0）
12	37.2 d	2.30 t（4.5）			

注：溶剂 C$_5$D$_5$N；^{13}C NMR：125 MHz；^{1}H NMR：500 MHz

化合物名称：spiramilactam B

分子式：C$_{22}$H$_{33}$NO$_5$　　　　　　　　分子量（$M+1$）：392

植物来源：*Spiraea japonica* L. f. var. *ovalifolia* Franch. 椭圆叶粉花绣线菊

参考文献：Liu H Y，Ni W，Chen C X，et al. 2009. Two new diterpenoid lactams from *Spiraea japonica* var. *ovalifolia*. Helvetica Chimica Acta，92（6）：1198-1202.

spiramilactam B 的 NMR 数据

位置	δ_C/ppm	δ_H/ppm（J/Hz）	位置	δ_C/ppm	δ_H/ppm（J/Hz）
1	29.1 t	1.86～1.89 m	12	39.0 d	1.80～1.82 m
		1.35～1.37 m	13	23.7 t	2.17～2.18 m
2	23.9 t	1.55～1.58 m			1.30～1.32 m
		1.51～1.53 m	14	27.6 t	2.06～2.08 m
3	20.6 t	1.90～1.92 m			1.24～1.26 m
		1.43～1.40 m	15	47.6 t	1.44～1.46 m
4	44.3 s		16	72.7 s	
5	59.4 d	1.76 br s	17	30.5 q	1.47 s
6	71.7 d	4.50 dd（1.2，3.0）	18	21.7 q	1.53 s
7	75.2 d	3.76～3.78 m	19	175.8 s	
8	36.9 s		20	86.7 d	5.30 d（1.7）
9	42.5 d	1.29～1.31 m	21	50.2 t	4.28 ddd（2.0，5.6，11.2）
10	34.8 s				3.73～3.75 m
11	40.1 t	1.81～1.84 m	22	60.9 t	4.13 t（6.2）
		1.30～1.32 m			

注：溶剂 C$_5$D$_5$N；^{13}C NMR：100 MHz；^{1}H NMR：400 MHz

化合物名称：spiramine A

分子式：C₂₄H₃₃NO₄　　　　　　　　　分子量（$M+1$）：400

植物来源：*Spiraea japonica* L. f. var. *acuminata* Franch. 渐尖叶粉花绣线菊

参考文献：Node M，Hao X J，Zhou J，et al. 1990. Spiramines A，B，C，and D，new diterpene alkaloids from *Spiraea japonica* var. *acuminata* Franch. Heterocycles，30（1）：635-643.

spiramine A 的 NMR 数据

位置	δ_C/ppm	δ_H/ppm（J/Hz）	位置	δ_C/ppm	δ_H/ppm（J/Hz）
1	41.0 t		14	20.9 t	
2	22.9 t		15	74.2 d	5.46 br s
3	29.8 t		16	150.1 s	
4	35.4 s		17	114.2 t	5.30 br s
5	45.2 d	0.62 ddd（13，2，4）			5.04 br s
6	25.2 t	2.63 ddd（5，15，4）	18	26.0 q	1.18 s
		1.80 dd（13，15）	19	95.2 d	3.87 s
7	69.2 d	3.54 d（5）	20	85.8 d	4.47 d（2）
8	40.8 s		21	51.0 t	3.24 m
9	43.0 d				3.01 m
10	34.2 s		22	63.1 t	3.81 m
11	23.5 t				3.37 m
12	36.7 d	2.23 m	15-OAc	170.9 s	
13	21.1 t			20.4 q	1.65 s

注：¹³C NMR：50 MHz，溶剂 CDCl₃；¹H NMR：400 MHz，溶剂 C₆D₆

化合物名称：spiramine B

分子式：$C_{24}H_{33}NO_4$ **分子量**（$M+1$）：400

植物来源：*Spiraea japonica* L. f. var. *acuminata* Franch. 渐尖叶粉花绣线菊

参考文献：Node M，Hao X J，Zhou J，et al. 1990. Spiramines A，B，C，and D，new diterpene alkaloids from *Spiraea japonica* var. *acuminata* Franch. Heterocycles，30（1）：635-643.

<h4 align="center">spiramine B 的 NMR 数据</h4>

位置	δ_C/ppm	δ_H/ppm（J/Hz）	位置	δ_C/ppm	δ_H/ppm（J/Hz）
1	33.9 t		15	74.3 d	5.46 br s
2	22.9 t		16	150.1 s	
3	29.8 t		17	114.3 t	5.30 br s
4	35.4 s				5.04 br s
5	47.4 d	0.75 ddd（13.0，2.0，4.0）	18	25.9 q	0.97 s
6	25.3 t	1.85（2H）	19	91.3 d	4.27 s
7	69.7 d	3.61 d（5）	20	83.5 d	4.69 d（2）
8	41.0 s		21	45.7 t	3.02 m
9	43.9 d				2.70 m
10	34.9 s		22	64.9 t	3.73 m
11	23.1 t				3.65 m
12	36.4 d		15-OAc	171.1 s	
13	21.2 t			20.8 q	1.66 s
14	20.8 t				

注：^{13}C NMR：50 MHz，溶剂 $CDCl_3$；^{1}H NMR：400 MHz，溶剂 C_6D_6

化合物名称：spiramine C

分子式：C$_{22}$H$_{31}$NO$_3$　　　　　　　分子量（$M+1$）：358

植物来源：*Spiraea japonica* L. f. var. *acuminata* Franch. 渐尖叶粉花绣线菊

参考文献：Node M，Hao X J，Zhou J，et al. 1990. Spiramines A，B，C，and D，new diterpene alkaloids from *Spiraea japonica* var. *acuminata* Franch. Heterocycles，30（1）：635-643.

spiramine C 的 NMR 数据

位置	δ$_C$/ppm	δ$_H$/ppm（*J*/Hz）	位置	δ$_C$/ppm	δ$_H$/ppm（*J*/Hz）
1	40.8 t		13	19.9 t	
2	23.0 t		14	20.4 t	
3	29.9 t		15	74.3 d	3.79 br s
4	35.4 s		16	155.3 s	
5	45.5 d	0.67 m	17	112.0 t	4.93 br s
6	25.2 t	1.52 m			4.90 br s
		2.62 ddd（5，15，4）	18	26.4 q	1.22 s
7	69.0 d	3.80 d（5）	19	95.3 d	3.88 s
8	41.5 s		20	85.9 d	4.49 d（2.0）
9	43.1 d		21	51.0 t	3.25 m
10	34.1 s				3.00 m
11	23.5 t		22	63.1 t	3.83 m
12	37.0 d	2.22 m			3.36 m

注：^{13}C NMR：50 MHz，溶剂 CDCl$_3$；^{1}H NMR：400 MHz，溶剂 C$_6$D$_6$

化合物名称：spiramine D

分子式：C$_{22}$H$_{31}$NO$_3$ 分子量（M+1）：358

植物来源：*Spiraea japonica* L. f. var. *acuminata* Franch. 渐尖叶粉花绣线菊

参考文献：Node M，Hao X J，Zhou J，et al. 1990. Spiramines A，B，C，and D，new diterpene alkaloids from *Spiraea japonica* var. *acuminata* Franch. Heterocycles，30（1）：635-643.

spiramine D 的 NMR 数据

位置	δ_C/ppm	δ_H/ppm（J/Hz）	位置	δ_C/ppm	δ_H/ppm（J/Hz）
1	34.2 t		13	23.1 t	
2	23.0 t		14	20.4 t	
3	30.0 t		15	74.5 d	3.79，br s
4	35.6 s		16	156.2 s	
5	47.3 d	0.77 m	17	111.6 t	4.94 br s
6	25.5 t	1.84 ddd（5，15，4）			4.91 br s
		1.52 m	18	26.9 q	0.99 s
7	69.6 d	3.86 d（5.0）	19	91.5 d	4.29 s
8	41.9 s		20	83.6 d	4.72 d（2）
9	44.3 d		21	45.7 t	3.04 m
10	34.2 s				2.71 m
11	23.1 t		22	64.9 t	3.74 m
12	37.6 d	2.61 m			3.66 m

注：^{13}C NMR：50 MHz，溶剂 CDCl$_3$；^{1}H NMR：400 MHz，溶剂 C$_6$D$_6$

化合物名称：spiramine E

分子式：C$_{26}$H$_{37}$NO$_5$　　　　　　　**分子量**（$M+1$）：444

植物来源：*Spiraea japonica* L. f. var. *acuminata* Franch. 渐尖叶粉花绣线菊

参考文献：Hao X J，Node M，Zhou J，et al. 1993. Structures of spiramines E，F and G，the new diterpene alkaloids from *Spiraea japonica* var. *acuminata* Franch. Heterocycles，36（4）：825-831.

spiramine E 的 NMR 数据

位置	δ_C/ppm	δ_H/ppm（J/Hz）	位置	δ_C/ppm	δ_H/ppm（J/Hz）
1	41.2 t		15	69.7 d	5.46 br s
2	21.2 t		16	150.3 s	
3	30.1 t		17	114.1 t	5.28 t（1.5）
4	34.6 s				5.03 t（1.5）
5	44.8 d		18	26.1 q	0.63 s
6	25.2 t	1.80 m	19	53.0 t	2.60 d（11）
		1.73 m			2.16 d（11）
7	74.6 d	3.60 d（5）	20	87.3 d	
8	41.0 s		21	53.4 t	
9	44.6 d		22	62.1 t	4.16 t（6）
10	34.6 s		15-OAc	170.9 s	
11	23.8 t			21.2 q	
12	36.9 d	2.55 m	22-OAc	171.1 s	
13	25.2 t			21.0 q	
14	20.7 t				

注：^{13}C NMR：溶剂 CDCl$_3$；^{1}H NMR：溶剂 C$_6$D$_6$

化合物名称：spiramine F

分子式：C₂₄H₃₅NO₄   **分子量**（*M*+1）：402

植物来源：*Spiraea japonica* L. f. var. *acuminata* Franch. 渐尖叶粉花绣线菊

参考文献：Hao X J，Node M，Zhou J，et al. 1993. Structures of spiramines E，F and G，the new diterpene alkaloids from *Spiraea japonica* var. *acuminata* Franch. Heterocycles，36（4）：825-831.

spiramine F 的 NMR 数据

位置	δ_C/ppm	δ_H/ppm（*J*/Hz）
1	41.2 t	
2	21.2 t	
3	30.1 t	
4	34.8 s	
5	44.5 d	
6	25.1 t	1.78 m
		0.60 m
7	74.5 d	3.53 d（5）
8	40.8 s	
9	44.9 d	
10	33.6 s	
11	23.8 t	
12	36.9 d	2.35 m
13	25.1 t	
14	21.2 t	
15	70.0 d	5.38 br s
16	150.2 s	
17	114.2 t	
18	26.0 q	0.61 s
19	51.9 t	2.81 m
		2.73 m
20	87.4 d	4.49 br s
21	57.7 t	
22	57.9 t	3.75 m（2H）
15-OAc	171.1 s	
	21.0 q	1.71 s

注：¹³C NMR：溶剂 CDCl₃；¹H NMR：溶剂 C₆D₆

化合物名称：spiramine G

分子式：C$_{22}$H$_{33}$NO$_3$　　　　　　　分子量（$M+1$）：360

植物来源：*Spiraea japonica* L. f. var. *acuminata* Franch. 渐尖叶粉花绣线菊

参考文献：Hao X J，Node M，Zhou J，et al. 1993. Structures of spiramines E，F and G，the new diterpene alkaloids from *Spiraea japonica* var. *acuminata* Franch. Heterocycles，36（4）：825-831.

spiramine G 的 NMR 数据

位置	δ_C/ppm	δ_H/ppm（J/Hz）
1	39.5 t	
2	22.8 t	
3	41.1 t	
4	33.5 s	
5	48.4 d	
6	28.1 t	
7	76.2 d	3.20 ddd（6，8，11）
8	51.8 s	
9	49.4 d	
10	38.2 s	
11	27.3 t	1.95 m
		1.67 m
12	38.6 d	2.70 m
13	45.6 t	2.31 dt（3，20）
14	219.8 s	
15	38.2 t	
16	146.3 s	
17	107.7 t	
18	26.3 q	0.80 s
19	59.6 t	
20	52.4 t	
21	58.0 t	2.40 m（2H）
22	60.3 t	3.60 m（2H）

注：^{13}C NMR：溶剂 CDCl$_3$；^{1}H NMR：溶剂 C$_6$D$_6$

化合物名称：spiramine H

分子式：C$_{22}$H$_{33}$NO$_3$ 分子量（$M+1$）：360

植物来源：*Spiraea japonica* L. f. var. *acuminata* Franch. 渐尖叶粉花绣线菊

参考文献：郝小江，野出学，周俊，等. 1994. 绣线菊碱 H，I 及 O 的化学结构. 云南植物研究，16（3）：301-304.

spiramine H 的 NMR 数据

位置	δ_C/ppm	δ_H/ppm（J/Hz）
1	39.9 t	
2	22.9 t	
3	41.4 t	
4	33.6 s	
5	45.1 d	
6	17.6 t	
7	27.3 t	2.62 dt（3，13）
8	53.2 s	
9	49.3 d	
10	38.1 s	
11	27.6 t	1.86 m
		1.65 m
12	36.9 d	2.79 m
13	44.6 t	2.30 dt（3，20）
		2.20 dd（3，20）
14	213.8 s	
15	79.4 d	3.93 br s
16	151.9 s	
17	111.6 t	5.16 br s（2H）
18	26.4 q	0.78 s
19	59.6 t	
20	52.4 t	
21	57.8 t	
22	60.2 t	3.56 dq（6，11）（2H）

注：溶剂 CDCl$_3$；^{13}C NMR：100 MHz；^{1}H NMR：400 MHz

化合物名称：spiramine I

分子式：$C_{24}H_{35}NO_4$　　　　　分子量（$M+1$）：402

植物来源：*Spiraea japonica* L. f. var. *acuminata* Franch. 渐尖叶粉花绣线菊

参考文献：郝小江，野出学，周俊，等. 1994. 绣线菊碱 H，I 及 O 的化学结构. 云南植物研究，16（3）：301-304.

spiramine I 的 NMR 数据

位置	δ_C/ppm	δ_H/ppm（J/Hz）
1	39.2 t	
2	22.9 t	
3	41.2 t	
4	33.6 s	
5	45.6 d	
6	17.6 t	
7	27.3 t	
8	52.2 s	
9	49.3 d	
10	38.3 s	
11	27.4 t	
12	37.2 d	2.80 m
13	44.4 t	
14	212.2 s	
15	78.5 d	5.40 br s
16	147.7 s	
17	113.2 t	5.16 br s
		5.08 br s
18	26.3 q	0.79 s
19	59.6 t	
20	52.2 t	
21	58.1 t	
22	60.4 t	3.60 dq（6，11）（2H）
15-OAc	170.6 s	
	20.9 q	2.02 s

注：溶剂 CDCl₃；¹³C NMR：100 MHz；¹H NMR：400 MHz

化合物名称：spiramine J

分子式：C$_{23}$H$_{33}$NO$_3$ **分子量**（*M* + 1）：372

植物来源：*Spiraea japonica* L. f. var. *acuminata* Franch. 渐尖叶粉花绣线菊

参考文献：郝小江，周俊，富士薰，等. 1992. 毛萼绣线菊碱 J，K，L 及 M 的化学结构. 云南植物研究，14（3）：314-318.

spiramine J 的 NMR 数据

位置	δ_C/ppm	δ_H/ppm（*J*/Hz）
1	34.3 t	
2	19.3 t	
3	48.2 t	
4	34.9 s	
5	45.6 d	
6	13.4 t	
7	79.7 d	3.59 dd（5，11）
8	40.9 s	
9	44.2 d	
10	44.2 s	
11	27.3 t	
12	35.5 d	
13	30.6 t	
14	25.9 t	
15	77.5 d	3.98 br s
16	154.9 s	
17	109.1 t	5.06 br s
		5.03 br s
18	24.5 q	0.90 s
19	63.0 d	7.94 d（2.5）
20	164.2 d	3.94 dd（2.5，7）
1′	42.3 t	2.73 m（2H）
2′	207.6 s	
3′	30.6 q	2.21 s

注：溶剂 CDCl$_3$；^{13}C NMR：75 MHz；^{1}H NMR：300 MHz

化合物名称：spiramine K

分子式：$C_{23}H_{33}NO_3$　　　　　分子量（$M+1$）：372

植物来源：*Spiraea japonica* L. f. var. *acuminata* Franch. 渐尖叶粉花绣线菊

参考文献：郝小江，周俊，富士薰，等. 1992. 毛萼绣线菊碱 J，K，L 及 M 的化学结构. 云南植物研究，14（3）：314-318.

spiramine K 的 NMR 数据

位置	δ_C/ppm	δ_H/ppm（J/Hz）
1	37.2 t	
2	19.7 t	
3	34.1 t	
4	34.6 s	
5	47.5 d	
6	13.4 t	
7	80.0 d	3.66 dd（5，11）
8	41.1 s	
9	44.3 d	
10	44.1 s	
11	27.6 t	
12	35.5 d	
13	27.0 t	
14	25.9 t	
15	77.1 d	3.98 br s
16	155.3 s	
17	109.0 t	5.06 br s
		5.02 br s
18	25.9 q	0.89 s
19	62.6 d	7.83 t（1）
20	163.9 d	3.95 tt（1，11）
1′	42.4 t	2.51 dd（3，15）
		2.59 dd（11，15）
2′	208.4 s	
3′	30.9 q	2.29 s

注：溶剂 CDCl₃；¹³C NMR：75 MHz；¹H NMR：300 MHz

化合物名称：spiramine L

分子式：$C_{25}H_{35}NO_4$　　　　　　**分子量**（$M+1$）：414

植物来源：*Spiraea japonica* L. f. var. *acuminata* Franch. 渐尖叶粉花绣线菊

参考文献：郝小江，周俊，富士薰，等. 1992. 毛萼绣线菊碱 J，K，L 及 M 的化学结构. 云南植物研究，14（3）：314-318.

spiramine L 的 NMR 数据

位置	δ_C/ppm	δ_H/ppm（J/Hz）	位置	δ_C/ppm	δ_H/ppm（J/Hz）
1	34.5 t		14	25.9 t	
2	19.2 t		15	75.8 d	5.36 d（2）
3	48.2 t		16	150.5 s	
4	34.9 s		17	110.9 t	5.02 br s
5	45.4 d				4.95 br s
6	14.3 t		18	24.4 q	0.89 s
7	79.6 d	3.55 dd（5，11）	19	63.3 d	7.94 d（2.5）
8	41.2 s		20	163.5 d	3.93 dt（3，8）
9	44.5 d		1'	42.5 t	2.72 m（2H）
10	44.2 s		2'	207.5 s	
11	27.6 t		3'	30.6 q	2.22 s
12	33.5 d		15-OAc	171.0 s	
13	29.7 t			21.1 q	2.13 s

注：溶剂 CDCl₃；¹³C NMR：75 MHz；¹H NMR：300 MHz

化合物名称：spiramine M

分子式：C$_{25}$H$_{35}$NO$_4$　　　　　　分子量（$M+1$）：414

植物来源：*Spiraea japonica* L. f. var. *acuminata* Franch. 渐尖叶粉花绣线菊

参考文献：郝小江，周俊，富士薰，等. 1992. 毛萼绣线菊碱 J，K，L 及 M 的化学结构. 云南植物研究，14（3）：314-318.

spiramine M 的 NMR 数据

位置	δ_C/ppm	δ_H/ppm（J/Hz）	位置	δ_C/ppm	δ_H/ppm（J/Hz）
1	34.4 t		14	25.6 t	
2	19.2 t		15	77.3 d	3.98 s
3	48.2 t		16	155.2 s	
4	34.9 s		17	108.9 t	5.02 br s
5	45.5 d				4.94 br s
6	14.3 t		18	25.6 q	0.88 s
7	78.2 d	4.83 dd（5，11）	19	63.1 d	7.96 d（2）
8	40.8 s		20	163.6 d	3.93 dt（2.5，7）
9	44.5 d		1′	42.2 t	2.60 m（2H）
10	44.1 s		2′	207.2 s	
11	27.6 t		3′	30.3 q	2.24 s
12	34.9 d		7-OAc	171.1 s	
13	27.0 t			21.0 q	2.03 s

注：溶剂 CDCl$_3$；^{13}C NMR：75 MHz；^{1}H NMR：300 MHz

化合物名称：spiramine N

分子式：C$_{22}$H$_{33}$NO$_3$　　　　　　**分子量**（$M+1$）：360

植物来源：*Spiraea japonica* L. f. var. *acuminata* Franch. 渐尖叶粉花绣线菊

参考文献：Hao X J，Zhou J，Fu J K，et al. 1992. The chemical structures of spiramine N and spiraminol. Chinese Chemical Letters，3（6）：427-430.

spiramine N 的 NMR 数据

位置	δ_C/ppm	δ_H/ppm（J/Hz）
1	35.1 t	
2	19.5 t	
3	34.1 t	
4	36.3 s	
5	48.3 d	
6	13.6 t	
7	79.9 d	3.65 dd（5.0，11.0）
8	42.9 s	
9	44.3 d	
10	42.9 s	
11	27.7 t	
12	35.2 d	2.41 m
13	27.2 t	
14	25.9 t	
15	77.1 d	4.00 d（1.5）
16	155.2 s	
17	109.0 t	5.03 br s
		5.05 br s
18	24.9 q	0.95 s
19	94.8 d	4.45 d（2.0）
20	165.4 d	7.83 d（2.0）
1′	64.5 t	4.11 dq（7.0，11.0）
		3.67 dq（7.0，11.0）
2′	15.3 q	1.25（7.0）

注：溶剂 CDCl$_3$；^{13}C NMR：200 MHz；^{1}H NMR：400 MHz

化合物名称：spiramine O

分子式：C$_{21}$H$_{31}$NO$_3$　　　　　　　　分子量（$M+1$）：346

植物来源：*Spiraea japonica* L. f. var. *acuminata* Franch. 渐尖叶粉花绣线菊

参考文献：郝小江，野出学，周俊，等. 1994. 绣线菊碱 H，I 及 O 的化学结构. 云南植物研究，16（3）：301-304.

spiramine O 的 NMR 数据

位置	δ_C/ppm	δ_H/ppm（J/Hz）
1	35.1 t	
2	19.4 t	
3	34.0 t	
4	36.4 s	
5	48.2 d	
6	13.5 t	
7	80.1 d	3.60 m
8	43.0 s	
9	44.2 d	
10	43.0 s	
11	27.7 t	
12	35.1 d	
13	27.1 t	
14	25.9 t	
15	77.4 d	4.00 br s
16	155.8 s	
17	109.5 t	5.07 br s
		5.05 br s
18	25.0 q	0.96 s
19	97.1 d	4.35 d（2）
20	165.2 d	7.85 br s
19-OMe	57.4 q	

注：溶剂 CDCl$_3$；^{13}C NMR：100 MHz；^{1}H NMR：400 MHz

化合物名称：spiramine T

分子式：C$_{24}$H$_{35}$NO$_5$　　　　　分子量（$M+1$）：418

植物来源：*Spiraea japonica* L. f. var. *acuta* Yu　急尖叶粉花绣线菊

参考文献：聂晶磊，郝小江. 1997. 急尖绣线菊的二萜生物碱成分. 云南植物研究，19（4）：429-432.

spiramine T 的 NMR 数据

位置	δ_C/ppm	δ_H/ppm（J/Hz）
1	33.8 t	
2	22.7 t	
3	45.4 t	
4	36.2 s	
5	41.2 d	
6	26.5 t	
7	70.0 d	3.55 d（4.6）
8	34.7 s	
9	38.3 d	
10	36.1 s	
11	29.0 t	
12	56.3 d	
13	23.5 t	
14	20.3 t	
15	70.8 d	5.26 m
16	73.7 s	
17	30.1 q	1.27 s
18	22.5 q	0.88 s
19	91.4 d	4.05 br s
20	83.1 d	4.77 br s
21	47.3 t	2.99 m
		2.96 m
22	64.9 t	3.82 m
		3.79 m
15-OAc	169.6 s	
	21.3 q	2.02 s

注：溶剂 C$_5$D$_5$N；^{13}C NMR：100 MHz；^{1}H NMR：400 MHz

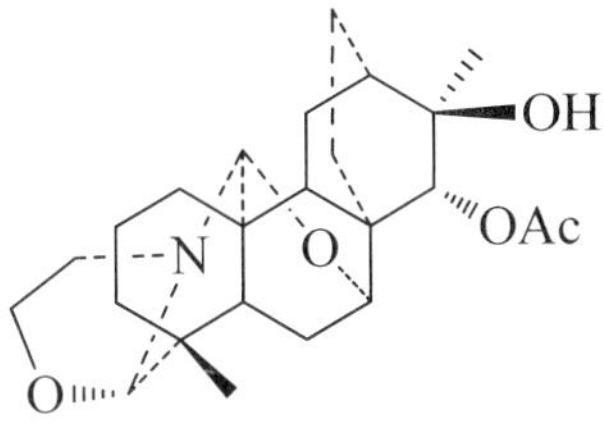

化合物名称： spiramine U

分子式： $C_{24}H_{35}NO_5$　　　　**分子量**（$M+1$）：418

植物来源： *Spiraea japonica* L. f. var. *acuta* Yu 急尖叶粉花绣线菊

参考文献： 聂晶磊，郝小江. 1997. 急尖绣线菊的二萜生物碱成分. 云南植物研究，19（4）：429-432.

spiramine U 的 NMR 数据

位置	δ_C/ppm	δ_H/ppm（J/Hz）
1	40.7 t	
2	21.9 t	
3	48.3 t	
4	36.9 s	
5	43.7 d	
6	27.2 t	
7	71.1 d	3.79 d（4.6）
8	35.4 s	
9	39.6 d	
10	35.7 s	
11	29.3 t	
12	52.8 d	
13	23.0 t	
14	20.6 t	
15	71.5 d	5.53 m
16	71.3 s	
17	31.9 q	1.70 s
18	23.0 q	1.24 s
19	94.8 d	3.84 br s
20	85.6 d	4.60 br s
21	51.3 t	3.30 m
		3.12 m
22	63.5 t	3.71 m
		3.35 m
15-OAc	169.6 s	
	21.1 q	1.96 s

注：溶剂 C_5D_5N；^{13}C NMR：100 MHz；^1H NMR：400 MHz

化合物名称：spiramine W

分子式：C$_{22}$H$_{33}$NO$_4$　　　　　　**分子量**（$M+1$）：376

植物来源：*Spiraea japonica* L. f. var. *acuta* Yu 急尖叶粉花绣线菊

参考文献：王斌贵，刘斌，左国营，等. 2000. 急尖绣线菊中一微量新二萜生物碱. 云南植物研究，22（2）：209-213.

spiramine W 的 NMR 数据

位置	δ_C/ppm	δ_H/ppm（J/Hz）	位置	δ_C/ppm	δ_H/ppm（J/Hz）
1	29.6 t		13	22.3 t	
2	21.3 t		14	27.8 t	
3	34.6 t		15	48.9 t	
4	35.2 s		16	71.7 s	
5	60.6 d		17	32.0 q	1.74 s
6	69.1 d	5.09 dd（2.1，4.9）	18	23.1 q	1.20 s
7	75.0 d	3.70 d（4.9）	19	92.3 d	4.22 s
8	37.4 s		20	82.9 d	4.94 s
9	42.3 d		21	45.9 t	3.20 m
10	36.9 s				3.09 m
11	23.3 t		22	65.0 t	3.87 m
12	40.0 d				3.40 m

注：溶剂 C$_5$D$_5$N；^{13}C NMR：100 MHz；^{1}H NMR：400 MHz

化合物名称：spiramine P

分子式：C$_{22}$H$_{33}$NO$_4$　　　　　　　**分子量**（$M+1$）：376

植物来源：*Spiraea japonica* L. f. var. *incisa* Yu 裂叶粉花绣线菊

参考文献：Hao X J，Hong X，Yang X S，et al. 1995. Diterpene alkaloids from roots of *Spiraea japonica*. Phytochemistry，38（2）：545-547.

spiramine P 的 NMR 数据

位置	δ_C/ppm	δ_H/ppm（J/Hz）
1	40.7 t	
2	22.8 t	
3	47.9 t	
4	35.3 s	
5	43.1 d	
6	26.6 t	
7	69.5 d	3.30 d（5）
8	36.7 s	
9	39.2 d	
10	35.6 s	
11	29.2 t	
12	56.1 d	2.30 dd（3，12）
13	21.3 t	
14	20.3 t	
15	74.0 d	4.63 br s
16	72.6 s	
17	31.3 q	1.35 s
18	22.5 q	1.16 s
19	95.1 d	3.84 br s
20	85.2 d	4.52 s
21	51.0 t	3.40 m
		3.55 m
22	63.2 t	3.27 m
		3.59 m

注：溶剂 CDCl$_3$；^{13}C NMR：100 MHz；^{1}H NMR：400 MHz

化合物名称：spiramine Q

分子式：C$_{22}$H$_{33}$NO$_4$　　　　　　分子量（M＋1）：376

植物来源：*Spiraea japonica* L. f. var. *incisa* Yu　裂叶粉花绣线菊

参考文献：Hao X J，Hong X，Yang X S，et al. 1995. Diterpene alkaloids from roots of *Spiraea japonica*. Phytochemistry，38（2）：545-547.

spiramine Q 的 NMR 数据

位置	δ_C/ppm	δ_H/ppm（J/Hz）
1	40.9 t	
2	22.7 t	
3	47.3 t	
4	35.2 s	
5	42.2 d	
6	27.3 t	
7	69.4 d	3.30 d（5）
8	36.3 s	
9	40.8 d	
10	35.6 s	
11	29.1 t	
12	55.9 d	
13	23.5 t	
14	20.3 t	
15	73.9 d	4.56 br s
16	73.9 s	
17	30.1 q	1.28 s
18	22.7 q	1.15 s
19	95.1 d	3.84 s
20	85.5 d	4.52 s
21	51.0 t	3.28 m
		3.46 m
22	63.1 t	3.18 m
		3.60 m

注：溶剂 CDCl$_3$；^{13}C NMR：100 MHz；^{1}H NMR：400 MHz

化合物名称：spiramine R

分子式：C$_{24}$H$_{33}$NO$_5$　　　　　分子量（$M+1$）：416

植物来源：*Spiraea japonica* L. f. var. *incisa* Yu　裂叶粉花绣线菊

参考文献：Hao X J，Hong X，Yang X S，et al. 1995. Diterpene alkaloids from roots of *Spiraea japonica*. Phytochemistry，38（2）：545-547.

spiramine R 的 NMR 数据

位置	δ_C/ppm	δ_H/ppm（J/Hz）	位置	δ_C/ppm	δ_H/ppm（J/Hz）
1	39.4 t		14	19.8 t	
2	20.6 t		15	74.0 d	5.17 br s
3	29.4 t		16	149.3 s	
4	44.4 s		17	114.7 t	5.01 d（3）
5	45.2 d		18	21.1 q	1.09 s
6	25.3 t		19	175.5 s	
7	69.4 d	3.46 d（4.0）	20	86.7 d	4.77 d（2）
8	40.7 s		21	51.6 t	3.22 m
9	45.2 d				3.60 m
10	33.2 s		22	61.8 t	3.75 m
11	25.6 t				3.90 m
12	36.5 d	2.42 m	15-OAc	171.0 s	
13	25.6 t			21.1 q	1.99 s

注：溶剂 CDCl$_3$；^{13}C NMR：100 MHz；^{1}H NMR：400 MHz

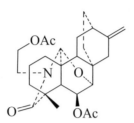

化合物名称：spiramine X

分子式：C$_{26}$H$_{35}$NO$_6$ 分子量（$M+1$）：458

植物来源：*Spiraea japonica* L. f. var. *acuta* Yu 急尖叶粉花绣线菊

参考文献：Wang B G，Li L，Yang X S，et al. 2000. Three new diterpene alkaloids from *Spiraea japonica*. Heterocycles，53（6）：1343-1350.

spiramine X 的 NMR 数据

位置	δ_C/ppm	δ_H/ppm（J/Hz）	位置	δ_C/ppm	δ_H/ppm（J/Hz）
1	28.9 t	1.38 m	14	26.6 t	1.40 m
		1.68 m			1.90 m
2	25.4 t	1.46 m	15	39.4 t	1.29 m
		1.71 m			1.79 m
3	19.9 t	1.52 m	16	150.1 s	
		1.58 m	17	108.4 t	4.66 br s
4	43.7 s				4.82 br s
5	55.1 d	1.49 br s	18	20.7 q	1.13 s
6	71.8 d	5.12 t（3.8）	19	174.6 s	
7	70.3 d	3.65 d（3.8）	20	85.7 d	4.78 d（1.8）
8	36.1 s		21	45.4 t	3.28 m
9	46.3 d	1.40 m			4.01 m
10	34.3 s		22	62.4 t	4.18 m（2H）
11	39.3 t	2.07 m	6-OAc	170.6 s	
		2.36 m		20.8 q	2.02 s
12	36.5 d	2.33 m	22-OAc	169.3 s	
13	26.7 t	1.37 m		21.1 q	2.04 s
		1.87 m			

注：溶剂 CDCl$_3$

化合物名称：spiramine Y

分子式：C$_{24}$H$_{33}$NO$_5$　　　　　　分子量（$M+1$）：416

植物来源：*Spiraea japonica* L. f. var. *acuta* Yu 急尖叶粉花绣线菊

参考文献：Wang B G，Li L，Yang X S，et al. 2000. Three new diterpene alkaloids from *Spiraea japonica*. Heterocycles，53（6）：1343-1350.

spiramine Y 的 NMR 数据

位置	δ_C/ppm	δ_H/ppm（J/Hz）	位置	δ_C/ppm	δ_H/ppm（J/Hz）
1	28.8 t	1.37 m	13	26.6 t	1.36 m
		1.70 m			1.90 m
2	25.3 t	1.48 m	14	26.7 t	1.35 m
		1.75 m			1.85 m
3	19.8 t	1.55 m	15	39.6 t	1.33 m
		1.61 m			1.77 m
4	43.8 s		16	149.8 s	
5	55.1 d	1.50 br s	17	108.4 t	4.66 br s
6	71.6 d	5.13 t（4.6）			4.82 br s
7	70.7 d	3.73 d（4.8）	18	20.6 q	1.13 s
8	36.0 s		19	175.3 s	
9	46.2 d	1.44 m	20	86.1 d	4.78 d（1.6）
10	34.3 s		21	51.7 t	3.20 m
11	39.2 t	2.08 m			3.63 m
		2.38 m	22	61.9 t	3.79 m（2H）
12	36.4 d	2.35 m	6-OAc	169.4 s	
				21.1 q	2.04 s

注：溶剂 CDCl$_3$

化合物名称：spiramine Z

分子式：C$_{26}$H$_{37}$NO$_5$　　　　　　**分子量**（$M+1$）：444

植物来源：*Spiraea japonica* L. f. var. *acuta* Yu 急尖叶粉花绣线菊

参考文献：Wang B G，Li L，Yang X S，et al. 2000. Three new diterpene alkaloids from *Spiraea japonica*. Heterocycles，53（6）：1343-1350.

spiramine Z 的 NMR 数据

位置	δ_C/ppm	δ_H/ppm（J/Hz）	位置	δ_C/ppm	δ_H/ppm（J/Hz）
1	34.2 t	1.09 m	14	21.4 t	1.48 m
		1.66 m			1.56 m
2	36.1 t	0.98 m	15	41.3 t	1.92 d（17.2）
		1.94 m			2.19 d（17.2）
3	19.4 t	1.34 m（2H）	16	149.3 s	
4	36.7 s		17	105.9 t	4.54 s
5	51.9 d	1.52 d（10.2）			4.71 s
6	69.2 d	5.08 t（10.2）	18	26.4 q	0.84 s
7	79.4 d	4.65 d（10.2）	19	94.1 d	4.56 s
8	37.7 s		20	163.2 d	7.74 s
9	45.5 d	1.50 m	19-OEt	64.2 t	3.59 m
10	43.6 s				4.03 m
11	27.8 t	1.78 m（2H）		15.1 q	1.13 t（7.0）
12	35.6 d	2.27 m	6-OAc	170.4 s	
13	25.7 t	1.52 m		20.6 q	1.95 s
		1.58 m	7-OAc	170.4 s	
				21.4 q	1.89 s

注：溶剂 CDCl$_3$

化合物名称：spiratine A

分子式：C$_{22}$H$_{33}$NO$_3$　　　　　　　分子量（$M+1$）：360

植物来源：*Spiraea japonica* L. f. var. *acuta* Yu 急尖叶粉花绣线菊

参考文献：He H P，Shen Y M，Zhang J X，et al. 2001. New diterpene alkaloids from the roots of *Spiraea japonica*. Journal of Natural Products，64（3）：379-380.

spiratine A 的 NMR 数据

位置	δ_C/ppm	δ_H/ppm（J/Hz）	位置	δ_C/ppm	δ_H/ppm（J/Hz）
1	35.2 t	2.02 m	12	36.5 d	2.42 d（2.6）
		1.58 m	13	26.1 t	1.73 m
2	20.0 t	1.65 m	14	14.8 t	1.99 m
		1.36 m			1.17 m
3	41.6 t	1.74 m	15	80.1 d	4.02 s
		1.48 m	16	154.8 s	
4	34.2 s		17	110.2 t	5.05 br s
5	43.9 d	1.59 m			4.04 br s
6	28.7 t	1.79 m	18	24.8 q	1.08 s
		1.05 m	19	60.5 t	3.81 m
7	77.2 d	3.76 m			3.75 m
8	41.9 s		20	58.6 t	4.04 m
9	45.8 d	1.67 m			3.96 m
10	47.0 s		21	65.0 t	4.19 m
11	28.2 t	1.82 m			4.16 m
		1.79 m	22	182.9 d	8.73 s

注：溶剂 CD$_3$OD；^{13}C NMR：100 MHz；^{1}H NMR：400 MHz

化合物名称：spiratine B

分子式：$C_{24}H_{33}NO_5$　　　　　　分子量（$M+1$）：416

植物来源：*Spiraea japonica* L. f. var. *acuta* Yu　急尖叶粉花绣线菊

参考文献：He H P，Shen Y M，Zhang J X，et al. 2001. New diterpene alkaloids from the roots of *Spiraea japonica*. Journal of Natural Products，64（3）：379-380.

spiratine B 的 NMR 数据

位置	δ_C/ppm	δ_H/ppm（J/Hz）	位置	δ_C/ppm	δ_H/ppm（J/Hz）
1	34.4 t	1.76 d（11.5）	13	25.7 t	1.66 m
		1.17 m			1.09 m
2	19.4 t	1.45 m（2H）	14	21.6 t	1.67 m
3	35.9 t	2.05 m			1.64 m
		1.06 m	15	41.4 t	2.27 br d（17.1）
4	36.9 s				2.00 br d（17.1）
5	51.8 d	1.65 d（11.0）	16	149.4 s	
6	69.1 d	5.20 dd（9.5，11.0）	17	105.9 t	4.79 br s
7	79.5 d	4.74 d（9.5）			4.62 br s
8	38.0 s		18	26.6 q	0.98 s
9	45.7 d	1.62 m	19	87.8 d	5.11 s
10	43.8 s		20	163.4 d	7.76 br s
11	27.8 t	1.85 m	6-OAc	170.3 s	
		1.83 m		20.7 q	2.03 s
12	35.7 d	2.35 br s	7-OAc	170.5 s	
				21.4 q	1.96 s

注：溶剂 $CDCl_3$；^{13}C NMR：100 MHz；^1H NMR：400 MHz

化合物名称：thalicsiline

分子式：C$_{24}$H$_{35}$NO$_5$　　　　　　**分子量**（$M+1$）：418

植物来源：*Thalictrum sessile* Hayata　玉山唐松草

参考文献：Wu Y C，Wu T S，Niwa M，et al. 1988. Structure and stereochemistry of thalicsiline, a new antiinflammatory C$_{20}$-diterpenoid alkaloid from *Thalictrum sessile*. Heterocycles，27（8）：1813-1816.

thalicsiline 的 NMR 数据

位置	δ_C/ppm	δ_H/ppm（J/Hz）
1	40.54 t	
2	22.70 t	
3	47.21 t	
4	35.16 s	
5	52.18 d	
6	70.79 d	5.32，5.67 d（2.40）
7	70 91 d	
8	36.27 s	
9	42.53 d	
10	35.28 s	
11	29.02 t	
12	38.26 d	
13	26.68 t	
14	23.52 t	
15	20.24 t	
16	73.83 s	
17	30.19 q	1.31 s，1.30 s（3H）
18	22.58 q	0.94 s，1.11 s（3H）
19	94.60 d	4.11 s，3.86 s（1H）
20	85.59 d	4.82 s，4.58 s（1H）
21	51.01 t	
22	63.30 t	
6-OAc	169.72 s	
	21.41 q	

注：溶剂 CDCl$_3$；^{13}C NMR：25 MHz；^{1}H NMR：400 MHz

化合物名称：uncinatine

分子式：$C_{22}H_{33}NO_3$　　　　　分子量（$M+1$）：360

植物来源：*Delphinium uncinatum*

参考文献：Ulubelen A，Arfan M，Sonmez U，et al. 1998. Diterpenoid alkaloids from *Delphinium uncinatum*. Phytochemistry，47（6）：1141-1144.

uncinatine 的 NMR 数据

位置	δ_C/ppm	δ_H/ppm（J/Hz）	位置	δ_C/ppm	δ_H/ppm（J/Hz）
1	35.4 t	1.7 m	12	36.7 d	2.4 d（3）
		2.8 br d（14）	13	28.5 t	1.8 m
2	19.5 t	1.8 ddd（3，10，12）			2.05 m
		1.2 dd（3，12）	14	24.8 t	1.9 m
3	41.6 t	1.87 dd（5，14）	15	70.8 d	4.2 d（3）
		2.1 ddd（5，12，14）	16	155.8 s	
4	34.1 s		17	110.5 t	5.02 br s
5	44.2 d	1.72 dd（2，14）			5.12 br s
6	20.0 t	1.24 dd（2，12）	18	25.8 q	1.07 s
		1.6 m	19	60.3 t	3.60 d（10）
7	68.8 d	3.9 d（5）			3.45 d（10）
8	46.9 s		20	64.9 t	4.15 d（12）
9	40.4 d	2.2 d（3）	21	132.4 d	7.08 d（8.5）
10	43.5 s		22	116.7 d	6.75 d（8.5）
11	28.9 t	2.0 dd（3，12）			
		1.5 m			

注：溶剂 CDCl₃；¹³C NMR：50 MHz；¹H NMR：200 MHz

2.2 光翠雀碱型（denudatine type，C2）

化合物名称：11-acetyl-1, 19-epoxydenudatine

分子式：C$_{24}$H$_{33}$NO$_4$　　　　分子量（$M+1$）：400

植物来源：*Aconitum barbatum* Pers. Syn. Pl. 细叶黄乌头

参考文献：Proksa B，Uhrin D，Batsuren D，et al. 1990. 11-acetyl-1, 19-epoxydenudatine：a new alkaloid from *Aconitum barbatum*. Planta Medica，56（5）：461-463.

11-acetyl-1, 19-epoxydenudatine 的 NMR 数据

位置	δ_C/ppm	δ_H/ppm（J/Hz）	位置	δ_C/ppm	δ_H/ppm（J/Hz）
1	68.3 d	4.00 d（5.3）	13	24.3 t	1.50 m
2	24.1 t	1.46 m			1.87 m
		1.78 m	14	26.9 t	1.28 m
3	29.7 t	1.24 m			2.07 ddd（13.9，11.6，6.9）
		1.52 m	15	77.1 d	4.31 ddd（6.9，2.4，2.1）
4	37.5 s		16	153.7 s	
5	49.6 d	1.20 ddd（8.4，3.0，1.3）	17	110.7 t	5.24 dd（2.1，1.1）
6	24.4 t	2.45 ddd（12.5，8.4，1.5）			5.00 dd（2.4，1.1）
		1.67 ddd（12.5，5.1，3.0）	18	18.6 q	0.81 s
7	47.4 d	1.88 dd（5.1，1.6）	19	92.9 d	3.69 s
8	45.5 s		20	69.8 d	3.08 ddd（1.6，1.5，1.3）
9	46.5 d	1.72 d（10.5）	21	48.4 t	2.68 ABqd（11.8，7.2）
10	49.4 s		22	14.1 q	1.01 t（7.2）
11	74.2 d	4.84 dd（10.5，0.9）	11-OAc	170.4 s	
12	43.3 d	2.33 m		21.1 q	2.00 s

注：溶剂 CDCl$_3$；^{13}C NMR：75 MHz；^{1}H NMR：300 MHz

化合物名称：11-acetyllepenine

分子式：$C_{24}H_{35}NO_4$　　　　　　分子量（$M+1$）：402

植物来源：*Aconitum leucostomum* Worosch. 白喉乌头

参考文献：Yue J M，Xu J，Zhao Q S，et al. 1996. Diterpenoid alkaloids from *Aconitum leucostomum*. Journal Natural Products，59（3）：277-279.

11-acetyllepenine 的 NMR 数据

位置	δ_C/ppm	δ_H/ppm（J/Hz）	位置	δ_C/ppm	δ_H/ppm（J/Hz）
1	70.21 d	3.85 dd（5.0）	14	37.15 t	
2	30.95 t		15	77.61 d	4.32 d（2.2）
3	38.52 t		16	153.78 s	
4	33.67 s		17	109.57 t	4.97 d（2.2）
5	49.02 d				5.23 d（2.2）
6	23.51 t		18	25.91 q	0.70 s
7	43.26 d		19	56.59 t	
8	43.53 s		20	67.59 d	
9	51.96 d		21	50.73 t	
10	50.99 s		22	13.50 q	1.05 t（7.5）
11	76.17 d	5.52 d	11-OAc	171.09 s	
12	42.02 d			21.51 q	2.08 s
13	23.97 t				

注：溶剂 CDCl₃；¹³C NMR：100 MHz；¹H NMR：400 MHz

化合物名称：11-epi-16α, 17-dihydroxylepenine

分子式：$C_{22}H_{35}NO_5$　　　　　　**分子量**（$M+1$）：394

植物来源：*Aconitum nagarum* var. *lasiandrum* W. T. Wang 宣威乌头

参考文献：Zhang F，Peng S L，Liao X，et al. 2005. Three new diterpene alkaloids from the roots of *Aconitum nagarum* var. *lasiandrum*. Planta Medica，71（11）：1073-1076.

11-epi-16α, 17-dihydroxylepenine 的 NMR 数据

位置	δ_C/ppm	δ_H/ppm （J/Hz）	位置	δ_C/ppm	δ_H/ppm （J/Hz）
1	69.6 d	4.30 dd （11.6）	13	24.8 t	2.50 m
2	30.5 t	2.86 br d （11）			2.43 m
		2.06 m	14	28.1 t	2.48 m
3	38.8 t	1.60 m			1.32 m
		1.35 m	15	85.2 d	4.69 br s
4	34.1 s		16	79.5 s	
5	54.2 d	1.42 d （8）	17	67.1 t	4.33 d （11）
6	23.4 t	1.33 m			4.74 d （11）
		3.64 dd （13，8）	18	26.3 q	0.73 s
7	43.1 d	2.23 d （5）	19	57.0 t	2.54 m
8	42.0 s				2.25 d （10）
9	47.5 d	2.35 d （7）	20	68.3 d	4.11 br s
10	53.9 s		21	51.0 t	2.52 m
11	64.8 d	4.85 dd （7，5）			2.42 m
12	44.1 d	2.63 br s	22	13.5 q	1.01 t （7）

注：溶剂 C_5D_5N；^{13}C NMR：125 MHz；^{1}H NMR：600 MHz

化合物名称：15-veratroyl-17-acetyl-19-oxodictizine

分子式：$C_{32}H_{41}NO_8$　　　　　分子量（$M+1$）：568

植物来源：*Aconitum variegatum*

参考文献：Diaz J G，Ruiza J G，Herz W. 2005. Norditerpene and diterpene alkaloids from *Aconitum variegatum*. Phytochemistry，66（7）：837-846.

<h4 align="center">15-veratroyl-17-acetyl-19-oxodictizine 的 NMR 数据</h4>

位置	δ_C/ppm	δ_H/ppm（J/Hz）	位置	δ_C/ppm	δ_H/ppm（J/Hz）
1	26.1 t	2.01 m	15	86.0 d	5.19 s
		1.42 m	16	78.1 s	
2	20.8 t	2.21 m	17	68.4 t	4.29 d（11.6）
		1.42 m			4.22 d（11.6）
3	37.2 t	1.82 br d（13.1）	18	22.1 q	1.02 s
		1.18 m	19	174.2 s	
4	45.8 s		20	72.7 d	3.72 br s
5	52.1 d	1.35 br d（8.6）	21	34.4 q	2.89 br s
6	26.5 t	2.58 dd（13.9，7.9）	1′	167.3 s	
		1.32 m	2′	121.8 s	
7	47.2 d	2.10 br d（5）	3′	111.9 d	7.49 d（2）
8	41.6 s		4′	148.9 s	
9	42.7 d	1.93 t（10.5）	5′	153.6 s	
10	44.8 s		6′	110.6 d	6.91 d（8.5）
11	22.7 t	1.67 m	7′	123.8 d	7.62 dd（8.5，2）
		1.40 m	4′-OMe	56.1 q	3.90 s
12	35.7 d	1.86 br s	5′-OMe	55.9 q	3.94 s
13	20.3 t	1.56 m	17-OAc	170.8 s	
		0.81 m		20.5 q	1.76 s
14	27.1 t	2.01 m			
		1.50 m			

注：溶剂 CDCl₃；¹³C NMR：100 MHz；¹H NMR：500 MHz

化合物名称：15-veratroyl-17-acetyldictizine

分子式：$C_{32}H_{43}NO_7$　　　　　　**分子量**（$M+1$）：554

植物来源：*Aconitum variegatum*

参考文献：Diaz J G，Ruiza J G，Herz W. 2005. Norditerpene and diterpene alkaloids from *Aconitum variegatum*. Phytochemistry，66（7）：837-846.

15-veratroyl-17-acetyldictizine 的 NMR 数据

位置	δ_C/ppm	δ_H/ppm（J/Hz）	位置	δ_C/ppm	δ_H/ppm（J/Hz）
1	26.2 t	1.89 dd（13.4，4.5）	15	87.3 d	5.17 s
		1.40 m	16	78.3 s	
2	24.4 t	2.22 m	17	68.6 t	4.30 d（11.6）
		1.45 m			4.23 d（11.6）
3	39.8 t	1.56 br d（13.1）	18	26.4 q	0.65 s
		1.17 m	19	59.1 t	2.45 br d（11.6）
4	34.1 s				2.20 dd（11.6，1.8）
5	52.7 d	1.16 br d（7）	20	72.8 d	3.40 br s
6	23.1 t	2.29 dd（13.4，7.5）	21	43.8 q	2.24 br s
		1.26 m	1′	167.3 s	
7	42.4 d	2.12 br d（4.8）	2′	122.0 s	
8	41.4 s		3′	111.8 d	7.50 d（2）
9	42.5 d	1.85 dd（11.5，9.5）	4′	148.7 s	
10	45.5 s		5′	153.3 s	
11	22.9 t	1.64 m	6′	110.5 d	6.9 d（8.5）
		1.30 m	7′	123.8 d	7.64 dd（8.5，2）
12	35.7 d	1.81 m	4′-OMe	55.7 q	3.89 s
13	21.1 t	2.13 m	5′-OMe	55.9 q	3.92 s
		1.35 m	17-OAc	170.8 s	
14	28.0 t	2.02 m		20.5 q	1.77 s
		1.36 m			

注：溶剂 CDCl₃；¹³C NMR：125 MHz；¹H NMR：500 MHz

化合物名称： 15-veratroyldictizine

分子式： $C_{30}H_{41}NO_6$　　　　　　**分子量（$M+1$）：** 512

植物来源： *Aconitum variegatum*

参考文献： Diaz J G，Ruiza J G，Herz W. 2005. Norditerpene and diterpene alkaloids from *Aconitum variegatum*. Phytochemistry，66（7）：837-846.

15-veratroyldictizine 的 NMR 数据

位置	δ_C/ppm	δ_H/ppm（J/Hz）	位置	δ_C/ppm	δ_H/ppm（J/Hz）
1	26.3 t	1.89 dd（13，4.7）	14	28.5 t	2.12 m
		1.32 m			1.38 m
2	20.6 t	2.23 m	15	88.7 d	5.08 s
		1.44 br dd（13.5，4.7）	16	79.6 s	
3	39.9 t	1.56 br d（13）	17	66.0 t	3.69 d（11.5）
		1.18 dddd（12，12，4，2）			3.62 d（11.5）
4	34.1 s		18	26.5 q	0.66 s
5	53.0 d	1.15 br d（7.3）	19	59.4 t	2.40 br d（11.2）
6	23.4 t	2.37 dd（13.8，7.9）			2.23 dd（11.2，2）
		1.30 m	20	73.0 d	3.38 br s
7	42.5 d	2.12 br d（5.5）	21	43.9 q	2.24 br s
8	41.5 s		1'	168.2 s	
9	43.0 d	1.80 t（10）	2'	121.8 s	
10	45.5 s		3'	111.8 d	7.52 d（2）
11	23.1 t	1.71 m	4'	148.8 s	
		1.31 t（13.1）	5'	153.5 s	
12	34.2 d	1.90 br s	6'	110.5 d	6.91 d（8.5）
13	21.3 t	2.07 m	7'	123.8 d	7.65 dd（8.5，2）
		1.38 m	4'-OMe	55.7 q	3.90 s
			5'-OMe	55.9 q	3.93 s

注：溶剂 $CDCl_3$；^{13}C NMR：100 MHz；^{1}H NMR：500 MHz

化合物名称：acochlearine

分子式：C$_{22}$H$_{35}$NO$_4$　　　　　　　分子量（$M+1$）：378

植物来源：*Aconitum cochleare*

参考文献：Mericli A H，Suzgec S，Bitis L，et al. 2006. Diterpenoid alkaloids from the roots of *Aconitum cochleare*. Pharmazie，61（5）：483-485.

acochlearine 的 NMR 数据

位置	δ_C/ppm	δ_H/ppm（J/Hz）	位置	δ_C/ppm	δ_H/ppm（J/Hz）
1	38.0 t	1.55 dt（13，4）	13	23.5 t	1.23 m
		1.25 m			1.93 m
2	30.9 t	2.13 m	14	26.9 t	1.12 m
		1.93 m			2.12 m
3	70.0 d	3.80 dd（6.5，10）	15	86.7 d	4.00 br s
4	33.9 s		16	78.8 s	
5	40.8 d	1.87 d（8.5）	17	67.8 t	3.51 d（11）
6	23.7 t	1.60 m			4.15 d（11）
		2.80 dd（7，14）	18	24.1 q	0.72 s
7	36.5 d	1.50 br s	19	56.9 t	2.69 d（11）
8	42.2 s				2.28 d（11）
9	52.3 d	1.34 dd（8，9）	20	66.8 d	3.88 s
10	51.5 s		21	51.7 t	2.54 m
11	21.3 t	1.92 m			2.60 m
		1.62 m	22	12.4 q	1.23 t（7.3）
12	42.6 d	2.14 m			

注：^{13}C NMR：125 MHz；^{1}H NMR：500 MHz

化合物名称：aconicarchamine B

分子式：$C_{31}H_{41}NO_7$　　　　　　分子量（$M+1$）：540

植物来源：*Acontium carmichaelii* Debx. 乌头

参考文献：Shen Y，Zuo A X，Jiang Z Y，et al. 2011. Two new C_{20}-diterpenoid alkaloids from *Aconitum carmichaelii*. Helvetica Chimica Acta，94（1）：122-126.

aconicarchamine B 的 NMR 数据

位置	δ_C/ppm	δ_H/ppm（J/Hz）	位置	δ_C/ppm	δ_H/ppm（J/Hz）
1	70.1 d	4.75 dd（10.5，6.0）	15	85.9 d	4.68 d（4.0）
2	30.6 t	1.85～1.92 m	16	77.3 s	
		1.97～2.04 m	17	69.3 t	5.32 d（11.5）
3	38.4 t	1.25～1.32 m			5.56 d（11.5）
		1.43～1.50 m	18	25.8 q	0.68 s
4	33.5 s		19	56.7 t	2.17 d（11.0）
5	52.7 d	1.42 d（7.0）			2.51 d（11.0）
6	23.0 t	1.21～1.29 m	20	66.9 d	4.08 s
		3.52 dd（12.2，7.0）	21	50.7 t	2.42～2.46 m
7	42.0 d	2.23 br s			2.32～2.37 m
8	42.8 s		22	13.2 q	0.99 t（7.0）
9	51.4 d	2.41 d（9.0）	15-OAc	171.8 s	
10	51.3 s			21.2 q	1.98 s
11	70.3 d	5.46 d（9.0）	17-OCO	166.6 s	
12	45.2 d	2.56 br s	1'	131.6 s	
13	20.1 t	1.42～1.49 m	2', 6'	130.1 d	8.27 d（7.4）
		2.29～2.36 m	3', 5'	128.7 d	7.28 d（7.6）
14	27.4 t	0.95～0.99 m	4'	133.0 d	7.45 d（7.4）
		1.72～1.79 m			

注：溶剂 CDCl₃；¹³C NMR：100 MHz；¹H NMR：400 MHz

化合物名称：anthriscifolmine A

分子式：C$_{25}$H$_{37}$NO$_5$　　　　　　　　分子量（$M+1$）：432

植物来源：*Delphinium anthriscifolium* var. *savatieri* (Franchet) Munz　卵瓣还亮草

参考文献：Liu X Y，Chen Q H，Wang F P. 2009. Three new C$_{20}$-diterpenoid alkaloids from *Delphinium anthriscifolium* var. *savatieri*. Chinese Chemical Letters，20（6）：698-701.

anthriscifolmine A 的 NMR 数据

位置	δ_C/ppm	δ_H/ppm （J/Hz）	位置	δ_C/ppm	δ_H/ppm （J/Hz）
1	70.7 d	3.84 t（8.0）	14	36.3 t	2.51 m
2	31.4 t	2.17 m			1.29 m
		1.87 m	15	76.6 d	4.18 s
3	38.2 t	1.57 m	16	64.3 s	
		1.32 m	17	45.5 t	3.11 ABq（5.2）
4	33.6 s				2.46 ABq（5.2）
5	51.8 d	1.30 m	18	25.8 q	0.70 s
6	23.4 t	2.72 m	19	59.1 t	2.41 m
		1.25 m			2.32 m
7	43.8 d	2.28 m	20	68.4 d	3.47 s
8	43.6 s		21	40.7 q	2.26 s
9	41.6 d	1.85 m	1′	173.2 s	
10	50.8 s		2′	36.5 t	2.30 m
11	23.9 t	1.96 m			1.28 m
		1.82 m	3′	18.3 t	1.66 m
12	38.8 d	1.74 m	4′	13.7 q	0.95 t（7.2）
13	71.2 d	4.93 q（4.4）			

注：溶剂 CDCl$_3$；^{13}C NMR：100 MHz；^{1}H NMR：400 MHz

化合物名称：anthriscifolmine B

分子式：C$_{25}$H$_{37}$NO$_6$　　　　　　　**分子量**（$M+1$）：448

植物来源：*Delphinium anthriscifolium* var. *savatieri* (Franchet) Munz　卵瓣还亮草

参考文献：Liu X Y，Chen Q H，Wang F P. 2009. Three new C$_{20}$-diterpenoid alkaloids from *Delphinium anthriscifolium* var. *savatieri*. Chinese Chemical Letters，20（6）：698-701.

anthriscifolmine B 的 NMR 数据

位置	δ_C/ppm	δ_H/ppm（J/Hz）	位置	δ_C/ppm	δ_H/ppm（J/Hz）
1	70.3 d	3.85 t（8.4）	14	36.4 t	2.51 m
2	30.7 t	2.18 m			1.42 m
		1.86 m	15	76.4 d	4.17 s
3	32.4 t	1.94 m	16	64.3 s	
		1.50 m	17	45.4 t	3.10 ABq（5.2）
4	38.4 s				2.45 ABq（5.2）
5	46.6 d	1.50 m	18	68.7 t	3.28 ABq（10.8）
6	23.0 t	2.72 m			3.23 ABq（10.8）
		1.28 m	19	55.3 t	2.52 m
7	43.8 d	2.30 m			2.44 m
8	43.5 s		20	68.9 d	3.52 s
9	41.6 d	1.84 m	21	40.7 q	2.30 s
10	50.6 s		1'	173.3 s	
11	23.8 t	1.96 m	2'	36.1 t	2.32 m
		1.83 m			1.32 m
12	38.7 d	1.74 m	3'	18.2 t	1.65 m
13	71.0 d	4.93 q（4.4）	4'	13.6 q	0.95 t（7.6）

注：溶剂 CDCl$_3$；^{13}C NMR：100 MHz；^{1}H NMR：400 MHz

化合物名称：bullatine H

分子式：C$_{23}$H$_{35}$NO$_6$　　　　　　　分子量（$M+1$）：422

植物来源：*Aconitum brachypodum* Diels 短柄乌头

参考文献：Yang L G，Zhang Y J，Xie J Y，et al. 2016. Diterpenoid alkaloids from the roots of *Aconitum brachypodum* Diels. Journal of Asian Natural Products Research，18（9）：908-912.

bullatine H 的 NMR 数据

位置	δ_C/ppm	δ_H/ppm（J/Hz）	位置	δ_C/ppm	δ_H/ppm（J/Hz）
1	27.5 t	1.81～1.83 m	12	39.9 d	1.94～1.96 m
		2.31～2.33 m	13	75.7 d	4.98～5.00 m
2	23.9 t	1.74～1.76 m	14	41.1 t	1.23～1.25 m
		2.79～2.81 m			2.44～2.46 m
3	38.9 t	1.57～1.59 m	15	87.2 d	4.03 s
		1.32～1.34 m	16	82.2 s	
4	34.6 s		17	67.2 t	3.80 d（11.9）
5	54.3 d	1.34～1.36 m			3.60 d（11.9）
6	24.1 t	1.07～109 m	18	26.2 q	0.75 s
		1.19～1.21 m	19	60.3 t	2.34～2.36 m
7	40.4 d	1.84～1.86 m			2.41～2.43 m
8	44.5 s		20	70.7 d	3.54 s
9	42.9 d	2.18～2.20 m	21	44.1 q	2.28 m
10	48.5 s		13-OAc	172.6 s	
11	72.1 d	3.91 br d（9.5）		21.8 q	2.03 s

注：溶剂 CD$_3$OD；^{13}C NMR：100 MHz；^{1}H NMR：400 MHz

化合物名称：cochlearenine

分子式：C$_{22}$H$_{35}$NO$_4$　　　　　　　　**分子量**（$M+1$）：378

植物来源：*Aconitum yesoense* var. *macroyesoense* (Nakai) Tamura

参考文献：Wada K，Kawahara N. 2009. Diterpenoid and norditerpenoid alkaloids from the roots of *Aconitum yesoense* var. *macroyesoense*. Helvetica Chimica Acta，92（4）：629-637.

cochlearenine 的 NMR 数据

位置	δ_C/ppm	δ_H/ppm（J/Hz）
1	70.9 d	3.84 dd（10.9，6.6）
2	31.6 t	1.82～1.90 m
		2.17～2.25 m
3	38.4 t	
4	33.5 s	
5	53.1 d	1.27 d（9.7）
6	23.8 t	
7	36.8 d	1.49～1.53 m
8	42.6 s	
9	50.8 d	
10	48.5 s	
11	21.5 t	
12	42.4 d	1.97～2.00 m
13	23.7 t	2.09 d（5.6）
14	26.9 t	
15	87.5 d	4.03 s
16	78.8 s	
17	67.9 t	3.49 d（11.4）
		4.21 d（11.4）
18	26.8 q	0.71 s
19	57.0 t	2.23 d（10.5）
		2.50 d（10.5）
20	67.2 d	3.72 s
21	51.1 t	2.42～2.47 m
22	13.6 q	1.05 t（7.3）

注：溶剂 CDCl$_3$；^{13}C NMR：67.5 MHz；^{1}H NMR：270 MHz

化合物名称：denudatine

分子式：C$_{22}$H$_{33}$NO$_2$　　　　　　　　**分子量**（$M+1$）：344

植物来源：*Aconitum kusnezoffii* Reichb. 北乌头

参考文献：Uhrin D，Proksa B，Zhamiansan J. 1991. Lepenine and denudatine：new alkaloids from *Aconitum kusnezoffii*. Planta Medica，57（4）：390-391.

denudatine 的 NMR 数据

位置	δ_C/ppm	δ_H/ppm（J/Hz）	位置	δ_C/ppm	δ_H/ppm（J/Hz）
1	26.1 t	1.84 m（2H）	14	27.7 t	0.97 m
2	20.3 t				1.80 m
3	39.8 t	1.12 m	15	76.7 d	4.05 ddd（5.9，2.4，1.9）
		1.50 m	16	154.2 s	
4	33.5 s		17	108.5 t	4.79 dd（2.7，2.4）
5	51.7 d	1.06 d（8.3）			5.07 dd（2.7，1.9）
6	22.5 t	1.08 dd（13.8，5.3）	18	26.5 q	0.67 s
		2.74 dd（13.8，8.3）	19	57.1 t	2.16 dd（10.8，1.9）
7	46.6 d	1.95 d（5.27）			2.41 d（10.8）
8	43.1 s		20	71.0 d	3.26 s
9	52.2 d	1.25 d（9.6）	21	50.1 t	2.37 ABq（12.1，7.3）
10	45.0 s		22	13.5 q	0.97 t（7.3）
11	71.6 d	3.59 dd（9.6，4.4）	11-OH		4.19 d（4.4）
12	41.8 d	2.00 m	15-OH		4.88 d（5.9）
13	24.0 t	1.31 m			
		1.57 m			

注：溶剂 C$_2$D$_6$SO；^{13}C NMR：75 MHz；^{1}H NMR：300 MHz

化合物名称：dictyzine

分子式：C$_{21}$H$_{33}$NO$_3$　　　　　　　　　分子量（$M+1$）：348

植物来源：*Consolida hellespontica*

参考文献：Desai H K，Joshi B S，Pelletier S W，et al. 1993. New alkaloids from *Consolida hellespontica*. Heterocycles，36（5）：1081-1089.

dictyzine 的 NMR 数据

位置	δ_C/ppm	δ_H/ppm（J/Hz）
1	27.6 t	
2	21.8 t	
3	41.2 t	
4	35.3 s	
5	54.0 d	
6	24.0 t	
7	44.0 d	
8	43.0 s	
9	42.5 d	
10	46.9 s	
11	24.7 t	
12	36.5 d	
13	23.0 t	
14	29.0 t	
15	87.1 d	
16	81.1 s	
17	67.9 t	
18	27.0 q	
19	60.8 t	
20	74.7 d	
21	44.5 q	

注：溶剂 CD$_3$OD

化合物名称：gomandonine

分子式：C$_{21}$H$_{31}$NO$_4$　　　　　　　　分子量（$M+1$）：362

植物来源：*Aconitum subcuneatum* Nakai

参考文献：Sakai S，Okazaki T，Yamaguchi K，et al. 1987. Structures of torokonine and gomandonine，two new diterpene alkaloids from *Aconitum subcuneatum* Nakai. Chemical & Pharmaceutical Bulletin，35（6）：2615-2617.

gomandonine 的 NMR 数据

位置	δ_C/ppm	δ_H/ppm（J/Hz）
1	70.6 d	4.13 dd（6.3，10.9）
2	32.1 t	
3	40.1 t	
4	33.8 s	
5	52.7 d	
6	24.1 t	3.47 br dd（8.2，13.8）
7	42.6 d	
8	44.6 s	
9	43.9 d	
10	51.4 s	
11	25.6 t	
12	41.6 d	
13	69.1 d	4.37 dd（4.4，8.4）
14	39.2 t	
15	76.5 d	5.00 s
16	65.5 s	
17	45.0 t	3.63 d（6.3）
		2.66 d（6.3）
18	26.3 q	0.71 s
19	59.6 t	
20	68.9 d	3.89 br s
21	43.9 q	2.25 s

注：溶剂 C$_5$D$_5$N

化合物名称：gomandonine 13-*O*-acetate

分子式：$C_{23}H_{33}NO_5$ 分子量（$M+1$）：404

植物来源：*Aconitum delphinifolium* DC.

参考文献：Kulathaivel P，Benn M H. 1988. A 16, 17-epoxy C_{20}-diterpenoid alkaloid from *Aconitum delphinifolium*. Phytochemistry，27（12）：3998-3999.

gomandonine 13-*O*-acetate 的 NMR 数据

位置	δ_C/ppm	δ_H/ppm（*J*/Hz）	位置	δ_C/ppm	δ_H/ppm（*J*/Hz）
1	70.6 d	3.84 dd（9.5，6.5）	13	71.5 d	4.91 dd（8.8，4.0）
2	31.4 t		14	38.2 t	
3	36.1 t		15	76.6 d	4.18 s
4	33.7 s		16	64.2 s	
5	51.8 d		17	45.5 t	3.12 d（4.5），2.48 d（4.5）
6	23.5 t		18	25.8 q	0.70 s
7	38.8 d		19	59.1 t	
8	43.6 s		20	68.5 d	3.51 br s
9	43.9 d		21	41.7 q	2.27 s
10	50.9 s		13-OAc	170.7 s	
11	23.9 t			21.4 q	2.06 s
12	40.7 d				

注：溶剂 CDCl₃

化合物名称：gymnandine

分子式：$C_{22}H_{33}NO$　　　　　　　分子量（$M+1$）：328

植物来源：*Aconitum gymnandrum* Maxim. 露蕊乌头

参考文献：丁立生，吴凤锷，陈耀祖. 1993. 露蕊乌头的二萜生物碱. 药学学报，28（3）：188-191.

gymnandine 的 NMR 数据

位置	δ_C/ppm	δ_H/ppm（J/Hz）
1	40.5 t	
2	23.3 t	
3	28.7 t	
4	34.6 s	
5	52.6 d	
6	21.0 t	
7	43.4 d	
8	45.4 s	
9	44.3 d	
10	44.0 s	
11	28.1 t	
12	37.2 d	
13	26.8 t	
14	26.8 t	
15	78.6 d	4.29 t（2）
16	155.3 s	
17	107.3 t	4.92 br s
		5.07 br s
18	27.3 q	0.68 s
19	57.7 t	
20	72.2 d	
21	51.4 t	
22	13.7 q	1.02 t（7.2）
15-OH		3.38 br s

注：溶剂 C_5D_5N；^{13}C NMR：100 MHz；^1H NMR：400 MHz

化合物名称：heterophyllinine A

分子式：C$_{22}$H$_{33}$NO$_2$　　　　　　　分子量（$M+1$）：344

植物来源：*Aconitum heterophyllum* Wall.

参考文献：Nisar M，Ahmad M，Wadood N，et al. 2009. New diterpenoid alkaloids from *Aconitum heterophyllum* Wall: selective butyrylcholinestrase inhibitors. Journal of Enzyme Inhibition and Medicinal Chemistry，24（1）：47-51.

heterophyllinine A 的 NMR 数据

位置	δ_C/ppm	δ_H/ppm（J/Hz）	位置	δ_C/ppm	δ_H/ppm（J/Hz）
1	41.2 t	1.52 m	13	27.5 t	1.39 m
		1.89 m			1.41 m
2	23.1 t	1.56 m	14	29.1 t	1.59 m
		1.74 m			1.70 m
3	33.2 t	0.94 m	15	77.8 d	3.50 br s
		1.34 m	16	156.7 s	
4	39.3 s		17	110.3 t	4.98 br s
5	38.0 d	2.26 br s			5.03 br s
6	28.8 t	1.71 m	18	20.5 q	0.82 br s
7	40.9 d	2.40 m	19	51.0 t	2.83 d（10.27）
8	38.7 s				2.91 d（10.27）
9	50.1 d	2.02 t（11.6）	20	60.6 d	3.62 d（5.92）
10	50.5 s		21	59.6 t	2.45 m
11	27.5 t	0.87 m			3.07 m
		0.93 m	22	55.8 t	3.15 t（10.88）
12	38.0 d	1.46 m			

注：溶剂 CDCl$_3$；^{13}C NMR：100 MHz；^{1}H NMR：400 MHz

化合物名称：kirinine A

分子式：C₂₄H₃₅NO₄　　　　　　　　分子量（$M+1$）：402

植物来源：*Aconitum kirinense* Nakai 吉林乌头

参考文献：Feng F，Liu J H. 1997. Diterpene alkaloids of *Aconitum kirinense* Nakai I. Lepenine and kirinine A. Journal of Chinese Pharmaceutical Sciences，6（1）：14-17.

kirinine A 的 NMR 数据

位置	δ_C/ppm	δ_H/ppm（J/Hz）	位置	δ_C/ppm	δ_H/ppm（J/Hz）
1	70.4 d	4.11 dt (10.8, 6.9)	14	27.1 t	
2	31.2 t		15	77.6 d	5.35 t（2.2）
3	38.5 t		16	147.6 s	
4	33.4 s		17	109.2 t	4.93 t（2.2）
5	52.4 d				4.88 t（2.2）
6	22.7 t		18	25.9 q	0.64 s
7	46.3 d		19	56.8 t	
8	43.4 s		20	67.1 d	3.62 br s
9	55.0 d		21	50.5 t	
10	50.5 s		22	13.6 q	0.96 t（7.2）
11	72.5 d	4.40 dd（8.6，7.0）	15-OAc	170.9 s	
12	41.5 d			21.4 q	2.10 s
13	24.0 t				

注：溶剂 CDCl₃；¹³C NMR：75 MHz；¹H NMR：300 MHz

化合物名称：kirinine B

分子式：C$_{22}$H$_{31}$NO$_3$　　　　　　　　分子量（$M+1$）：358

植物来源：*Aconitum kirinense* Nakai 吉林乌头

参考文献：Feng F，Liu J H，Zhao S X. 1998. Diterpene alkaloids from *Aconitum kirinense*. Phytochemistry，49（8）：2557-2559.

kirinine B 的 NMR 数据

位置	δ_C/ppm	δ_H/ppm（J/Hz）	位置	δ_C/ppm	δ_H/ppm（J/Hz）
1	68.7 d	4.19 d（5.3）	13	24.7 t	1.47 m
2	24.6 t	1.24 m			1.71 m
		1.83 m	14	27.2 t	1.21 m
3	30.0 t	1.56 m			1.97 ddd（14.0，11.7，7.0）
		1.63 m	15	77.3 d	4.28 dt（6.8，2.0，2.0）
4	37.6 s		16	154.3 s	
5	50.2 d	1.61 m	17	110.4 t	5.04 t（2.0，2.0）
6	24.6 t	1.67 m			5.23 t（2.0，2.0）
		2.35 ddd（12.6，8.5，2.0）	18	18.7 q	0.78 s
7	47.5 d	1.84 m	19	93.1 d	3.68 s
8	45.9 s		20	70.1 d	3.04 dd（4.1，2.1）
9	51.8 d	1.28 d（9.6，6.8）	21	48.5 t	2.63～2.69 m
10	49.8 s		22	14.1 q	0.99 t（7.3，7.3）
11	72.7 d	3.74 dd（9.6，6.8）	OH		1.76 d（6.8）
12	47.2 d	2.21 dd（5.3，5.2）	OH		1.40 d（6.8）

注：溶剂 CDCl$_3$；^{13}C NMR：75 MHz；^{1}H NMR：300 MHz

化合物名称：kirinine C

分子式：C$_{22}$H$_{29}$NO$_4$　　　　　　分子量（$M+1$）：372

植物来源：*Aconitum kirinense* Nakai　吉林乌头

参考文献：Feng F，Liu J H，Zhao S X. 1998. Diterpene alkaloids from *Aconitum kirinense*. Phytochemistry，49（8）：2557-2559.

kirinine C 的 NMR 数据

位置	δ_C/ppm	δ_H/ppm（J/Hz）	位置	δ_C/ppm	δ_H/ppm（J/Hz）
1	72.6 d	5.30 dd（10.8，7.2）	13	25.1 t	1.48 m
2	27.1 t	1.30 m			1.69 m
		1.98 m	14	26.7 t	1.25 m
3	33.5 t	1.23 m			1.96 m
		1.51 m	15	77.3 d	4.28 br s
4	44.6 s		16	154.3 s	
5	49.1 d	1.43 m	17	109.7 t	5.22 t（2.0，2.0）
6	24.5 t	1.20 m			5.22 t（2.0，2.0）
		2.91 ddd（14.0，7.8，1.3）	18	21.0 q	0.98 s
7	47.9 d	2.17 m	19	169.3 d	7.25 s
8	47.9 s		20	68.8 d	4.67 br s
9	56.3 d	1.35 d（9.2）	1-OAc	170.7 s	
10	48.1 s			21.6 q	2.05 s
11	73.8 d	3.84 dd（9.2，1.4）	OH		1.86 br s
12	46.7 d	2.15 m	OH		1.81 br s

注：溶剂 CDCl$_3$；^{13}C NMR：75 MHz；^{1}H NMR：300 MHz

化合物名称：lassiocarpine

分子式：C$_{29}$H$_{39}$NO$_6$　　　　　　　　分子量（$M+1$）：498

植物来源：*Aconitum kojimae* Ohwi var. *lassiocarpium* Tamura

参考文献：Takayama H，Sun J J，Aimi N，et al. 1989. Lassiocarpine，a novel C$_{20}$-diterpene alkaloid isolated from *Aconitum kojimae* Ohwi. Tetrahedron Letters，30（26）：3441-3442.

lassiocarpine 的 NMR 数据

位置	δ_C/ppm	δ_H/ppm（J/Hz）	位置	δ_C/ppm	δ_H/ppm（J/Hz）
1	70.4 d	4.83 dd（10.9，5.7）	14	28.7 t	1.37 m
2	32.0 t	2.00 m			2.28 m
		2.85 m	15	86.2 d	4.66 d（3.4）
3	39.4 t	1.38 m	16	79.1 s	
		1.59 d（12.2）	17	72.3 t	5.63 d（11.4）
4	33.9 s				5.77 d（11.4）
5	53.6 d	1.53 d（7.3）	18	26.5 q	0.72 s
6	24.1 t	1.37 m	19	57.5 t	2.56 d（10.9）
		3.61 dd（7.3，13.6）			2.27 d（10.9）
7	43.2 d	2.28 s	20	68.3 d	4.15 s
8	44.1 s		21	51.1 t	2.39 m
9	51.9 d	2.53 d（8.9）			2.55 m
10	51.9 s		22	14.0 q	1.05 t（7.3）
11	71.6 d	5.53 d（8.9）	17-OCO	167.3 s	
12	45.5 d	2.65 br s	1′	132.1 s	
13	22.0 t	1.76 t（12.1）	2′，6′	130.0 d	8.26 d（7.6）
		2.62 m	3′，5′	128.5 d	7.25 dd（7.6，7.6）
			4′	132.6 d	7.42 dd（7.6，7.6）

注：溶剂 C$_5$D$_5$N；^{13}C NMR：100 MHz；^{1}H NMR：400 MHz

化合物名称：lepenine

分子式：$C_{22}H_{33}NO_3$ 分子量（$M+1$）：360

植物来源：*Aconitum kirinense* Nakai 吉林乌头

参考文献：Feng F，Liu J H，Zhao S X. 1998. Diterpene alkaloids from *Aconitum kirinense*. Phytochemistry，49（8）：2557-2559.

lepenine 的 NMR 数据

位置	δ_C/ppm	δ_H/ppm（J/Hz）	位置	δ_C/ppm	δ_H/ppm（J/Hz）
1	70.8 d	4.17 dt（10.8，6.9）	13	24.6 t	1.47 m
2	31.2 t	1.82 m			1.72 m
		2.35 m	14	27.5 t	1.14 m
3	38.4 t	1.32 m			1.94 m
		1.64 m	15	78.0 d	4.28 dt（7.7，2.1，2.1）
4	33.7 s		16	154.5 s	
5	52.4 d	1.37 d（7.6）	17	109.3 t	5.08 t（2.1，2.1）
6	23.1 t	1.25 m			5.28 t（2.1，2.1）
		2.74 dd（13.0，7.6）	18	26.0 q	0.70 s
7	46.9 d	2.21 m	19	57.1 t	2.23 m
8	43.7 s				2.50 m
9	54.1 d	1.37 d（9.5）	20	67.7 d	3.68 br s
10	51.0 s		21	50.7 t	2.30～2.50 m
11	71.3 d	4.46 dd（9.5，6.7）	22	13.6 q	1.05 t（7.0）
12	42.3 d	2.21 m			

注：溶剂 $CDCl_3$；^{13}C NMR：75 MHz；^1H NMR：300 MHz

化合物名称：lepenine *N*-oxide

分子式：$C_{22}H_{33}NO_4$ 　　　　分子量（$M+1$）：376

植物来源：*Aconitum kirinense* Nakai 吉林乌头

参考文献：Nishanov A A，Sultankhodzhaev M N，Kondrat'ev V G. 1993. Alkaloids of aerial parts of *Aconitum kirinense*. Khimiya Prirodnykh Soedinenii，29（5）：734-736.

lepenine *N*-oxide 的 NMR 数据

位置	δ_C/ppm	δ_H/ppm（*J*/Hz）
1	67.4 d	
2	30.6 t	
3	36.5 t	
4	35.4 s	
5	50.7 d	
6	28.7 t	
7	48.0 d	
8	44.1 s	
9	55.3 d	
10	53.6 s	
11	73.1 d	
12	45.6 d	
13	23.0 t	
14	25.2 t	
15	77.8 d	4.14 s
16	153.6 s	
17	110.7 t	5.15 br s，4.91 br s
18	26.4 q	0.77 s
19	67.8 t	
20	83.9 d	3.95 s
21	74.6 t	
22	8.0 q	1.32 t（7）

注：溶剂 CD₃OD

化合物名称：macrocentrine

分子式：C$_{22}$H$_{35}$NO$_5$　　　　　　分子量（$M+1$）：394

植物来源：*Delphinium macrocentrum*

参考文献：Benn M H，Okanga F I，Richardson J F，et al. 1987. Macrocentrine：an unusual diterpenoid alkaloid. Heterocycles，26（9）：2331-2334.

macrocentrine 的 NMR 数据

位置	δ_C/ppm	δ_H/ppm（J/Hz）
1	33.0 t	
2	70.1 d	
3	68.5 d	
4	39.3 s	
5	41.0 d	
6	28.7 t	
7	36.1 d	
8	42.4 s	
9	52.5 d	
10	46.0 s	
11	22.8 t	
12	43.6 d	
13	24.4 t	
14	22.6 t	
15	86.4 d	
16	80.4 s	
17	67.3 t	
18	22.8 q	
19	50.1 t	
20	76.8 d	
21	49.4 t	
22	12.7 q	

注：溶剂 C$_5$D$_5$N

化合物名称：macroyesoenline

分子式：$C_{23}H_{35}NO_6$ 分子量（$M+1$）：422

植物来源：*Aconitum yesoense* var. *macroyesoense* (Nakai) Tamura

参考文献：Wada K，Kawahara N. 2009. Diterpenoid and norditerpenoid alkaloids from the roots of *Aconitum yesoense* var. *macroyesoense*. Helvetica Chimica Acta，92（4）：629-637.

macroyesoenline 的 NMR 数据

位置	δ_C/ppm	δ_H/ppm（J/Hz）	位置	δ_C/ppm	δ_H/ppm（J/Hz）
1	74.3 d	5.02 dd（10.7，6.3）	12	40.1 d	1.79~1.86 m
2	26.5 t	1.83~1.89 m	13	71.5 d	3.88~3.94 m
		2.19~2.32 m	14	40.0 t	1.21~1.27 m
3	38.0 t	1.29~1.39 m			2.44~2.52 m
		1.57~1.63 m	15	86.5 d	4.16 s
4	33.6 s		16	80.5 s	
5	53.0 d	1.38 d（7.5）	17	67.1 t	3.55 AB（11.4）
6	23.2 t	1.21~1.27 m			4.01 AB（11.4）
		2.76 dd（13.6，7.8）	18	25.8 q	0.71 s
7	41.7 d	2.22~2.24 m	19	59.1 t	2.30 AB（11.2）
8	43.4 s				2.44 AB（11.2）
9	38.5 d	1.79~1.83 m	20	69.5 d	3.50 s
10	48.0 s		21	43.8 q	2.30 s
11	22.9 t	1.06 t（12.2）	1-OAc	170.9 s	
		1.62~1.72 m		21.9 q	2.04 s

注：溶剂 CDCl$_3$；^{13}C NMR：100 MHz；^{1}H NMR：400 MHz

化合物名称：*N*(19)-en-denudatine

分子式：C$_{20}$H$_{27}$NO$_2$　　　　　　分子量（*M*＋1）：314

植物来源：*Aconitum brachypodum* Diels　短柄乌头

参考文献：Shen Y，Zuo A X，Jiang Z Y，et al. 2010. Two new diterpenoid alkaloids from *Aconitum brachypodum*. Bulletin of the Korean Chemical Society，31（11）：3301-3303.

N(19)-en-denudatine 的 NMR 数据

位置	δ_C/ppm	δ_H/ppm（*J*/Hz）	位置	δ_C/ppm	δ_H/ppm（*J*/Hz）
1	27.2 t	2.13 m	12	48.3 d	2.25 m
		2.16 m	13	25.5 t	1.43 m
2	21.2 t	1.43 m			3.51 ddd（13.2，7.7，5.5）
		1.54 m	14	28.4 t	1.21 m
3	35.0 t	0.97 dd（13.3，4.1）			1.55 m
		1.27 dd（13.3，4.0）	15	77.3 d	4.65 d（5.6）
4	44.8 s		16	155.3 s	
5	49.4 d	1.11 d（7.2）	17	109.5 t	5.27 br s
6	24.9 t	1.54 m			5.76 br s
		1.73 dd（12.2，7.2）	18	22.0 q	0.81 s
7	49.1 d	2.53 br s	19	168.6 d	7.29 br s
8	45.5 s		20	72.2 d	4.58 br s
9	55.9 d	2.02 d（9.6）	11-OH		4.98 s
10	45.8 s		15-OH		6.70 br d（6.2）
11	73.1 d	4.10 dd（9.2，5.0）			

注：溶剂 CDCl$_3$；^{13}C NMR：100 MHz；^{1}H NMR：400 MHz

化合物名称：*N*-ethyl-1α-hydroxy-17-veratroyldictizine

分子式：C$_{31}$H$_{43}$NO$_7$　　　　　　　　　　分子量（*M* + 1）：542

植物来源：*Aconitum variegatum*

参考文献：Diaz J G，Ruiza J G，Herz W. 2005. Norditerpene and diterpene alkaloids from *Aconitum variegatum*. Phytochemistry，66（7）：837-846.

N-ethyl-1α-hydroxy-17-veratroyldictizine 的 NMR 数据

位置	δ$_C$/ppm	δ$_H$/ppm（*J*/Hz）	位置	δ$_C$/ppm	δ$_H$/ppm（*J*/Hz）
1	68.3 d	3.86 dd（10.5，7）	15	84.0 d	4.11 s
2	29.2 t	2.18 m	16	79.9 s	
		2.50 m	17	69.8 t	4.56 d（12.3）
3	37.3 t	1.35 m			4.68 d（12.3）
		1.62 m	18	25.7 q	0.86 s
4	34.6 s		19	55.6 t	2.49 m
5	50.4 d	1.53 m			3.18 m
6	23.7 t	1.30 m	20	69.0 d	4.37 br s
		3.23 dd（13.7，7.9）	21	54.6 t	2.92 m
7	42.9 d	2.34 m			3.23 m
8	41.2 s		22	10.3 q	1.55 t（7）
9	42.9 d	2.04 t（10）	17-OCO	167.1 s	
10	52.9 s		1′	122.0 s	
11	23.2 t	1.84 m	2′	112.1 d	7.51 d（2）
		2.27 t（12）	3′	148.9 s	
12	35.8 d	1.82 br s	4′	153.5 s	
13	20.4 t	1.5 m	5′	110.4 d	6.89 d（8.5）
		2.06 m	6′	123.7 d	7.64 dd（8.5，2）
14	27.7 t	1.31 m	3′-OMe	56.1 q	3.93 s
		2.05 m	4′-OMe	56.1 q	3.95 s

注：溶剂 CDCl$_3$；^{13}C NMR：100 MHz；^{1}H NMR：500 MHz

化合物名称：pubesine

分子式：C$_{23}$H$_{31}$NO$_5$　　　　　　　分子量（*M* + 1）：402

植物来源：*Aconitum soongaricum* var. *pubescens* 毛序准噶尔乌头

参考文献：Chen L，Shan L H，Xu W L，et al. 2017. A new C$_{20}$-diterpenoid alkaloid from *Aconitum soongaricum* var. *pubescens*. Natural Product Research，31（5）：523-528.

pubesine 的 NMR 数据

位置	δ_C/ppm	δ_H/ppm（*J*/Hz）	位置	δ_C/ppm	δ_H/ppm（*J*/Hz）
1	68.3 d	4.03 d（5.4）	12	38.6 d	1.77（overlapped）
2	24.6 t	1.46 m	13	71.1 d	4.87 dd（3.6，8.4）
		1.88 m	14	35.8 t	1.40 d（16.2）
3	29.7 t	1.26 m			2.51 dd（9.0，16.3）
		1.55 m	15	76.8 d	4.18 d（4.2）
4	37.7 s		16	64.1 s	
5	49.4 d	1.19 m	17	45.7 t	2.42 ABq（5.4）
6	24.7 t	1.62 m			3.10 ABq（5.4）
		2.38 m	18	18.7 q	0.80 s
7	45.8 d	1.96 dd（4.8，13.2）	19	94.4 d	3.58 br s
8	45.3 s		20	70.4 d	2.89 s
9	38.3 d	1.94 dd（8.4，13.2）	21	41.8 q	2.41 s
10	49.7 s		13-OAc	170.9 s	
11	23.5 t	1.17 t（12.6）		21.4 q	2.06 s
		1.77（overlapped）			

注：溶剂 CDCl$_3$；^{13}C NMR：150 MHz；^{1}H NMR：600 MHz

化合物名称：sinchianine

分子式：$C_{23}H_{33}NO_5$　　　　　　　分子量（$M+1$）：404

植物来源：*Aconitum sinchiangense* W. T. Wang 新疆乌头

参考文献：Samanbay A，Zhao B，Aisa H A. 2018. A new denudatine type C₂₀-diterpenoid alkaloid from *Aconitum sinchiangense* W. T. Wang. Natural Product Research，19（32）：2319-2324.

sinchianine 的 NMR 数据

位置	δ_C/ppm	δ_H/ppm（J/Hz）	位置	δ_C/ppm	δ_H/ppm（J/Hz）
1	26.3 t	1.37 dd（13.8，5.4）	14	36.4 t	1.14 m
		2.56 m			2.48（overlapped）
2	20.3 t	1.31 m	15	75.1 d	3.92 d（6.0）
		2.20（overlapped）	16	62.7 s	
3	39.6 t	1.14 m	17	44.1 t	2.81 ABq（6.0）
4	33.9 s				2.29 ABq（6.0）
5	51.8 d	1.05（overlapped）	18	26.5 q	0.65 s
6	21.9 t	1.06 m	19	59.2 t	2.29 d（10.8）
		2.80（overlapped）			2.32 d（10.8）
7	41.1 d	2.07 d（5.4）	20	72.1 d	3.17 s
8	42.0 s		21	47.3 q	2.19 s
9	46.3 d	1.48 m	13-OAc	169.8 s	
10	—			21.2 q	1.94 s
11	66.7 d	4.18 ddd（10.8，6.0，4.8）	11-OH		4.89 d（4.8）
12	45.4 d	1.82 dd（6.0，4.8）	15-OH		5.50 d（6.0）
13	69.3 d	5.09 dd（9.0，4.8）			

注：溶剂 C_2D_6SO；¹³C NMR：150 MHz；¹H NMR：600 MHz

化合物名称：sinomontanidine A

分子式：C$_{26}$H$_{37}$NO$_5$　　　　　分子量（$M+1$）：444

植物来源：*Aconitum sinomontanum* Nakai　高乌头

参考文献：Tang H，Wen F L，Wang S H，et al. 2016. New C$_{20}$-diterpenoid alkaloids from *Aconitum sinomontanum*. Chinese Chemical Letters，27（5）：761-763.

sinomontanidine A 的 NMR 数据

位置	δ_C/ppm	δ_H/ppm（J/Hz）	位置	δ_C/ppm	δ_H/ppm（J/Hz）
1	73.8 d	5.05 dd（10.2，6.6）	14	29.8 t	1.60 m（2H）
2	26.7 t	1.93 m	15	77.2 d	5.49 s
		2.30（overlapped）	16	153.0 s	
3	37.6 t	1.30 m	17	110.0 t	5.11 s
		1.56 m			4.93 s
4	34.5 s		18	25.8 q	0.75 s
5	49.9 d	1.35 m	19	57.2 t	2.60 m
6	23.4 t	1.33 m			2.30（overlapped）
		2.10（overlapped）	20	65.0 d	3.57 s
7	44.4 d	2.21 d（4.8）	21	51.2 t	2.55 m
8	49.0 s				2.66 m
9	38.3 d	1.76 dd（13.2，6.2）	22	13.0 q	1.13 t（7.2）
10	50.2 s		1-OAc	171.1 s	
11	29.0 t	1.12 m		21.7 q	2.11 s
		2.03 d（12.0）	15-OAc	170.8 s	
12	48.3 d	2.43 d（3.0）		22.0 q	2.10 s
13	75.1 d	3.54 m			

注：溶剂 CDCl$_3$；^{13}C NMR：150 MHz；^{1}H NMR：600 MHz

化合物名称：sinomontanidine B

分子式：$C_{24}H_{35}NO_4$　　　　　　分子量（$M+1$）：402

植物来源：*Aconitum sinomontanum* Nakai 高乌头

参考文献：Tang H，Wen F L，Wang S H，et al. 2016. New C_{20}-diterpenoid alkaloids from *Aconitum sinomontanum*. Chinese Chemical Letters，27（5）：761-763.

sinomontanidine B 的 NMR 数据

位置	δ_C/ppm	δ_H/ppm（J/Hz）	位置	δ_C/ppm	δ_H/ppm（J/Hz）
1	74.6 d	5.05 dd（10.5，6.9）	12	47.7 d	2.40（overlapped）
2	27.0 t	1.86 m	13	75.7 d	3.45（overlapped）
		2.33 m	14	30.1 t	1.55 m（2H）
3	37.9 t	1.30（overlapped）	15	77.6 d	4.16 s
		1.55 m	16	159.2 s	
4	34.3 s		17	108.6 t	5.15 s（2H）
5	50.2 d	1.37 m	18	25.9 q	0.72 s
6	23.1 t	1.30（overlapped）	19	57.4 t	2.28 m
		2.40（overlapped）			2.50 m
7	44.5 d	2.13 d（4.4）	20	65.3 d	3.45（overlapped）
8	49.9 s		21	50.7 t	2.45 m
9	36.7 d	1.50 m			2.58 m
10	50.3 s		22	13.5 q	1.07 t（6.0）
11	28.5 t	1.00 m	1-OAc	171.2 s	
		1.90 m		22.1 q	2.04 s

注：溶剂 CDCl₃；¹³C NMR：150 MHz；¹H NMR：600 MHz

化合物名称：stenocarpine

分子式：C$_{21}$H$_{31}$NO$_3$　　　　　　　　　分子量（$M+1$）：346

植物来源：*Aconitella stenocarpa*

参考文献：De la Fuente Martin G，Mesia L R. 1997. Stenocarpine，a diterpenoid alkaloid from *Aconitella stenocarpa*. Phytochemistry，46（6）：1087-1090.

stenocarpine 的 NMR 数据

位置	δ_C/ppm	δ_H/ppm（J/Hz）	位置	δ_C/ppm	δ_H/ppm（J/Hz）
1	69.5 d	3.99 dd（11.6，6.6）	12	46.5 d	2.04 br s
2	30.0 t	1.72 m	13	24.2 t	1.34 m
		2.07 m			1.60 ddd（15.0，2.8，2.8）
3	37.9 t	1.15 m	14	27.1 t	1.79 m
		1.48 ddd（13.4，4.4，2.6）			0.99 t（11.8）
4	33.7 s		15	77.3 d	4.12 br s
5	51.1 d	1.21 d（9.2）	16	153.0 s	
6	22.6 t	1.15 m	17	109.2 t	5.10 t（1.6）
		2.69 dd（14.1，7.8）			4.88 t（1.7）
7	41.3 d	2.15 d（5.4）	18	25.5 q	0.61 s
8	43.6 s		19	58.9 t	2.21 d（11.7）
9	53.3 d	1.21 d（9.2）			2.47 d（11.7）
10	51.1 s		20	68.7 d	3.54 s
11	72.3 d	4.25 d（9.2）	21	43.2 q	2.24 s

注：溶剂 CDCl$_3$-CD$_3$OD（4∶1）；^{13}C NMR：100 MHz；^{1}H NMR：400 MHz

化合物名称：vilmorinianine

分子式：C$_{23}$H$_{33}$NO$_3$　　　　　　　分子量（$M+1$）：372

植物来源：*Aconitum vilmorinianum* var. *altifidum* W. T. Wang 深裂黄草乌

参考文献：张嘉岷，吴凤锷，王明奎，等. 1997. 深裂黄草乌二萜生物碱研究.
植物学报，39（6）：582-584.

vilmorinianine 的 NMR 数据

位置	δ_C/ppm	δ_H/ppm（J/Hz）	位置	δ_C/ppm	δ_H/ppm（J/Hz）
1	69.0 d	4.04 d（5.2）	14	27.2 t	
2	24.3 t		15	77.5 d	4.25 br s
3	29.8 t		16	155.1 s	
4	37.6 s		17	110.4 t	5.00 d（2.4）
5	49.7 d				5.23 d（2.1）
6	24.8 t		18	18.7 q	0.83 s
7	47.5 d		19	93.2 d	3.69 s
8	45.5 s		20	69.6 d	3.04 br s
9	48.5 d		21	48.5 t	2.66 dd（12，6.8）
10	49.6 s		22	14.2 q	1.00 t（6.8）
11	81.9 d	3.26 d（10.4）	11-OMe	56.2 q	3.31 s
12	40.6 d		15-OH		2.41 d（6.9）
13	24.4 t				

注：溶剂 CDCl$_3$；^{13}C NMR：100 MHz；^{1}H NMR：400 MHz

化合物名称：yesoxine

分子式：C$_{25}$H$_{35}$NO$_6$　　　　　　　**分子量**（$M+1$）：446

植物来源：*Aconitum yesoense* var. *macroyesoense* (Nakai) Tamura

参考文献：Bando H，Wada K，Amiya T，et al. 1987. Studies on the *Aconitum* species. V. Constituents of *Aconitum yesoense* var. *macroyesoense* (Nakai) Tamura. Heterocycles，26（10）：2623-2637.

yesoxine 的 NMR 数据

位置	δ_C/ppm	δ_H/ppm（J/Hz）	位置	δ_C/ppm	δ_H/ppm（J/Hz）
1	74.0 d	5.03 dd（10.4，6.4）	14	37.9 t	
2	26.4 t		15	76.3 d	4.19 s
3	36.0 t		16	64.0 s	
4	33.5 s		17	45.5 t	
5	52.4 d		18	25.6 q	0.70 s
6	23.4 t		19	59.1 t	
7	38.5 d		20	69.0 d	
8	43.3 s		21	41.0 q	2.29 s
9	43.8 d		1-OAc	170.6 s	
10	48.2 s			21.3 q	2.05 s
11	22.9 t		13-OAc	170.7 s	
12	41.4 d			21.9 q	2.06 s
13	71.4 d	4.83 dd（8.8，4.4）			

注：溶剂 CDCl$_3$

2.3 海替定型 (hetidine type, C3)

化合物名称: 2-dehydrodeacetylheterophylloidine

分子式: C$_{21}$H$_{25}$NO$_3$ 　　　　　　　**分子量** (*M* + 1): 340

植物来源: *Delphinium pentagynum* Lam.

参考文献: Diaz J G, Ruiz J G, Herz W. 2004. Alkaloids from *Delphinium pentagynum*. Phytochemistry, 65 (14): 2123-2127.

2-dehydrodeacetylheterophylloidine 的 NMR 数据

位置	δ_C/ppm	δ_H/ppm (*J*/Hz)	位置	δ_C/ppm	δ_H/ppm (*J*/Hz)
1	48.2 t	2.23 d (15)	12	52.8 d	2.93 t (2.6)
		2.45 dd (15, 1.5)	13	210.4 s	
2	207.2 s		14	60.5 d	2.50 br d (2.5)
3	55.4 t	2.17 dd (15.3, 1.6)	15	35.2 t	2.37 dt (18, 2)
		2.21 d (15.3)			2.47 dt (18, 2.5)
4	40.3 s		16	141.7 s	
5	58.6 d	2.14 br s	17	110.9 t	4.80 t (2)
6	205.1 s				4.96 br t (2.5)
7	50.9 t	2.36 dd (19.2, 1.3)	18	28.4 q	1.38 s
		2.64 d (19.2)	19	60.6 t	1.92 d (12.5)
8	—				2.43 d (12.5)
9	47.9 d	2.10 m	20	72.5 d	2.30 br s
10	47.3 s		21	43.1 q	2.10 s
11	22.9 t	1.88 m			
		1.90 m			

注: 溶剂 CDCl$_3$; ^{13}C NMR: 125 MHz; ^{1}H NMR: 500 MHz

化合物名称：acozerine

分子式：$C_{31}H_{42}N_2O_3$　　　　　　分子量（$M+1$）：491

植物来源：*Aconitum zeravshanicum*

参考文献：Vaisov Z M，Spirikhin L V，Khalilov L M，et al. 1993. Acozerine as a new diterpenoid alkaloid from *Aconitum zeravshanicum*. Mendeleev Communications，3（6）：237-238.

acozerine 的 NMR 数据

位置	δ_C/ppm	δ_H/ppm（J/Hz）	位置	δ_C/ppm	δ_H/ppm（J/Hz）
1	37.2 t		17	34.1 t	
2	21.7 t		18	27.3 q	
3	39.9 t		19	43.7 t	
4	36.8 s		20	228.5 s	
5	54.5 d		21	170.2 s	
6	19.4 t		22	23.6 q	
7	35.6 t		1′	40.1 q	
8	42.6 s		2′	54.6 t	
9	51.8 d		3′	36.2 t	
10	53.9 s		4′	155.6 d	
11	28.2 t		5′	126.3 d	
12	35.7 d		6′	197.1 s	
13	30.9 t		7′	38.0 t	
14	54.3 d		3a	47.1 s	
15	131.2 d		7a	70.0 d	
16	145.7 s				

注：溶剂 CDCl₃

化合物名称：albovionitine

分子式：$C_{23}H_{35}NO_4$　　　　　　分子量（$M+1$）：390

植物来源：*Aconitum alboviolaceum* Kom. 两色乌头

参考文献：Hao Z G，Liu J H，Zhao S X，et al. 1991. A diterpenoid alkaloid from *Aconitum alboviolaceum*. Phytochemistry，30（10）：3494-3496.

albovionitine 的 NMR 数据

位置	δ_C/ppm	δ_H/ppm（J/Hz）	位置	δ_C/ppm	δ_H/ppm（J/Hz）
1	29.61 t	1.11 dd	12	34.59 d	2.29 br s
		2.08 t	13	32.59 t	1.71 m
2	18.26 t	1.03 m			2.00 br d
		1.67 m	14	51.38 d	2.04 d
3	30.16 t	1.75 dd	15	71.29 d	4.12 br s
		2.40 t	16	155.96 s	
4	41.18 s		17	106.87 t	4.95 br s
5	50.62 d	1.28 dd			5.04 br s
6	21.63 t	1.26 dt	18	73.90 t	3.23 br d
		1.79 m			4.00 d
7	31.58 t	1.53 dd	19	57.39 t	2.53 d
		2.16 m			3.12 br d
8	43.36 s		20	227.36 s	
9	47.16 d	1.90 br d	21	62.61 t	2.67 dm
10	53.41 s		22	59.85 t	3.70 dm
11	28.18 t	1.70 m	N—CH₃	45.24 q	2.37 s
		1.85 br d			

注：溶剂 CDCl₃；¹³C NMR：100 MHz；¹H NMR：400 MHz

化合物名称：anthoroidine F

分子式：C₂₀H₂₇NO₂　　　　　　　分子量（$M+1$）：314

植物来源：*Aconitum anthoroideum* DC. 拟黄花乌头

参考文献：Huang S，Zhang J F，Chen L，et al. 2020. Diterpenoid alkaloids from *Aconitum anthoroideum* with protection against MPP⁺-induced apoptosis of SH-SY5Y cells and acetylcholinesterase inhibitory activity. Phytochemistry，178：112459.

anthoroidine F 的 NMR 数据

位置	δ_C/ppm	δ_H/ppm（J/Hz）	位置	δ_C/ppm	δ_H/ppm（J/Hz）
1	26.7 t	1.42 m	11	26.3 t	1.75 m
		1.89 m			2.03 dd（14.4，4.2）
2	20.2 t	1.44 m	12	33.8 d	2.34 m
		1.63 m	13	31.0 t	1.41 m
3	35.0 t	1.13 m			1.72（overlapped）
		1.71 m	14	36.2 d	2.25 d（10.2）
4	38.9 s		15	71.5 d	4.03 s
5	77.0 s		16	156.3 s	
6	27.3 t	1.72 m	17	109.1 t	4.99 s
		1.81 m			5.02 s
7	30.6 t	1.32 dt（9.6，1.2）	18	21.6 q	0.92 s
		2.35（overlapped）	19	65.0 t	3.56 ABq（19.2）
8	45.2 s				3.79 ABq（19.2）
9	51.3 d	2.32 m	20	183.6 s	
10	50.2 s				

注：溶剂 CDCl₃；¹³C NMR：100 MHz；¹H NMR：400 MHz

化合物名称：carduchoron

分子式：C$_{21}$H$_{25}$NO$_3$　　　　　　　分子量（$M+1$）：340

植物来源：*Delphinium carduchorum*

参考文献：Mericli A H，Mericli F，Dogru E，et al. 1999. Diterpenoid and norditerpenoid alkaloids from *Delphinium carduchorum*. Phytochemistry，51（2）：337-340.

carduchoron 的 NMR 数据

位置	δ_C/ppm	δ_H/ppm（J/Hz）	位置	δ_C/ppm	δ_H/ppm（J/Hz）
1	38.1 t	1.60 br d（12）	11	209.0 s	
		2.01 dd（5，12）	12	61.1 d	2.30 br s
2	23.0 t	1.40 m	13	29.7 t	1.40 m
		1.75 m			1.90 m
3	35.2 t	1.40 m	14	47.4 d	1.80 m
		1.85 m	15	48.5 t	2.26 d（14）
4	46.9 s				2.38 d（14）
5	58.9 d	2.50 s	16	144.5 s	
6	207.6 s		17	110.1 t	4.78 br s
7	50.9 t	2.25 d（18）			4.97 br s
		2.75 d（18）	18	23.8 q	1.50 s
8	44.5 s		19	177.5 s	
9	74.1 d	1.66 s	20	53.2 d	2.02 d（3）
10	43.5 s		21	42.6 q	2.50 s

注：溶剂 CDCl$_3$；^{13}C NMR：50 MHz；^{1}H NMR：200 MHz

化合物名称：corifine

分子式：C$_{31}$H$_{42}$N$_2$O$_2$　　　　　　**分子量**（$M+1$）：475

植物来源：*Aconitum zeravshanicum*

参考文献：Vaisov Z M，Spirikhin L V，Khalilov L M，et al. 1993. Acozerine as a new diterpenoid alkaloid from *Aconitum zeravshanicum*. Mendeleev Communications，3（6）: 237-238.

corifine 的 NMR 数据

位置	δ_C/ppm	δ_H/ppm（J/Hz）	位置	δ_C/ppm	δ_H/ppm（J/Hz）
1	44.4 t		17	34.7 t	
2	23.1 t		18	28.5 q	
3	41.5 t		19	57.8 t	
4	35.0 s		20	105.7 s	
5	53.3 d		21	51.7 t	
6	19.9 t		22	61.4 t	
7	34.4 t		1′	40.0 q	
8	43.8 s		2′	54.6 t	
9	48.3 d		3′	36.0 t	
10	47.1 s		3a′	47.4 s	
11	27.9 t		4′	156.1 d	
12	35.6 d		5′	125.9 d	
13	31.4 t		6′	197.6 s	
14	54.5 d		7′	37.3 t	
15	136.3 d		7a′	70.1 d	
16	146.5 s				

注：溶剂 CDCl$_3$

化合物名称：deacetylheterophylloidine

分子式：$C_{21}H_{27}NO_3$ 分子量（$M+1$）：342

植物来源：*Delphinium albiflorum* DC.

参考文献：Ulubelen A，Desai H K，Joshi B S，et al. 1995. Diterpenoid alkaloids from *Delphinium albiflorum*. Journal of Natural Products，58（10）：1555-1561.

deacetylheterophylloidine 的 NMR 数据

位置	δ_C/ppm	δ_H/ppm（J/Hz）	位置	δ_C/ppm	δ_H/ppm（J/Hz）
1	40.7 t	2.02 dd（13.8，4.4）	12	53.5 d	2.92 br d（7.5）
		1.61 dd（13.8，5.5）	13	210.5 s	
2	64.5 d	3.92 br s	14	56.6 d	2.60 br t（6.0）
3	48.3 t	1.80 m	15	36.2 t	2.35 AB（18.1）
		1.72 m			2.49 AB（18.1）
4	37.1 s		16	142.7 s	
5	59.9 d	1.85 s	17	109.9 t	4.76 br s
6	208.7 s				4.94 br s
7	52.3 t	2.41 m	18	27.2 q	1.08 s
8	40.9 s		19	57.5 t	2.40 AB（8.0）
9	46.4 d	1.91 m			2.10 AB（8.0）
10	45.0 s		20	67.1 d	3.21 s
11	23.4 t	1.85 m	21	41.9 q	2.45 s
		2.07 m	2-OH		6.62 br s

注：溶剂 CDCl₃；¹³C NMR：75.47 MHz；¹H NMR：300.13 MHz

化合物名称：delcarduchol

分子式：C$_{21}$H$_{27}$NO$_3$　　　　　　　　分子量（$M+1$）：342

植物来源：*Delphinium carduchorum*

参考文献：Mericli A H，Mericli F，Dogru E，et al. 1999. Diterpenoid and norditerpenoid alkaloids from *Delphinium carduchorum*. Phytochemistry，51（2）：337-340.

delcarduchol 的 NMR 数据

位置	δ_C/ppm	δ_H/ppm（J/Hz）	位置	δ_C/ppm	δ_H/ppm（J/Hz）
1	48.2 t	3.26 d（13）	11	23.4 t	1.80 m
		1.30 d（13）			2.35 m
2	213.0 s		12	53.4 d	2.60 br d（3）
3	52.0 t	2.90 d（12）	13	210.5 s	
		1.90 d（12）	14	56.6 d	1.65 m
4	41.0 s		15	75.0 d	3.95 br s
5	59.9 d	1.86 br s	16	155.1 s	
6	29.3 t	2.85 m	17	110.0 t	4.97 t（1.5）
		1.60 m			5.01 t（1.5）
7	36.2 t	2.75 m	18	27.3 q	1.00 s
		1.65 m	19	57.9 t	2.16 d（13）
8	40.6 s				1.98 d（13）
9	46.6 d	2.04 dd（4，7）	20	67.3 d	2.97 br s
10	50.4 s		21	41.8 q	2.37 s

注：溶剂 CDCl$_3$；^{13}C NMR：50 MHz；^{1}H NMR：200 MHz

化合物名称：episcopalidine

分子式：$C_{30}H_{33}NO_6$　　　　　**分子量**（$M+1$）：504

植物来源：*Aconitum episcopale* Levl. 紫乌头

参考文献：王锋鹏，方起程. 1983. 紫乌头生物碱的化学研究. 药学学报，18（7）：514-521.

episcopalidine 的 NMR 数据

位置	δ_C/ppm	δ_H/ppm（J/Hz）	位置	δ_C/ppm	δ_H/ppm（J/Hz）
1	34.7 t		15	34.4 t	
2	67.4 d		16	141.3 s	
3	76.2 d		17	110.5 t	
4	41.8 s		18	25.5 q	
5	63.1 d		19	56.5 t	
6	200.8 s		20	70.5 d	
7	50.2 t		21	21.4 q	
8	44.1 s		2-OCO	165.1 s	
9	49.7 d		1′	129.1 s	
10	41.8 s		2′，6′	129.5 d	
11	22.9 t		3′，5′	128.1 d	
12	52.7 d		4′	133.4 d	
13	210.4 s		3-OAc	169.1 s	
14	58.2 d			21.4 q	

化合物名称：heterophylloidine

分子式：C$_{23}$H$_{29}$NO$_4$　　　　　　　　分子量（$M+1$）：384

植物来源：*Aconitum episcopale* Levl. 紫乌头

参考文献：丁立生，吴凤锷，陈耀祖. 1991. 紫乌头中的二萜生物碱研究. 天然产物研究与开发，3（4）：19-23.

heterophylloidine 的 NMR 数据

位置	δ_C/ppm	δ_H/ppm（J/Hz）
1	35.0 t	
2	68.2 d	5.16 m
3	42.8 t	
4	36.5 s	1.50 s
5	61.7 d	
6	185.0 s	
7	47.9 t	
8	42.5 s	
9	49.7 d	
10	44.8 s	
11	22.6 t	
12	52.6 d	
13	210.3 s	
14	58.9 d	
15	34.2 t	
16	141.8 s	
17	110.8 t	4.72 br s
		4.99 br s
18	30.9 q	
19	61.9 t	
20	71.4 d	
21	42.3 q	2.57 s
2-OAc	169.7 s	
	21.5 q	2.07 s

注：溶剂 CDCl$_3$；^{13}C NMR：100 MHz；^{1}H NMR：400 MHz

化合物名称：hetidine

分子式：C$_{21}$H$_{27}$NO$_4$ 分子量（$M+1$）：358

植物来源：*Delphinium albiflorum* DC. 岩乌头

参考文献：Ulubelen A，Desai H K，Joshi B S，et al. 1995. Diterpenoid alkaloids from *Delphinium albiflorum*. Journal of Natural Products，58（10）：1555-1561.

hetidine 的 NMR 数据

位置	δ_C/ppm	δ_H/ppm（J/Hz）	位置	δ_C/ppm	δ_H/ppm（J/Hz）
1	39.0 t	2.15 dd（3.5，14.5）	12	53.4 d	2.95 br d（7.0）
		1.73 dd（3.5，14.5）	13	210.2 s	
2	66.7 d	3.95 br t（3.5）	14	56.5 d	2.61 br d（3.0）
3	76.9 d	3.36 d（5.3）	15	36.1 t	
4	41.8 s		16	142.3 s	
5	58.2 d	1.83 s	17	110.3 t	4.79 br s
6	208.4 s				4.96 br s
7	52.1 t	2.48 m	18	22.7 q	1.18 s
8	41.2 s		19	51.7 t	1.94 ABq（12.4）
9	46.3 d	1.92 m			2.73 ABq（12.4）
10	44.6 s		20	67.2 d	3.17 br d（3.0）
11	23.4 t	2.07 m	21	41.6 q	2.47 s
		1.85 m			

注：溶剂 C$_5$D$_5$N-CDCl$_3$

化合物名称：navicularine C

分子式：C$_{29}$H$_{37}$NO$_3$　　　　　　**分子量**（$M+1$）：448

植物来源：*Aconitum naviculare* Stapf 船盔乌头

参考文献：He J B，Luan J，Lv X M，et al. 2017. Navicularines A～C：new diterpenoid alkaloids from *Aconitum naviculare* and their cytotoxic activities. Fitoterapia，120：142-145.

navicularine C 的 NMR 数据

位置	δ_C/ppm	δ_H/ppm（J/Hz）	位置	δ_C/ppm	δ_H/ppm（J/Hz）
1	29.3 t	1.53 m	13	28.8 t	1.35 m
		1.74 m			1.67 m
2	22.0 t	1.22 m	14	45.9 d	1.56（overlapped）
		1.54 m	15	132.2 d	5.66 d（1.2）
3	31.7 t	1.79 td（13.2，4.8）	16	147.9 s	
		1.26 m	17	69.3 t	4.60 br s
4	46.6 s				4.60 br s
5	73.1 s		18	19.4 q	1.06 s
6	32.7 t	1.73 m	19	173.3 d	7.41 d（3.0）
		1.48 dd（14.4，6.6）	20	81.4 d	3.51 m
7	32.3 t	2.02 td（13.8，6.6）	1′	159.8 s	
		1.73 m	2′	116.5 d	6.93 d（8.4）
8	45.3 s		3′	131.2 d	7.22 d（8.4）
9	48.3 d	1.68 m	4′	128.8 s	
10	46.9 s		5′	131.2 d	7.22 d（8.4）
11	44.3 t	1.84 dd（16.2，4.2）	6′	116.5 d	6.93 d（8.4）
		1.52 m	7′	29.6 d	3.07 m
12	33.1 d	2.55 br s	8′	68.8 d	3.53 dd（8.4，3.6）
			9′	53.7 d	3.21 s

注：溶剂 CD$_3$OD；¹³C NMR：150 MHz；¹H NMR：600 MHz

化合物名称：naviculine A

分子式：C$_{20}$H$_{27}$NO$_2$　　　　　　　　分子量（$M+1$）：314

植物来源：*Aconitum naviculare* Stapf 船盔乌头

参考文献：Cao J X，Li L B，Ren J，et al. 2008. Two new C$_{20}$-diterpenoid alkaloids from the Tibetan medicinal plant *Aconitum naviculare* STAPF. Helvetica Chimica Acta，91（10）：1954-1960.

naviculine A 的 NMR 数据

位置	δ_C/ppm	δ_H/ppm（J/Hz）	位置	δ_C/ppm	δ_H/ppm（J/Hz）
1	29.2 t	1.51～1.53 m	10	46.7 s	
		1.70～1.72 m	11	28.7 t	1.37 t（12.4）
2	21.9 t	1.17～1.19 m			1.63～1.65 m
		1.52～1.54 m	12	32.9 d	2.45 s
3	31.5 t	1.22～1.25 m	13	44.3 t	1.83 dd（12.0，4.0）
		1.76～1.79 m			1.53～1.55 m
4	46.4 s		14	45.8 d	1.55～1.57 m
5	73.0 s		15	128.8 d	5.50 t（1.4）
6	32.5 t	1.46～1.48 m	16	151.6 s	
		1.68～1.71 m	17	63.3 t	4.09 s
7	32.2 t	1.71～1.73 m	18	19.3 q	1.05 s
		2.00～2.04 m	19	172.9 d	7.39 d（2.6）
8	44.9 s		20	81.3 d	3.51 s
9	48.2 d	1.67～1.69 m			

注：溶剂 CD$_3$OD；^{13}C NMR：100 MHz；^{1}H NMR：400 MHz

化合物名称：naviculine B

分子式：C$_{20}$H$_{27}$NO$_2$　　　　　　　分子量（$M+1$）：314

植物来源：*Aconitum naviculare* Stapf 船盔乌头

参考文献：Cao J X，Li L B，Ren J，et al. 2008. Two new C$_{20}$-diterpenoid alkaloids from the Tibetan medicinal plant *Aconitum naviculare* STAPF. Helvetica Chimica Acta，91（10）：1954-1960.

naviculine B 的 NMR 数据

位置	δ_C/ppm	δ_H/ppm（J/Hz）	位置	δ_C/ppm	δ_H/ppm（J/Hz）
1	27.4 t	1.60~1.62 m	10	45.9 s	
		1.65~1.67 m	11	29.8 t	1.50~1.52 m
2	21.9 t	1.22~1.26 m			1.88~1.91 m
		1.53~1.55 m	12	35.9 d	2.31 s
3	31.7 t	1.24~1.28 m	13	38.9 t	2.16 dd（13.5，8.5）
		1.8 dd（14，4.5）			1.86~1.88 m
4	46.4 s		14	42.9 d	1.90~1.92 m
5	72.8 s		15	73.9 d	3.89 s
6	32.1 t	1.35~1.39 m	16	157.5 s	
		1.67~1.69 m	17	107.0 t	4.85 br s
7	30.3 t	1.47 dd（12.0，4.5）			4.86 br s
		2.00 dd（12.0，4.5）	18	19.2 q	1.04 s
8	48.4 s		19	172.8 d	7.37 d（2.4）
9	43.1 d	1.74~1.76 m	20	80.9 d	3.53 s

注：溶剂 CD$_3$OD；^{13}C NMR：100 MHz；^{1}H NMR：400 MHz

化合物名称：panicutine

分子式：$C_{23}H_{29}NO_4$　　　　　　**分子量**（$M+1$）：384

植物来源：*Aconitum vilmorinianum* Kom. 黄草乌

参考文献：唐天兴，陈东林，王锋鹏. 2014. 黄草乌中的新的二萜生物碱. 有机化学，34：909-915.

panicutine 的 NMR 数据

位置	δ_C/ppm	δ_H/ppm（J/Hz）
1	35.7 t	
2	70.7 d	
3	43.7 t	
4	36.7 s	
5	62.9 d	
6	203.7 s	
7	50.2 t	
8	41.6 s	
9	59.0 d	
10	44.3 s	
11	211.7 s	
12	52.6 d	
13	22.5 t	
14	49.8 d	
15	29.1 t	
16	142.0 s	
17	110.5 t	4.81 s
		4.97 s
18	31.0 q	1.47 s
19	60.2 t	
20	68.3 d	
21	43.2 q	2.35 s
2-OAc	169.9 s	
	21.5 q	

注：溶剂 CDCl₃；¹³C NMR：100 MHz；¹H NMR：400 MHz

化合物名称：racemulodine

分子式：C$_{21}$H$_{27}$NO$_4$　　　　　　　　分子量（$M+1$）：358

植物来源：*Aconitum racemulosum* Franch var. *pengzhouense* 彭州岩乌头

参考文献：Peng C S，Jian X X，Wang F P，et al. 2000. Diterpenoid alkaloids from *Aconitum racemulosum* Franch var. *pengzhouense*. Chinese Chemical Letters，11（5）：411-414.

racemulodine 的 NMR 数据

位置	δ_C/ppm	δ_H/ppm（J/Hz）	位置	δ_C/ppm	δ_H/ppm（J/Hz）
1	41.1 t	1.82 dd（14.2，4.4）	11	23.3 t	1.55 ddd（14.0，10.4，2.0）
		2.14 dd（14.2，2.0）			1.99 ddd（14.0，3.0，1.6）
2	66.7 d	3.92 m	12	53.2 d	2.98 m
3	76.9 d	3.35 d（5.6）	13	208.6 s	
4	41.8 s		14	51.8 d	2.30 d（2.8）
5	58.1 d	1.85 s	15	130.9 d	5.50 s
6	208.6 s		16	140.3 s	
7	51.8 t	2.79 br s	17	19.4 q	1.86 d（2.0）
8	44.4 s		18	22.5 q	1.16 s
9	47.6 d	1.76 dt（10.4，2.0）	19	51.6 t	1.88，2.64 ABq（12.4）
10	45.0 s		20	66.8 d	3.06 d（3.2）
			21	41.6 q	2.45 s

注：溶剂 CDCl$_3$；^{13}C NMR：100 MHz；^{1}H NMR：400 MHz

化合物名称：rotundifosine F

分子式：C$_{31}$H$_{43}$N$_2$O$_2$ 分子量（M^+）：475

植物来源：*Aconitum rotundifolium* Kar. & Kir. 圆叶乌头

参考文献：Zhang J F，Li Y，Gao F，et al. 2019. Four new C$_{20}$-diterpenoid alkaloids from *Aconitum rotundifolium*. Journal of Asian Natural Products Research，21（7）：716-724.

rotundifosine F 的 NMR 数据

位置	δ_C/ppm	δ_H/ppm（J/Hz）	位置	δ_C/ppm	δ_H/ppm（J/Hz）
1	30.8 t	1.94～1.96 m	13	43.4 t	1.50～1.51 m
		1.66～1.67 m			1.84 dd（12.0，4.2）
2	20.8 t	1.48～1.50 m	14	44.4 d	1.58～1.60 m
		1.53～1.55 m	15	131.3 d	5.62 s
3	31.1 t	1.68～1.70 m	16	145.7 s	
		1.99～2.01 m	17	68.5 t	4.51 s
4	45.1 s		18	19.2 q	1.03 s
5	72.4 s		19	169.9 d	7.39 d（2.4）
6	31.8 t	1.51～1.53 m	20	80.2 d	3.51 s
		1.67～1.69 m	2′	67.6 t	3.74 t（8.4）
7	27.9 t	1.61～1.63 m	3′	29.0 t	3.01 t（8.4）
		1.66（overlapped）	4′	126.7 s	
8	44.0 s		5′，9′	130.1 d	7.19 d（8.4）
9	47.0 d	1.64（overlapped）	6′，8′	115.7 d	6.84 d（8.4）
10	45.5 s		7′	158.3 s	
11	28.5 t	1.32～1.34 m	10′，11′	53.7 q	3.39 s
		1.52～1.53 m	12′	53.7 q	3.39 s
12	31.8 d	2.51 br s			

注：溶剂 CDCl$_3$；^{13}C NMR：150 MHz；^{1}H NMR：600 MHz

化合物名称：rotundifosine G

分子式：$C_{30}H_{40}N_2O_2$　　　　　　分子量（$M+1$）：461

植物来源：*Aconitum rotundifolium* Kar. & Kir. 圆叶乌头

参考文献：Zhang J F，Li Y，Gao F，et al. 2019. Four new C_{20}-diterpenoid alkaloids from *Aconitum rotundifolium*. Journal of Asian Natural Products Research，21（7）：716-724.

rotundifosine G 的 NMR 数据

位置	δ_C/ppm	δ_H/ppm（J/Hz）	位置	δ_C/ppm	δ_H/ppm（J/Hz）
1	30.7 t	1.64~1.66 m	12	31.8 d	2.54 br s
		1.70~1.72 m	13	43.4 t	1.54（overlapped）
2	20.8 t	1.50~1.52 m			1.86 dd（12.0，4.2）
		1.53~1.55 m	14	44.4 d	1.66（overlapped）
3	31.1 t	1.73~1.75 m	15	130.6 d	5.65 s
		1.95~1.97 m	16	146.3 s	
4	45.1 s		17	68.5 t	4.52 s
5	72.5 s		18	19.1 q	1.03 s
6	31.8 t	1.56~1.58 m	19	169.7 d	7.40 d（2.4）
		1.62（overlapped）	20	80.5 d	3.54 s
7	27.9 t	1.55（overlapped）	2′	61.9 t	2.48 t（8.4）
		1.62~1.64 m	3′	33.6 t	2.70 t（8.4）
8	44.0 s		4′	132.6 s	
9	47.1 d	1.66~1.67 m	5′，9′	129.5 d	7.17 d（8.4）
10	45.4 s		6′，8′	114.8 d	6.83 d（8.4）
11	28.5 t	1.38~1.40 m	7′	157.4 s	
		1.62（overlapped）	10′，11′	45.6 q	2.27 s

注：溶剂 CDCl_3；^{13}C NMR：150 MHz；^{1}H NMR：600 MHz

化合物名称：sczukidine

分子式：$C_{21}H_{27}NO_4$ 分子量（$M+1$）：358

植物来源：*Aconitum sczukinii* Turcz. 宽叶蔓乌头

参考文献：Chen D H，Chang Q，Si J Y，et al. 1993. Studies on structures elucidation of three new alkaloids from *Aconitum sczukinii* Turcz. Acta Chimica Sinica，51（8）：825-830.

sczukidine 的 NMR 数据

位置	δ_C/ppm	δ_H/ppm（J/Hz）	位置	δ_C/ppm	δ_H/ppm（J/Hz）
1	39.7 t	1.49 dd（14，4）	12	57.4 d	3.14 d（4）
		2.15 d（14）	13	211.0 s	
2	65.2 d	4.26 br s	14	53.3 d	3.15 s
3	47.8 t	1.57 dd（15，4.6）	15	71.5 d	4.54 s
		1.86 d（14.6）	16	150.0 s	
4	37.7 s		17	112.3 t	5.28 s
5	59.5 d	1.78 s			5.58 s
6	205.1 s		18	30.6 q	1.54 s
7	49.0 t	2.82，3.37 ABd（19）	19	59.9 t	2.46 d（11）
8	44.7 s				3.71 d（11）
9	48.0 d	2.02 d（10）	20	70.1 d	3.40 s
10	47.0 s		21	42.6 q	2.36 s
11	22.4 t	1.76 m			
		2.08 dd（10，4）			

注：溶剂 CDCl₃；¹³C NMR：90 MHz；¹H NMR：500 MHz

化合物名称：sczukinine

分子式：C$_{23}$H$_{29}$NO$_5$　　　　　　分子量（$M+1$）：400

植物来源：*Aconitum sczukinii* Turcz. 宽叶蔓乌头

参考文献：Chen D H，Chang Q，Si J Y，et al. 1993. Studies on structures elucidation of three new alkaloids from *Aconitum sczukinii* Turcz. Acta Chimica Sinica，51（8）：825-830.

sczukinine 的 NMR 数据

位置	δ_C/ppm	δ_H/ppm（J/Hz）	位置	δ_C/ppm	δ_H/ppm（J/Hz）
1	35.9 t	1.49 dd（15，5）	12	58.2 d	3.14 d（3）
		2.02 d（15）	13	210.9 s	
2	68.5 d	5.19 br s	14	52.0 d	3.09 d（2）
3	43.8 t	1.46 dd（15，5）	15	71.5 d	4.54 s
		1.78 m	16	147.6 s	
4	37.1 s		17	113.4 t	5.28 s
5	59.4 d	1.70 s			5.58 s
6	203.6 s		18	31.2 q	1.59 s
7	48.8 t	2.73，3.44 ABd（13）	19	60.4 t	2.63，2.52 ABd（12）
8	44.3 s		20	70.7 d	2.82 s
9	47.6 d	2.07 d（11）	21	43.1 q	2.26 s
10	46.9 s		2-OAc	169.9 s	
11	21.9 t	1.68 d（11）		21.6 q	1.99 s
		1.99 m			

注：溶剂 CDCl$_3$；^{13}C NMR：90 MHz；^{1}H NMR：500 MHz

化合物名称：sczukitine

分子式：$C_{28}H_{37}NO_6$　　　　　　　　分子量（$M+1$）：484

植物来源：*Aconitum sczukinii* Turcz. 宽叶蔓乌头

参考文献：Chen D H，Chang Q，Si J Y，et al. 1993. Studies on structures elucidation of three new alkaloids from *Aconitum sczukinii* Turcz. Acta Chimica Sinica，51（8）：825-830.

sczukitine 的 NMR 数据

位置	δ_C/ppm	δ_H/ppm（J/Hz）	位置	δ_C/ppm	δ_H/ppm（J/Hz）
1	35.3 t	1.50 dd（15，5）	15	71.9 d	5.57 s
		2.00 d（15）	16	144.5 s	
2	68.9 d	5.14 br s	17	114.0 t	5.02 d（2）
3	42.9 t	1.60 dd（15，5）			5.17 d（2）
4	36.6 s		18	31.2 q	1.47 s
5	59.3 d	1.66 s	19	61.8 t	2.57，2.72 ABd（11）
6	209.6 s		20	71.6 d	2.69 br s
7	48.5 t	2.28，2.79 ABd（18）	21	43.2 q	2.40 s
8	44.6 s		15-OAc	169.4 s	
9	47.9 d	2.13 dd（10，2）		21.4 q	2.06 s
10	45.8 s		1'	176.2 s	
11	22.1 t	1.87 m	2'	41.3 d	2.38~2.43 m
		2.05 m	3'	26.8 t	1.70 m
12	58.7 d	2.99 d（3）	4'	11.8 q	0.93 t（7.0）
13	212.7 s		5'	16.8 q	1.16 d（6.7）
14	52.6 d	2.81 d（3）			

注：溶剂 CDCl_3；^{13}C NMR：90 MHz；^{1}H NMR：500 MHz

化合物名称：septatisine

分子式：C$_{22}$H$_{31}$NO$_3$　　　　　　　　分子量（$M+1$）：358

植物来源：*Aconitum septentrionale* Koelle. 紫花高乌头

参考文献：Joshi B S，Sayed H M，Ross S A，et al. 1994. Septatisine，a novel diterpenoid alkaloid from *Aconitum septentrionale* Koelle. Canadian Journal of Chemistry，72（1）：100-104.

septatisine 的 NMR 数据

位置	δ_C/ppm	δ_H/ppm（J/Hz）	位置	δ_C/ppm	δ_H/ppm（J/Hz）
1	30.2 t	2.20 m	12	34.5 d	2.20 br s
		0.90 ddd（13.3，13.3，5.4）	13	27.4 t	1.98 m
2	19.6 t	1.45 m			1.36 dddd（13.4，12.2，2.2，2.0）
		1.55 m	14	49.6 d	2.01 m
3	41.3 t	1.25 m	15	68.7 d	4.49 br s
		1.11 ddd（13.2，13.2，5.1）	16	157.9 s	
4	34.4 s		17	103.8 t	4.83 dd（2.1，1.2）
5	46.6 d	1.25 m			4.94 dd（2.6，1.2）
6	32.3 t	2.28 ddd（13.4，13.3，8.7）	18	28.6 q	1.00 s
		2.10 m	19	57.3 t	2.35 d（11.4）
7	70.0 d	4.21 dd（8.7，7.7）			2.58 d（11.4）
8	50.0 s		20	104.6 s	
9	44.0 d	1.45 m	21	51.5 t	2.81 ddd（12.4，6.9，2.2）
10	47.1 s				3.03 ddd（12.4，12.1，8.6）
11	29.2 t	1.55 m	22	61.7 t	3.78 ddd（13.6，8.6，2.2）
		2.10 m			3.56 ddd（13.6，8.6，2.2）

注：溶剂 CDCl$_3$；^{13}C NMR：100 MHz；^{1}H NMR：400 MHz

化合物名称：spirafine Ⅱ

分子式：C$_{22}$H$_{31}$NO$_2$　　　　　　　　分子量（$M+1$）：342

植物来源：*Spiraea fritschiana* var. *parvifolia* 小叶华北绣线菊

参考文献：Li M, Du X B, Shen Y M, et al. 1999. New diterpenoid alkaloids from *Spiraea fritschiana* var. *parvifolia*. Chinese Chemical Letters，10（10）：827-830.

spirafine Ⅱ 的 NMR 数据

位置	δ_C/ppm	δ_H/ppm（J/Hz）
1	36.44 t	1.633 m（2H）
2	18.86 t	1.523 m（2H）
3	40.69 t	1.257 m（2H）
4	37.41 s	
5	60.62 d	1.523 s
6	206.00 s	
7	51.04 t	2.843 dd（2H）
8	44.07 s	
9	52.00 d	1.531 s
10	46.20 s	
11	29.02 t	1.856 m（2H）
12	34.50 d	2.194 m
13	33.19 t	1.853 m（2H）
14	47.69 d	1.853 m
15	125.72 d	5.251 s
16	146.32 s	
17	19.52 q	1.762 s
18	30.87 q	1.508 s
19	56.99 t	2.679 dd（2H）
20	75.74 d	2.332 s
21	56.04 t	3.050 m（2H）
22	59.52 t	3.734 m（2H）

注：溶剂 C$_5$D$_5$N；^{13}C NMR：100 MHz；^{1}H NMR：400 MHz

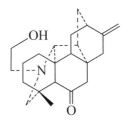

化合物名称： spirafine Ⅲ

分子式： C$_{22}$H$_{31}$NO$_2$　　　　　　　　**分子量**（$M+1$）：342

植物来源： *Spiraea fritschiana* var. *parvifolia* 小叶华北绣线菊

参考文献： Li M，Du X B，Shen Y M，et al. 1999. New diterpenoid alkaloids from *Spiraea fritschiana* var. *parvifolia*. Chinese Chemical Letters，10（10）：827-830.

spirafine Ⅲ的 NMR 数据

位置	δ_C/ppm	δ_H/ppm（J/Hz）	位置	δ_C/ppm	δ_H/ppm（J/Hz）
1	35.46 t	1.717 m	13	31.99 t	1.620 m（2H）
2	18.87 t	1.573 m	14	45.84 d	1.620 m（2H）
3	40.42 t	1.252 m	15	35.34 t	2.197 s
4	37.53 s		16	151.49 s	
5	60.41 d	1.573 s	17	103.06 t	4.660 br s
6	206.00 s				4.492 br s
7	52.64 t	2.661 dd（2H）	18	30.77 q	1.492 s
8	40.30 s		19	56.84 t	2.661 dd（2H）
9	50.16 d	1.573 s	20	77.51 d	2.202 s
10	46.99 s		21	55.81 t	3.050 m（2H）
11	29.62 t	2.023 m（2H）	22	59.63 q	3.729 m（2H）
12	34.02 d	2.134 m			

注：溶剂 C$_5$D$_5$N；^{13}C NMR：100 MHz；^{1}H NMR：400 MHz

化合物名称：spirasine Ⅰ

分子式：C$_{22}$H$_{29}$NO$_3$　　　　　　　**分子量**（$M+1$）：356

植物来源：*Spiraea japonica* L. f. var. *fortunei* (Planchon) Rehd. 光叶粉花绣线菊

参考文献：Sun F，Liang X T，Yu D Q. 1986. Four new C$_{20}$-diterpene alkaloids，spirasine Ⅰ，spirasine Ⅱ，spirasine Ⅶ and spirasine Ⅷ from *Spiraea japonica*. Heterocycles，24（8）：2105-2108.

spirasine Ⅰ 的 NMR 数据

位置	δ_C/ppm	δ_H/ppm（J/Hz）
1	49.4/49.0 t	
2	20.7/18.6 t	
3	31.6/30.1 t	
4	36.5/35.9 s	
5	56.1/55.6 d	
6	206.2 s	
7	47.9 t	
8	41.0 s	
9	82.1 s	
10	47.2/46.5 s	
11	37.1/36.2 t	
12	40.0 d	
13	40.6 t	
14	44.4 d	
15	125.0/124.0 d	
16	147.0 s	
17	19.6 q	
18	30.5/23.4 q	
19	97.8/93.9 d	
20	69.9/69.8 d	
21	52.1 t	
22	64.7/62.6 t	

注：溶剂 CDCl$_3$

化合物名称：spirasine Ⅱ

分子式：C$_{22}$H$_{29}$NO$_3$　　　　　　　分子量（$M+1$）：356

植物来源：*Spiraea japonica* L. f. var. *fortunei* (Planchon) Rehd. 光叶粉花绣线菊

参考文献：Sun F，Liang X T，Yu D Q. 1986. Four new C$_{20}$-diterpene alkaloids，spirasine Ⅰ，spirasine Ⅱ，spirasine Ⅶ and spirasine Ⅷ from *Spiraea japonica*. Heterocycles，24（8）：2105-2108.

spirasine Ⅱ 的 NMR 数据

位置	δ_C/ppm	δ_H/ppm（J/Hz）
1	48.7/48.4 t	
2	20.5/18.4 t	
3	32.6/32.3 t	
4	35.7 s	
5	55.9/55.4 d	
6	209.0/204.0 s	
7	48.1/47.9 t	
8	42.6/42.2 s	
9	78.0/77.8 s	
10	47.1 s	
11	36.8 t	
12	38.1 d	
13	35.1/34.8 t	
14	43.0 d	
15	29.0/28.2 t	
16	150.9/150.7 s	
17	102.8/102.6 t	
18	29.3/23.4 q	
19	97.2/93.2 d	
20	70.6 d	
21	51.8 t	
22	64.2/62.1 t	

注：溶剂 CDCl$_3$

化合物名称：spirasine Ⅲ

分子式：C$_{22}$H$_{27}$NO$_4$　　　　　　　　分子量（$M+1$）：370

植物来源：*Spiraea japonica* L. f. var. *fortunei* (Planchon) Rehd. 光叶粉花绣线菊

参考文献：Sun F，Liang X T，Yu D Q. 1987. A new C$_{20}$-diterpene alkaloid，spirasine Ⅲ and the interconversion of the oxazolidine ring. Heterocycles，26（1）：19-22.

spirasine Ⅲ的 NMR 数据

位置	δ_C/ppm	δ_H/ppm（J/Hz）
1	48.6 t	
2	20.4/18.2 t	
3	32.1/31.9 t	
4	36.6/36.2 s	
5	55.5 d	
6	206.9 s	
7	45.3/45.1 t	
8	47.3/46.8 s	
9	85.5 s	
10	49.0/48.1 s	
11	214.3 s	
12	53.2/53.0 d	
13	39.5 t	
14	54.9 d	
15	29.8/29.5 t	
16	143.6/143.5 s	
17	111.1/110.9 t	
18	30.6/23.3 q	
19	98.0/93.8 d	
20	70.4 d	
21	51.8 t	
22	64.8/62.8 t	

注：溶剂 CDCl$_3$

化合物名称：spirasine Ⅴ

分子式：C$_{22}$H$_{31}$NO$_3$　　　　　　　　分子量（$M+1$）：358

植物来源：*Spiraea japonica* L. f. var. *fortunei* (Planchon) Rehd. 光叶粉花绣线菊

参考文献：Sun F，Liang X T，Yu D Q，et al. 1986. The structures of spirasine Ⅴ and spirasine Ⅵ. Tetrahedron Letters，27（3）：275-279.

spirasine Ⅴ 的 NMR 数据

位置	δ_C/ppm	δ_H/ppm（J/Hz）
1	40.4 t	
2	17.3 t	
3	33.8 t	
4	38.9 s	
5	59.8 d	
6	204.8 s	
7	26.3 t	
8	39.9 s	
9	34.4 d	
10	47.8 s	
11	22.8 t	
12	47.6 d	
13	24.4 t	
14	39.3 d	
15	40.1 t	
16	68.5 s	
17	27.2 q	
18	21.3 q	
19	104.8 d	
20	73.3 d	
21	43.3 t	
22	68.5 t	

注：溶剂 CD$_3$OD；^{13}C NMR：25 MHz

化合物名称：spirasine Ⅵ

分子式：C$_{22}$H$_{31}$NO$_3$　　　　　　　分子量（$M+1$）：358

植物来源：*Spiraea japonica* L. f. var. *fortunei* (Planchon) Rehd. 光叶粉花绣线菊

参考文献：Sun F，Liang X T，Yu D Q，et al. 1986. The structures of spirasine Ⅴ and spirasine Ⅵ. Tetrahedron Letters，27（3）：275-279.

spirasine Ⅵ 的 NMR 数据

位置	δ_C/ppm	δ_H/ppm（J/Hz）
1	41.4 t	
2	17.8 t	
3	34.5 t	
4	40.9 s	
5	60.4 d	
6	205.6 s	
7	27.0 t	
8	40.9 s	
9	35.3 d	
10	48.5 s	
11	27.6 t	
12	48.0 d	
13	20.8 t	
14	39.9 d	
15	41.4 t	
16	69.4 s	
17	28.8 q	
18	22.1 q	
19	105.2 d	
20	73.7 d	
21	44.2 t	
22	69.1 t	

注：溶剂 CD$_3$OD；^{13}C NMR：25 MHz

化合物名称：spirasine Ⅶ

分子式：C$_{22}$H$_{31}$NO$_4$　　　　　　　**分子量**（$M+1$）：374

植物来源：*Spiraea japonica* L. f. var. *fortunei* (Planchon) Rehd. 光叶粉花绣线菊

参考文献：Sun F，Liang X T，Yu D Q. 1986. Four new C$_{20}$-diterpene alkaloids，spirasine Ⅰ，spirasine Ⅱ，spirasine Ⅶ and spirasine Ⅷ from *Spiraea japonica*. Heterocycles，24（8）：2105-2108.

spirasine Ⅶ的 NMR 数据

位置	δ_C/ppm	δ_H/ppm（J/Hz）
1	49.1/48.6 t	
2	20.6/18.2 t	
3	32.8/31.7 t	
4	35.9 s	
5	56.0/55.5 d	
6	210.0/205.0 s	
7	47.1 t	
8	42.5 s	
9	76.8 s	
10	48.1/47.5 s	
11	37.0 t	
12	38.0 d	
13	29.1/28.0 t	
14	41.9 d	
15	42.0/39.0 t	
16	69.1 s	
17	30.4 q	
18	23.7 q	
19	97.2/93.2 d	
20	70.6 d	
21	51.9 t	
22	64.1/62.1 t	

注：溶剂 C$_5$D$_5$N

化合物名称：spirasine Ⅷ

分子式：$C_{22}H_{31}NO_4$　　　　　　　　分子量（$M+1$）：374

植物来源：*Spiraea japonica* L. f. var. *fortunei* (Planchon) Rehd. 光叶粉花绣线菊

参考文献：Sun F，Liang X T，Yu D Q. 1986. Four new C₂₀-diterpene alkaloids，spirasine Ⅰ，spirasine Ⅱ，spirasine Ⅶ and spirasine Ⅷ from *Spiraea japonica*. Heterocycles，24（8）：2105-2108.

spirasine Ⅷ 的 NMR 数据

位置	δ_C/ppm	δ_H/ppm（J/Hz）
1	50.3/49.8 t	
2	21.6/19.4 t	
3	30.5/30.1 t	
4	36.9/35.9 s	
5	57.2/56.7 d	
6	211.5/208.0 s	
7	49.3/48.0 t	
8	41.7 s	
9	78.1 s	
10	48.6 s	
11	37.9/36.5 t	
12	39.0 d	
13	29.8/29.2 t	
14	43.1 d	
15	42.8/40.8 t	
16	70.2 s	
17	31.3 q	
18	24.4 q	
19	98.5/94.3 d	
20	71.0 d	
21	56.2 t	
22	65.2/63.1 t	

注：溶剂 C₅D₅N

化合物名称：spiredine

分子式：C$_{22}$H$_{27}$NO$_3$　　　　　　　　　**分子量**（$M+1$）：354

植物来源：*Spiraea japonica* L. f. var. *fortunei* (Planchon) Rehd. 光叶粉花绣线菊

参考文献：Fan L M，He H P，Shen Y M，et al. 2005. Two new diterpenoid alkaloids from *Spiraea japonica* L. f. var. *fortunei*（Planchon）Rehd. Journal of Integrative Plant Biology，41（7）：120-123.

spiredine 的 NMR 数据

位置	δ_C/ppm	δ_H/ppm（J/Hz）
1	32.5/33.8 t	
2	18.1/20.2 t	
3	36.9/39.4 t	
4	36.7 s	
5	61.4 d	
6	207.0 s	
7	50.8/50.1 t	
8	43.2/42.0 s	
9	64.7 d	
10	47.5/46.6 s	
11	210.8 s	
12	53.3/53.1 d	
13	29.7/30.1 t	
14	49.6/44.9 d	
15	35.2/34.8 t	
16	143.1/142.9 s	
17	110.6/110.4 t	
18	30.2/23.1 q	
19	97.6/93.4 d	
20	72.6/72.3 d	
21	48.8/52.1 t	
22	62.8/64.9 t	

注：溶剂 CDCl$_3$；^{13}C NMR：100 MHz

化合物名称：talassamine

分子式：C$_{20}$H$_{27}$NO$_2$　　　　　　　分子量（$M+1$）：314

植物来源：*Delphinium campylocentrum* Maxim. 弯距翠雀花

参考文献：闫路平，陈东林，王锋鹏.2007. 弯距翠雀花中二萜生物碱的结构鉴定. 有机化学，27（8）：976-980.

talassamine 的 NMR 数据

位置	δ_C/ppm	δ_H/ppm（J/Hz）
1	32.2 t	
2	21.4 t	
3	36.6 t	
4	41.2 s	
5	43.3 d	
6	32.4 t	
7	69.5 d	3.94 dd（11.6，6.6）
8	50.6 s	
9	41.8 d	
10	42.9 s	
11	29.8 t	
12	35.2 d	
13	36.3 t	
14	41.7 d	
15	68.0 d	4.59 br s
16	156.9 s	
17	103.3 t	4.98 s
		4.87 s
18	23.4 q	1.06 s
19	168.2 d	7.38 br s
20	75.1 d	3.28 br s

注：溶剂 CDCl$_3$；^{13}C NMR：100 MHz；^{1}H NMR：400 MHz

化合物名称：talassimidine

分子式：C$_{22}$H$_{29}$NO$_3$　　　　　　**分子量（$M+1$）**：356

植物来源：*Delphinium campylocentrum* Maxim. 弯距翠雀花

参考文献：闫路平. 2007. 弯距翠雀花中化学成分的研究. 成都：四川大学.

talassimidine 的 NMR 数据

位置	δ_C/ppm	δ_H/ppm（J/Hz）
1	31.9 t	
2	21.3 t	
3	37.9 t	
4	41.4 s	
5	43.0 d	
6	31.6 t	
7	67.7 d	3.51 dd（11.2，7.2）
8	49.0 s	
9	40.7 d	
10	42.1 s	
11	28.2 t	
12	34.7 d	
13	36.2 t	
14	41.4 d	
15	70.4 d	5.86 br s
16	151.7 s	
17	105.8 t	4.90 s
		4.66 s
18	23.3 q	1.05 s
19	168.3 d	7.38 br s
20	75.5 d	3.29 br s
15-OAc	172.6 s	
	21.2 q	2.17 s

注：溶剂 CDCl$_3$；^{13}C NMR：100 MHz；^{1}H NMR：400 MHz

化合物名称：talassimine

分子式：C$_{22}$H$_{29}$NO$_3$ 分子量（$M+1$）：356

植物来源：*Delphinium campylocentrum* Maxim. 弯距翠雀花

参考文献：闫路平，陈东林，王锋鹏. 2007. 弯距翠雀花中二萜生物碱的结构鉴定. 有机化学，27（8）：976-980.

talassimine 的 NMR 数据

位置	δ_C/ppm	δ_H/ppm（J/Hz）
1	32.0 t	
2	21.2 t	
3	37.3 t	
4	41.4 s	
5	42.7 d	
6	28.5 t	
7	72.3 d	5.22 dd（10，3.4）
8	49.1 s	
9	41.6 d	
10	42.3 s	
11	29.3 t	
12	34.8 d	
13	36.1 t	
14	41.4 d	
15	66.7 d	4.25 br s
16	156.0 s	
17	104.7 t	4.96 br s
		4.88 br s
18	23.2 q	1.02 s
19	168.8 d	7.38 br s
20	75.5 d	3.34 br s
7-OAc	171.5 s	
	21.2 q	2.04 s

注：溶剂 CDCl$_3$；^{13}C NMR：100 MHz；^{1}H NMR：400 MHz

化合物名称：tanaconitine

分子式：C$_{29}$H$_{38}$N$_2$O$_2$　　　　　　　　　**分子量**（$M+1$）：447

植物来源：*Acontium tanguticum* (Maxim.) Stapf 甘青乌头

参考文献：Qu S J，Tan C H，Liu Z L，et al. 2011. Diterpenoid alkaloids from *Aconitum tanguticum*. Phytochemistry Letters，4（2）：144-146.

tanaconitine 的 NMR 数据

位置	δ_C/ppm	δ_H/ppm（J/Hz）	位置	δ_C/ppm	δ_H/ppm（J/Hz）
1	28.2 t	1.52 m	14	43.6 d	1.61 m
		1.64 m	15	132.6 d	5.44 s
2	20.5 t	1.27 m	16	146.3 s	
		1.54 m	17	44.2 t	2.41 d（13.6）
3	30.5 t	1.26 m			2.47 d（13.6）
		1.73 m	18	18.9 q	1.05 s
4	44.9 s		19	169.6 d	7.42 d（2.3）
5	72.2 s		20	80.1 d	3.53 s
6	31.6 t	1.57 m	1′-Me	40.0 q	2.27 s
		1.65 m	2′	54.5 t	2.23 br t（9.3）
7	31.0 t	1.76 m			3.10 td（9.3，3.1）
		1.96 dd（13.3，6.1）	3′	35.9 t	1.83 m
8	43.8 s				1.94 m
9	46.4 d	1.61 m	3′a	46.9 s	
10	45.3 s		4′	156.0 d	6.61 br d（9.9）
11	27.5 t	1.36 br t（13.6）	5′	125.7 d	5.89 d（9.9）
		1.55 m	6′	197.5 s	
12	35.5 d	2.35 br s	7′	37.2 t	2.57 dd（16.7，3.8）
13	43.4 t	1.52 m			2.61 dd（16.7，2.3）
		1.84 m	7′a	69.8 d	2.42 br s

注：溶剂 CDCl$_3$；^{13}C NMR：100 MHz；^{1}H NMR：400 MHz

化合物名称：tangutimine

分子式：C$_{20}$H$_{27}$NO$_2$　　　　　　**分子量**（$M+1$）：314

植物来源：*Acontium tanguticum* (Maxim.) Stapf 甘青乌头

参考文献：王海颋，蒋山好，杨培明，等. 2002. 甘青乌头的生物碱. 天然产物研究与开发，14（4）：13-15.

tangutimine 的 NMR 数据

位置	δ_C/ppm	δ_H/ppm（J/Hz）	位置	δ_C/ppm	δ_H/ppm（J/Hz）
1	28.11 t	2.12 m	10	47.35 s	
		1.32 m	11	37.44 t	1.92 m（2H）
2	20.79 t	1.26 m	12	34.94 d	2.35 br s
		1.57 m	13	29.37 t	1.87 m
3	31.58 t	1.70 m			1.70 m
		1.52 m	14	44.7 d	1.82 m
4	45.51 s		15	72.4 d	4.05 s
5	38.72 d	1.98 br d（10）	16	157.9 s	
6	30.89 t	1.72 m	17	104.2 t	4.96 d（1.8）
		1.26 m			4.89 d（1.8）
7	26.64 t	1.62 m（2H）	18	19.0 q	1.14 s
8	45.09 s		19	169.8 d	7.96 br s
9	72.23 s		20	80.1 d	3.68 s

注：溶剂 CDCl$_3$；^{13}C NMR：100 MHz；^{1}H NMR：400 MHz

化合物名称：thalicsessine

分子式：C$_{22}$H$_{27}$NO$_4$　　　　　　　　分子量（$M+1$）：370

植物来源：*Thalictrum sessile* Hayata 玉山唐松草

参考文献：Wu Y C，Wu T S，Niwa M，et al. 1987. Thalicsessine，a new C$_{20}$-diterpenoid alkaloid from *Thalictrum sessile* Hayata. Heterocycles，26（4）：943-946.

thalicsessine 的 NMR 数据

位置	δ_C/ppm	δ_H/ppm（J/Hz）	位置	δ_C/ppm	δ_H/ppm（J/Hz）
1	39.8 t		14	47.0 d	
2	20.6 t		15	35.1 t	
3	34.2 t		16	141.9 s	
4	46.5 s		17	111.1 t	4.85 d（2.40）
5	60.0 d				5.02 d（2.40）
6	207.6 s		18	25.5 q	1.50 s
7	51.5 t		19	177.1 s	
8	43.9 s		20	53.9 d	
9	75.6 d		21	49.7 t	3.45 ddd（14.16，5.13，3.41）
10	42.9 s				3.62 ddd（14.16，8.05，3.41）
11	208.9 s		22	60.9 t	3.78 ddd（11.48，5.13，3.41）
12	63.7 d				3.88 ddd（11.48，8.05，3.41）
13	33.3 t				

注：溶剂 CDCl$_3$；^{13}C NMR：25 MHz；^{1}H NMR：400 MHz

化合物名称：tongolinine

分子式：$C_{20}H_{27}NO_2$　　　　　　　分子量（$M+1$）：314

植物来源：*Delphinium tongolense* Franch. 川西翠雀花

参考文献：He L，Chen Y Z，Ding L S，et al. 1996. New alkaloids tongoline and tongolinine from *Delphenium tongolense*. Chinese Chemical Letters，7（6）：557-560.

tongolinine 的 NMR 数据

位置	δ_C/ppm	δ_H/ppm（J/Hz）
1	29.2 t	
2	21.9 t	
3	31.7 t	
4	46.7 s	
5	73.4 s	
6	30.3 t	
7	27.3 t	
8	46.5 s	
9	46.3 d	
10	46.8 s	
11	38.5 t	
12	36.4 d	
13	32.2 t	
14	29.9 d	
15	73.0 d	
16	158.0 s	
17	104.5 t	
18	19.2 q	
19	173.4 d	
20	80.6 d	

注：溶剂 CD_3OD

化合物名称：variegatine

分子式：C$_{21}$H$_{27}$NO$_2$　　　　　　　　分子量（$M+1$）：326

植物来源：*Aconitum variegatum*

参考文献：Diaz J G，Ruiza J G，Herz W，et al. 2005. Norditerpene and diterpene alkaloids from *Aconitum variegatum*. Phytochemistry，66（7）：837-846.

variegatine 的 NMR 数据

位置	δ_C/ppm	δ_H/ppm（J/Hz）	位置	δ_C/ppm	δ_H/ppm（J/Hz）
1	49.1 t	2.28 d（15.0）	12	34.0 d	2.20 m
		2.61 dd（15.1，2.0）	13	36.1 t	1.39 dd（12.3，3.7）
2	209.3 s				1.97 tt（12.3，2.2）
3	55.8 t	2.13 dd（14.5，2.1）	14	45.5 d	1.97 br s
		2.24 m	15	35.6 t	2.25 m
4	41.1 s				2.34 dt（18.0，2.3）
5	58.9 d	2.00 s	16	150.9 s	
6	204.8 s		17	103.6 t	4.53 dd（3.7，2.0）
7	52.6 t	2.17 d（19.0）			4.70 dd（4.0，2.3）
		2.57 d（19.0）	18	29.6 q	1.45 s
8	40.2 s		19	62.0 t	1.78 d（12.3）
9	49.4 d	1.85 br d（10.7）			2.46（12.3）
10	47.5 s		20	80.9 d	1.93 s
11	27.7 t	1.67 ddt（14，11，2）	21	43.2 q	2.20 s
		1.82 dd（14.0，2.5）			

注：溶剂 CDCl$_3$；^{13}C NMR：125 MHz；^{1}H NMR：500 MHz

化合物名称：vilmorrianone

分子式：C$_{23}$H$_{27}$NO$_5$　　　　　分子量（$M+1$）：398

植物来源：*Aconitum vilmorrianum* Kom. 黄草乌

参考文献：Ding L S，Chen Y Z，Wu F E. 1991. Diterpenoid alkaloids from *Aconitum vilmorrianum*. Planta Medica，57（3）：275-277.

vilmorrianone 的 NMR 数据

位置	δ_C/ppm	δ_H/ppm（J/Hz）	位置	δ_C/ppm	δ_H/ppm（J/Hz）
1	35.1 t		14	58.8 d	
2	67.9 d	5.23 m	15	27.8 t	2.43 d（12）
3	42.6 t				2.83 d（12）
4	54.1 s		16	140.1 s	
5	64.1 d	3.00 s	17	112.7 t	4.96 br s
6	187.0 s				5.06 br s
7	192.9 s		18	31.0 q	1.42 s
8	44.5 s		19	60.7 t	2.53 br d
9	47.4 d				3.11 br d
10	40.0 s		20	69.0 d	2.96 d（2）
11	22.4 t		21	41.9 q	2.28 s
12	52.0 d		2-OAc	169.6 s	
13	208.3 s			21.5 q	2.08 s

注：溶剂 CDCl$_3$；^{13}C NMR：100 MHz；^{1}H NMR：400 MHz

化合物名称：yesoline

分子式：$C_{30}H_{37}NO_6$　　　　　　　　分子量（$M+1$）：508

植物来源：*Aconitum yesoense* var. *macroyesoense* (Nakai) Tamura

参考文献：Wada K，Bando H，Amiya T. 1988. Studies on Aconitum species. Ⅵ. Yesoline，a new C_{20}-diterpenoid alkaloid from *Aconitum yesoense* var. *macroyesoense* (Nakai) Tamura. Heterocycles，27（5）：1249-1252.

yesoline 的 NMR 数据

位置	δ_C/ppm	δ_H/ppm（J/Hz）	位置	δ_C/ppm	δ_H/ppm（J/Hz）
1	40.3 t		16	144.5 s	
2	18.9 t		17	117.1 t	
3	31.8 t		18	30.7 q	1.45 s
4	38.1 s		19	61.0 t	
5	60.5 d		20	78.1 d	
6	203.1 s		21	42.8 q	2.45 s
7	46.1 t		15-OCO	165.8 s	
8	43.3 s		1′	122.1 s	
9	42.7 d		2′	112.1 d	
10	45.2 s		3′	148.7 s	
11	67.6 d		4′	153.2 s	
12	56.7 d		5′	110.2 d	
13	31.4 t		6′	123.4 d	
14	41.3 d		3′-OMe	56.7 q	3.92 s
15	70.9 d		4′-OMe	55.9 q	3.93 s

注：溶剂 CDCl₃

化合物名称：yesonine

分子式：C$_{21}$H$_{29}$NO$_3$　　　　　　　分子量（M + 1）：344

植物来源：*Aconitum yesoense* var. *macroyesoense* (Nakai) Tamura

参考文献：Wada K，Bando H，Amiya T，et al. 1989. Studies on Aconitum species. XI. Two new diterpenoid alkaloids from *Aconitum yesoense* var. *macroyesoense* (Nakai) Tamura Ⅴ. Heterocycles，29（11）：2141-2148.

yesonine 的 NMR 数据

位置	δ_C/ppm	δ_H/ppm（J/Hz）
1	39.3 t	
2	18.7 t	
3	31.1 t	
4	37.9 s	
5	60.4 d	
6	191.2 s	
7	45.3 t	
8	45.3 s	
9	40.8 d	
10	45.3 s	
11	67.5 d	
12	55.1 d	
13	31.2 t	
14	41.2 d	
15	69.1 d	
16	149.1 s	
17	113.9 t	
18	30.6 q	
19	61.9 t	
20	77.6 d	
21	41.3 q	

注：溶剂 CDCl$_3$

2.4　海替生型（hetisine type，C4）

化合物名称：(+)-(13R,19S)-1β,11α-diacetoxy-2α-benzoyloxy-13, 19-dihydroxy-hetisan

分子式：$C_{31}H_{35}NO_8$　　　　　　　分子量（M + 1）：550

植物来源：*Aconitum anthoroideum* DC. 拟黄花乌头

参考文献：张吉发. 2018. 五种新疆特有药用草乌生物碱成分及生物活性研究. 成都：西南交通大学.

(+)-(13*R*, 19*S*)-1β, 11α-diacetoxy-2α-benzoyloxy-13, 19-dihydroxyhetisan 的 NMR 数据

位置	δ_C/ppm	δ_H/ppm（J/Hz）	位置	δ_C/ppm	δ_H/ppm（J/Hz）
1	71.5 d		16	144.0 s	
2	68.6 d		17	109.3 t	
3	33.5 t		18	22.3 q	1.05 s
4	37.3 s		19	91.7 d	
5	58.5 d		20	62.0 d	
6	60.8 d		1-OAc	171.5 s	
7	34.1 t			21.9 q	2.01 s
8	44.7 s		11-OAc	170.2 s	
9	51.6 d			21.5 q	2.01 s
10	54.5 s		2-OBz	165.5 s	
11	75.8 d		1′	130.3 s	
12	49.9 d		2′, 6′	129.8 d	
13	70.7 d		3′, 5′	128.7 d	
14	51.5 d		4′	133.1 d	
15	35.7 t				

注：溶剂 $CDCl_3$；^{13}C NMR：150 MHz；^1H NMR：600 MHz

化合物名称：(13*R*,15*S*,19*S*)-13,15,19-triol-hetisan

分子式：C$_{20}$H$_{27}$NO$_3$ 分子量（*M*＋1）：330

植物来源：*Aconitum carmichaelii* Debx. 乌头

参考文献：房大庆，刘芳，张思佳，等. 2017. 附子的新二萜生物碱. 中国药科大学学报，48（5）：568-571.

(13*R*,15*S*,19*S*)-13,15,19-triol-hetisan 的 NMR 数据

位置	δ_C/ppm	δ_H/ppm（*J*/Hz）	位置	δ_C/ppm	δ_H/ppm（*J*/Hz）
1	27.4 t	1.21 m	11	24.1 t	1.57 m
		1.83 m			1.81 d（14.0）
2	20.4 t	1.62 m	12	43.2 d	2.24 s
3	34.8 t	1.28 m	13	74.5 d	3.35 s
		1.63 m	14	44.2 d	1.76 d（10.1）
4	50.9 s		15	71.8 d	3.94 s
5	62.4 d	1.41 s	16	151.1 s	
6	63.1 d	3.52 s	17	113.5 t	5.01 br s
7	33.4 t	2.09 d（13.5）			5.15 br s
		1.57 m	18	23.2 q	0.97 s
8	47.9 s		19	92.9 d	4.15 s
9	56.5 d	1.59 m	20	69.0 d	2.83 s
10	44.2 s				

注：溶剂 CD$_3$OD；^{13}C NMR：125 MHz；^{1}H NMR：500 MHz

化合物名称：1-*O*-acetylhypognavine

分子式：$C_{29}H_{33}NO_6$　　　　　　　　分子量（$M+1$）：492

植物来源：*Aconitum sanyoense* Nakai var. *tonense* Nakai

参考文献：Takayama H，Hitotsuyanagi Y，Yamaguchi K，et al. 1992. On the alkaloidal constituents of *Acontium sanyoense* Nakai var. *tonense* Nakai. Chemical & Pharmaceutical Bulletin，40（11）：2927-2931.

1-*O*-acetylhypognavine 的 NMR 数据

位置	δ_C/ppm	δ_H/ppm（J/Hz）	位置	δ_C/ppm	δ_H/ppm（J/Hz）
1	70.2 d	5.44 d（2.0）	15	72.6 d	4.07 s
2	70.3 d	5.26 m	16	154.5 s	
3	33.5 t		17	109.9 t	5.05 s，5.02 s
4	35.7 s		18	29.2 q	1.10 s
5	51.5 d	2.72 s	19	63.5 t	
6	64.7 d	3.47 br s	20	72.2 d	3.18 s
7	28.9 t		1-OAc	169.9 s	
8	44.7 s			21.1 q	2.13 s
9	79.8 s		2-OCO	165.0 s	
10	54.4 s		1′	129.7 s	
11	39.3 t		2′，6′	129.6 d	
12	34.8 d		3′，5′	128.7 d	
13	33.1 t		4′	133.3 d	
14	42.2 d				

注：溶剂 CDCl_3

化合物名称：1α, 11, 13β-trihydroxylhetisine

分子式：$C_{20}H_{27}NO_3$　　　　　　分子量（$M+1$）：330

植物来源：*Aconitum heterophyllum* Wall.

参考文献：Ahmad H，Ahmad S，Shah S A A，et al. 2017. Antioxidant and anticholinesterase potential of diterpenoid alkaloids from *Aconitum heterophyllum*. Bioorganic & Medicinal Chemistry，25（13）：3368-3376.

1α, 11, 13β-trihydroxylhetisine 的 NMR 数据

位置	δ_C/ppm	δ_H/ppm （J/Hz）
1	69.8 d	3.04 br s
2	49.1 t	2.18 m（2H）
3	44.2 t	2.72 m（2H）
4	41.9 s	
5	55.3 d	2.15 d（3）
6	65.1 d	2.13 d（2）
7	33.2 t	2.28 t（2.5）（2H）
8	41.9 s	
9	54.6 d	2.15 d（3）
10	50.8 s	
11	74.6 d	4.2 d（9）
12	59.8 d	2.17 m
13	71.03 d	4.1 t（2.04）
14	51.6 d	2.3 d（2.64）
15	35.5 t	2.60 s
16	146.6 s	
17	106.5 t	4.70 s
		4.87 s
18	27.4 q	1.18 s
19	63.8 t	2.20 s（2H）
20	65.1 d	3.40 s

注：溶剂 CD₃OD；¹³C NMR：150 MHz；¹H NMR：600 MHz

化合物名称： 2β, 9β, 11β, 13β-tetrahydrohetisine

分子式： C$_{20}$H$_{27}$NO$_4$　　　　　　　**分子量**（$M+1$）：346

植物来源： *Aconitum tanguticum* (Maxim.) Stapf 甘青乌头

参考文献： 杨丽华. 2016. 藏药甘青乌头中二萜生物碱的研究. 广州：广州药科大学.

2β, 9β, 11β, 13β-tetrahydrohetisine 的 NMR 数据

位置	δ_C/ppm	δ_H/ppm（J/Hz）	位置	δ_C/ppm	δ_H/ppm（J/Hz）
1	30.9 t	1.86 dd (3.6, 15.3)	12	53.6 d	2.48 d (1.8)
		3.15 d (15.6)	13	71.4 d	4.12 m
2	67.1 d	4.17 br s	14	50.0 d	2.36 m
3	39.2 t	1.90 d (1.8)	15	31.8 t	2.36 m
		1.54 dd (4.2, 15.0)			1.90 d (1.8)
4	36.4 s		16	146.7 s	
5	53.8 d	2.72 s	17	109.6 t	4.92 s
6	66.7 d	4.02 d (11.4)			4.76 d (1.8)
7	31.2 t	1.64 dd (3.6, 14.4)	18	29.8 q	1.20 s
8	45.6 s	2.16 dd (1.8, 14.4)	19	61.6 t	4.01 d (11.4)
9	82.7 s				2.98 d (11.4)
10	54.9 s		20	67.1 d	4.74 d (12.6)
11	85.7 d	4.19 m			

注：溶剂 CD$_3$OD；^{13}C NMR：150 MHz；^{1}H NMR：600 MHz

化合物名称：2-acetylseptentriosine

分子式：$C_{22}H_{29}NO_5$ 分子量（$M+1$）：388

植物来源：*Aconitum septentrionale* Koelle. 紫花高乌头

参考文献：Ross S A，Joshi B S，Pelletier S W，et al. 1993. 2-Acetylseptentriosine，a new diterpenoid alkaloid from *Aconitum septentrionale*. Journal of Natural Products，56（3）：424-429.

2-acetylseptentriosine 的 NMR 数据

位置	δ_C/ppm	δ_H/ppm（J/Hz）
1	67.9 d	4.52 s
2	73.2 d	5.00 t（1.5）
3	39.2 t	
4	42.1 s	
5	50.7 d	
6	60.5 d	3.60 br s
7	30.9 t	
8	42.1 s	
9	79.6 s	
10	53.7 s	
11	33.8 t	
12	36.1 d	
13	32.9 t	
14	43.7 d	
15	30.7 t	
16	150.4 s	
17	104.7 t	4.59 d（1.5）
		4.74 d（1.5）
18	21.5 q	1.08 s
19	91.7 d	4.18 s
20	67.9 d	2.76 br s
2-OAc	169.9 s	
	22.5 q	2.07 s

注：溶剂 CDCl₃；¹³C NMR：75 MHz；¹H NMR：300 MHz

化合物名称：2-O-acetyl-7α-hydroxyorochrine

分子式：C$_{23}$H$_{30}$NO$_5$ 分子量（M^+）：400

植物来源：*Aconitum orochryseum* Stapf

参考文献：Wangchuk P，Bremner J B，Samosorn S. 2007. Hetisine-type diterpenoid alkaloids from the Bhutanese medicinal plant *Aconitum orochryseum*. Journal of Natural Products，70（11）：1808-1811.

2-O-acetyl-7α-hydroxyorochrine 的 NMR 数据

位置	δ_C/ppm	δ_H/ppm（J/Hz）	位置	δ_C/ppm	δ_H/ppm（J/Hz）
1	31.2 t	1.65 d（16.5）	13	206.7 s	
		1.74 d（16.5）	14	52.5 d	3.00 s
2	66.9 d	5.21 s	15	28.2 t	2.48 d（17.5）
3	37.9 t	1.65 d（17）			2.96 d（17.5）
		1.93 d（16.5）	16	139.1 s	
4	35.9 s		17	113.1 t	4.92 br s
5	55.8 d	2.12 s			5.00 br s
6	105.7 s		18	29.7 q	1.52 s
7	71.7 d	4.35 s	19	70.4 t	3.42 d（11.5）
8	45.3 s				3.61 d（10.0）
9	46.7 d	2.20 d（7.5）	20	73.5 d	3.63 s
10	47.7 s		21	40.4 q	3.12 s
11	22.1 t	1.86 d（6.5）（2H）	2-OAc	169.1 s	
12	51.6 d	2.95 s		21.4 q	2.01 s

注：溶剂 CD$_3$OD；^{13}C NMR：125 MHz；^{1}H NMR：500 MHz

化合物名称：2-*O*-acetylorochrine

分子式：$C_{23}H_{30}NO_4$　　　　　　　　分子量（M^+）：384

植物来源：*Aconitum orochryseum* Stapf

参考文献：Wangchuk P，Bremner J B，Samosorn S. 2007. Hetisine-type diterpenoid alkaloids from the Bhutanese medicinal plant *Aconitum orochryseum*. Journal of Natural Products，70（11）：1808-1811.

<h3>2-O-acetylorochrine 的 NMR 数据</h3>

位置	δ_C/ppm	δ_H/ppm（J/Hz）	位置	δ_C/ppm	δ_H/ppm（J/Hz）
1	31.6 t	1.65 d（17.5）（2H）	13	208.7 s	
2	69.0 d	5.11 d（3）	14	56.2 d	2.97 d（2）
3	38.5 t	1.66 d（15.5）	15	32.4 t	2.47 d（17）
		1.92 d（15.5）	16	142.3 s	2.62 d（17.5）
4	36.5 s		17	112.4 t	4.86 br s
5	58.5 d	2.17 s			4.95 br s
6	106.6 s		18	30.1 q	1.43 s
7	38.0 t	2.23 d（14.5）	19	70.5 t	3.37 d（12）
		2.27 d（14.5）			3.79 d（12）
8	44.2 s		20	75.1 d	3.76 s
9	49.3 d	2.17 s	21	37.3 q	2.90 s
10	47.4 s		2-OAc	171.3 s	
11	23.3 t	1.84 m（2H）		21.3 q	2.06 s
12	53.3 d	2.89 d（3.5）			

注：溶剂 CD₃OD；¹³C NMR：125 MHz；¹H NMR：500 MHz

化合物名称：3-epi-ignavinol

分子式：C$_{20}$H$_{27}$NO$_4$　　　　　　　分子量（$M+1$）：346

植物来源：*Aconitum japonicum* var. *montanum* Nakai

参考文献：Takayama H，Okazaki T，Yamaguchi K，et al. 1988. Structure of two new diterpene alkaloids，3-epi-ignavinol and 2, 3-dehydrodelcosine. Chemical & Pharmaceutical Bulletin，36（8）：3210-3212.

3-epi-ignavinol 的 NMR 数据

位置	δ_C/ppm	δ_H/ppm（J/Hz）
1	31.6 t	
2	70.5 d	4.08 m
3	75.3 d	3.37 d（4.6）
4	43.0 s	
5	56.7 d	
6	64.9 d	
7	30.1 t	
8	45.1 s	
9	80.5 s	
10	51.9 s	
11	39.9 t	
12	36.6 d	
13	34.1 t	
14	43.2 d	
15	73.8 d	
16	156.1 s	
17	110.1 t	
18	26.8 q	
19	60.7 t	
20	73.2 d	

注：溶剂 CD$_3$OD

化合物名称：6, 15β-dihydroxylhetisine

分子式：C$_{20}$H$_{27}$NO$_2$　　　　　　　　分子量（$M+1$）：314

植物来源：*Aconitum heterophyllum* Wall.

参考文献：Ahmad H，Ahmad S，Shah S A A，et al. 2017. Antioxidant and anticholinesterase potential of diterpenoid alkaloids from *Aconitum heterophyllum*. Bioorganic & Medicinal Chemistry，25（13）：3368-3376.

6, 15β-dihydroxylhetisine 的 NMR 数据

位置	δ_C/ppm	δ_H/ppm（J/Hz）
1	30.2 t	1.21 m（2H）
2	19.1 t	1.38 m（2H）
3	40.5 t	1.58 m（2H）
4	33.0 s	
5	59.2 d	3.65 s
6	100.0 s	
7	27.2 t	1.65 brd s（2H）
8	39.3 s	
9	44.6 d	1.47 d（6）
10	46.08 s	
11	30.0 t	1.87 t（7）
12	35.5 d	2.43 m
13	34.3 t	2.03 d（7.5）（2H）
14	37.1 d	1.7 t（8）
15	74.5 d	3.72 s（2H）
16	146.0 s	
17	109.3 t	5.08 s
		5.12 s
18	25.2 q	1.10 s
19	57.1 t	3.78 m（2H）
20	63.5 d	4.13 m

注：溶剂 CD$_3$OD；^{13}C NMR：125 MHz；^{1}H NMR：500 MHz

化合物名称： 6-hydroxylspiraqine

分子式： C$_{20}$H$_{29}$NO$_2$　　　　　　　　**分子量（$M+1$）：** 316

植物来源： *Spiraea japonica* L. f. var. *fortunei* (Planchon) Rehd. 光叶粉花绣线菊

参考文献： Fan L M，He H P，Shen Y M，et al. 2005. Two new diterpenoid alkaloids from *Spiraea japonica* L. f. var. *fortunei*（Planchon）Rehd. Journal of Integrative Plant Biology，41（7）：120-123.

6-hydroxylspiraqine 的 NMR 数据

位置	δ_C/ppm	δ_H/ppm（J/Hz）	位置	δ_C/ppm	δ_H/ppm（J/Hz）
1	27.1 t	1.26 dd（4.2，13.4）	11	24.1 t	1.51 m
		1.83 d（13.4）			1.75 m
2	18.9 t	1.43 m	12	35.3 d	1.33 m
		1.78 m	13	25.7 t	0.70 m
3	35.4 t	1.51 m			2.46 m
		1.57 m	14	40.6 d	2.25 m
4	37.7 s		15	42.4 t	1.57 m
5	59.1 d	1.63 s			1.60 m
6	101.4 s		16	70.1 s	
7	43.0 t	1.94 d（14.3）	17	29.2 q	1.29 s
		2.27 d（14.3）	18	29.7 q	1.47 s
8	40.9 s		19	56.3 t	2.63 d（11.6）
9	48.3 d	1.43 m			3.49 d（11.6）
10	49.4 s		20	71.9 d	2.87 s

注：溶剂 CDCl$_3$；^{13}C NMR：100 MHz；^{1}H NMR：400 MHz

化合物名称：7α-hydroxycossonidine

分子式：C$_{20}$H$_{27}$NO$_3$　　　　　　分子量（$M+1$）：330

植物来源：*Consolida oliveriana* DC.

参考文献：Grandez M，Madinaveitia A，Gavin J A，et al. 2002. Alkaloids from *Consolida oliveriana*. Journal of Natural Products，65（4）：513-516.

7α-hydroxycossonidine 的 NMR 数据

位置	δ_C/ppm	δ_H/ppm（J/Hz）	位置	δ_C/ppm	δ_H/ppm（J/Hz）
1	65.9 d	4.20 br s（6.0）	12	33.6 d	2.25 m
2	27.0 t	1.78 m	13	32.4 t	1.08 dt（13.5，2.8）
		1.75 m			1.76 m
3	27.6 t	1.31 m	14	38.1 d	2.18 br s（11.1）
		1.80 m	15	65.9 d	4.51 s
4	37.2 s		16	155.1 s	
5	54.3 d	1.93 s	17	109.2 t	5.00 s
6	71.1 d	3.39 br s（7.0）			4.97 s
7	67.1 d	3.97 d（2.7）	18	28.3 q	1.04 s
8	50.5 s		19	62.3 t	2.49 d（12.6）
9	39.8 d	1.97 m			2.43 d（12.5）
10	53.8 s		20	74.9 d	2.45 s
11	26.5 t	1.95 m			
		1.78 m			

注：溶剂 CDCl$_3$；^{13}C NMR：125 MHz；^{1}H NMR：500 MHz

化合物名称：1,15-di-O-acetylhypognavine

分子式：$C_{31}H_{35}NO_7$　　　　　　　分子量（M + 1）：534

植物来源：*Aconitum sanyoense* Nakai var. *tonense* Nakai

参考文献：Takayama H，Hitotsuyanagi Y，Yamaguchi K，et al. 1992. On the alkaloidal constituents of *Acontium sanyoense* Nakai var. *tonense* Nakai. Chemical & Pharmaceutical Bulletin，40（11）：2927-2931.

1,15-di-O-acetylhypognavine 的 NMR 数据

位置	δ_C/ppm	δ_H/ppm（J/Hz）	位置	δ_C/ppm	δ_H/ppm（J/Hz）
1	69.5 d	5.46 d (2.0)	16	149.4 s	
2	70.2 d	5.24 m	17	111.7 t	5.10 s，4.98 s
3	33.4 t		18	29.1 q	1.09 s
4	35.6 s		19	63.1 t	
5	51.3 d	2.37 s	20	71.8 d	3.21 s
6	64.3 d	3.41 br s	1-OAc	169.6 s	
7	28.3 t			21.12 q	2.13 s
8	44.4 s		2-OCO	164.9 s	
9	79.1 s		1′	129.5 s	
10	54.4 s		2′，6′	129.4 d	
11	39.7 t		3′，5′	128.7 d	
12	34.9 d		4′	133.3 d	
13	32.5 t		15-OAc	170.3 s	
14	42.4 d			21.07 q	2.13 s
15	73.1 d	5.56 s			

注：溶剂 CDCl₃

化合物名称：9-hydroxynominine

分子式：C$_{20}$H$_{27}$NO$_2$　　　　　　分子量（$M+1$）：314

植物来源：*Aconitum tanguticum* (Maxim.) Stapf 甘青乌头

参考文献：王海顷，蒋山好，杨培明，等. 2002. 甘青乌头的生物碱. 天然产物研究与开发，14（4）：13-15.

9-hydroxynominine 的 NMR 数据

位置	δ_C/ppm	δ_H/ppm （J/Hz）
1	28.9 t	
2	19.6 t	
3	33.4 t	
4	37.3 s	
5	54.6 d	
6	64.8 d	
7	24.5 t	
8	45.1 s	
9	79.2 s	
10	52.8 s	
11	38.5 t	
12	35.1 d	
13	33.4 t	
14	41.5 d	
15	73.2 d	
16	154.6 s	
17	109.9 t	
18	29.0 q	
19	62.4 t	
20	72.3 d	

注：溶剂 CDCl$_3$；^{13}C NMR：100 MHz

化合物名称： 11,13-*O*-diacetyl-9-deoxyglanduline

分子式： C$_{31}$H$_{41}$NO$_9$　　　　　　　**分子量（M+1）：** 572

植物来源： *Consolida glandulosa*

参考文献： Almanza G，Bastida J，Codina C，et al. 1997. Five diterpenoid alkaloids from *Consolida glandulosa*. Phytochemistry，44（4）：739-747.

11,13-*O*-diacetyl-9-deoxyglanduline 的 NMR 数据

位置	δ_C/ppm	δ_H/ppm（J/Hz）	位置	δ_C/ppm	δ_H/ppm（J/Hz）
1	29.9 t	2.85 dd（15.3，1.8）	17	110.6 t	4.83 br s
		1.83 dd（15.3，4.5）			5.02 br s
2	67.9 d	5.47 m	18	25.4 q	1.02 s
3	73.9 d	4.92 d（4.7）	19	59.6 t	3.34 d（12.5）
4	42.2 s				2.50 d（12.5）
5	61.1 d	1.80 s	20	69.3 d	3.57 s
6	62.5 d	3.14 br s	1′	175.7 s	
7	31.3 t	1.91 dd（14.0，3.3）	2′	41.4 d	2.38 sext（7.4）
		1.44 dd（14.0，2.0）	3′	26.2 t	1.70 ddq（14.8，7.4，7.4）
8	44.9 s				1.50 ddq（14.8，7.4，7.4）
9	51.3 d	2.23 d（9）	4′	11.6 q	0.92 t（7.4）
10	45.6 s		5′	17.1 q	1.24 d（7.0）
11	75.1 d	5.11 d（9）	3-OAc	170.2 s	
12	46.1 d	2.68 d（2.4）		20.7 q	2.02 s
13	80.5 d	5.02 br s	11-OAc	170.4 s	
14	78.6 s			21.2 s	2.00 s
15	30.6 t	2.20 d（14.0）	13-OAc	169.3 s	
		2.12 d（14.0）		21.4 q	1.99 s
16	141.8 s				

注：溶剂 CDCl$_3$；^{13}C NMR：100 MHz；^{1}H NMR：400 MHz

化合物名称：11-acetylcardionine

分子式：C$_{26}$H$_{35}$NO$_6$　　　　　　分子量（$M+1$）：458

植物来源：*Delphinium gracile* DC.

参考文献：De la Fuente G，Gavin J A，Reina M，et al. 1990. The structures of cardionine and 11-acetylcardionine，new C$_{20}$-diterpenoid alkaloids，from the selective INAPT NMR technique. Journal of Organic Chemistry，55（1）：342-344.

11-acetylcardionine 的 NMR 数据

位置	δ$_C$/ppm	δ$_H$/ppm（J/Hz）	位置	δ$_C$/ppm	δ$_H$/ppm（J/Hz）
1	35.6 t		15	71.1 d	
2	19.4 t		16	148.0 s	
3	27.7 t		17	109.4 t	5.01 d（2.5）
4	38.2 s				5.34 d（2.5）
5	61.3 d	1.56 s	18	30.6 q	1.33 s
6	99.0 s		19	60.3 t	2.37 d（12.2）
7	39.6 t				3.08 d（12.2）
8	45.8 s		20	73.4 d	2.59 s
9	56.3 d	1.65 d（2.0）	11-OAc	172.2 s	
10	50.4 s			21.4 q	2.04 s
11	76.3 d	4.99 s	1′	177.1 s	
12	73.1 s		2′	34.3 d	2.63 sept（7.0）
13	36.2 t		3′	19.2 q	1.20 d（7.0）
14	40.9 d	2.32 br d（10.8）	4′	19.3 q	1.20 d（7.0）

注：溶剂 CDCl$_3$-CD$_3$OD（1∶1）

化合物名称：13-dehydro-1β-acetyl-2α, 6β-dihydroxyhetisine

分子式：$C_{22}H_{27}NO_5$　　　　　　　**分子量**（$M+1$）：386

植物来源：*Aconitum coreanum* (Levl.) Rapaics　黄花乌头

参考文献：汤庆发，杨春华，刘静涵，等. 2005. 黄花乌头茎叶中一个新的 Hetisine 型生物碱. 药学学报，40（7）：640-643.

13-dehydro-1β-acetyl-2α, 6β-dihydroxyhetisine 的 NMR 数据

位置	δ_C/ppm	δ_H/ppm（J/Hz）	位置	δ_C/ppm	δ_H/ppm（J/Hz）
1	70.2 d	4.73 d（2.2）	12	51.9 d	2.92 d（3.4）
2	66.8 d	3.98 m	13	207.8 s	
3	37.0 t	1.67 m	14	57.9 d	2.72 d
		1.85 m	15	32.3 t	2.48 m
4	36.1 s				2.58 m
5	56.0 d	2.01	16	140.1 s	
6	101.0 s		17	112.5 t	4.87 m
7	41.4 t	2.15 d（14.2）			4.98 m
		2.37 d（14.2）	18	30.1 q	1.52 s
8	43.1 s		19	57.0 t	3.38 d（11.5）
9	46.5 d	2.08 m			3.49 d（11.5）
10	51.5 s		20	64.8 d	4.11 s
11	22.5 t	1.78 m	1-OAc	169.9 s	
		1.60 m		21.0 q	2.05 s

注：溶剂 CDCl₃；¹³C NMR：75 MHz；¹H NMR：300 MHz

化合物名称：13-dehydro-2β, 3α, 6β-trihydroxyhetisine

分子式：C$_{20}$H$_{25}$NO$_4$　　　　　　　分子量（$M+1$）：344

植物来源：*Aconitum tanguticum* (Maxim.) Stapf 甘青乌头

参考文献：杨丽华. 2016. 藏药甘青乌头中二萜生物碱的研究. 广州：广州药科大学.

13-dehydro-2β, 3α, 6β-trihydroxyhetisine 的 NMR 数据

位置	δ_C/ppm	δ_H/ppm（J/Hz）	位置	δ_C/ppm	δ_H/ppm（J/Hz）
1	33.2 t	1.87 m	12	53.7 d	2.93 d（4.2）
		1.66 d（4.2）	13	208.4 s	
2	69.2 d	4.04 m	14	59.8 d	2.54 br s
3	74.7 d	3.40 d（4.2）	15	33.0 t	2.44 d（15.4）
4	43.3 s				2.68 m
5	59.5 d	2.09 br s	16	143.1 s	
6	102.2 s		17	112.4 t	5.02 br s
7	41.5 t	2.13 m			4.92 br s
		2.38 d（13.8）	18	26.7 q	1.64 s
8	44.4 s		19	56.3 t	4.06 m
9	49.1 d	2.18 m			3.26 d（11.4）
10	48.8 s		20	68.1 d	4.30 br s
11	23.8 t	1.87 m			
		2.01 dd（4.2，14.4）			

注：溶剂 CDCl$_3$；^{13}C NMR：125 MHz；^{1}H NMR：600 MHz

化合物名称：13-*O*-acetyl-9-deoxyglanduline

分子式：$C_{29}H_{39}NO_8$　　　　　　　　分子量（$M+1$）：530

植物来源：*Consolida glandulosa*

参考文献：Almanza G，Bastida J，Codina C，et al. 1997. Five diterpenoid alkaloids from *Consolida glandulosa*. Phytochemistry，44（4）：739-747.

13-*O*-acetyl-9-deoxyglanduline 的 NMR 数据

位置	δ_C/ppm	δ_H/ppm（J/Hz）	位置	δ_C/ppm	δ_H/ppm（J/Hz）
1	29.7 t	3.07 dd（16.2，2.2）	16	143.3 s	
		2.07 dd（16.2，4.4）	17	109.5 t	4.77 s
2	68.0 d	5.50 m			4.97 s
3	74.1 d	4.98 d（4.4）	18	25.4 q	1.02 s
4	42.2 s		19	59.6 t	3.35 d（12.5）
5	61.6 d	1.79 s			2.50 d（12.5）
6	62.6 d	3.13 br s	20	69.5 d	3.54 s
7	31.6 t	1.89 dd（14.0，3.4）	1′	175.7 s	
		1.41 dd（14.0，2.5）	2′	41.4 d	2.35 sext（7.0）
8	44.7 s		3′	26.1 t	1.69 ddq（14.0，7.0，7.0）
9	53.2 d	2.04 d（8.9）			1.48 ddq（14.0，7.0，7.0）
10	45.9 s		4′	11.6 q	0.89 t（7.4）
11	74.7 d	4.28 d（8.9）	5′	17.2 q	1.25 d（7.0）
12	49.7 d	2.64 d（2.5）	3-OAc	170.3 s	
13	81.1 d	5.06 t（2.2）		20.7 q	2.01 s
14	78.8 s		13-OAc	169.6 s	
15	30.7 t	2.17 d（17.9）		21.4 q	1.99 s
		2.02 m			

注：溶剂 CDCl₃；¹³C NMR：100 MHz；¹H NMR：400 MHz

化合物名称：13-*O*-acetylglanduline

分子式：$C_{29}H_{39}NO_9$ 分子量（$M+1$）：546

植物来源：*Consolida glandulosa*

参考文献：Almanza G，Bastida J，Codina C，et al. 1997. Five diterpenoid alkaloids from *Consolida glandulosa*. Phytochemistry，44（4）：739-747.

13-*O*-acetylglanduline 的 NMR 数据

位置	δ_C/ppm	δ_H/ppm（J/Hz）	位置	δ_C/ppm	δ_H/ppm（J/Hz）
1	28.8 t	3.13 dd（16.6，2.0）	16	143.1 s	
		2.09 dd（16.6，4.7）	17	109.5 t	4.78 s
2	68.1 d	5.50 m			4.97 s
3	74.2 d	4.90 d（4.7）	18	25.7 q	1.03 s
4	41.8 s		19	59.9 t	3.38 d（12.5）
5	55.7 d	2.59 s			2.54 d（12.5）
6	61.8 d	3.10 br s	20	68.0 d	3.62 s
7	26.4 t	1.70 dd（13.4，3.0）	1′	175.9 s	
		1.75 dd（13.8，2.2）	2′	41.3 d	2.36 sext（7.0）
8	50.6 s		3′	26.1 t	1.68 ddq（14.6，7.3，7.3）
9	80.9 s				1.48 ddq（14.6，7.3，7.3）
10	47.3 s		4′	11.5 q	0.89 t（7.4）
11	84.0 d	4.10 s	5′	17.1 q	1.23 d（7.0）
12	48.4 d	2.65 d（2.2）	3-OAc	170.6 s	
13	80.4 d	4.96 d（2.2）		20.7 q	2.02 s
14	77.3 s		13-OAc	169.8 s	
15	27.9 t	2.04 d（18.0）		21.4 q	1.99 s
		1.99 d（18.0）			

注：溶剂 CDCl_3；^13C NMR：100 MHz；^1H NMR：400 MHz

化合物名称： 13-*O*-acetylvakhmatine

分子式： C$_{22}$H$_{29}$NO$_5$　　　　　　**分子量（*M*+1）：** 388

植物来源： *Consolida ambigua*

参考文献： Venkateswarlu V，Srivastava S K，Joshi B S，et al. 1995. 13-*O*-acetylvakhmatine，a new diterpenoid alkaloid from the seeds of *Consolida ambigua*. Journal of Natural Products，58（10）：1527-1532.

13-*O*-acetylvakhmatine 的 NMR 数据

位置	δ_C/ppm	δ_H/ppm（*J*/Hz）	位置	δ_C/ppm	δ_H/ppm（*J*/Hz）
1	32.8 t	1.82 dd（15.0，4.0）	12	48.5 d	2.42 d（2.5）
		2.66 br d（15.0）	13	76.6 d	5.00 br d（9.0）
2	66.1 d	4.18 br s	14	49.9 d	2.38 d（9.0）
3	40.7 t	1.55 dd（7.8，2.1）	15	33.7 t	2.03 AB（18.0）
		1.98 br d（7.8）			2.18 AB（18.0）
4	42.0 s		16	144.8 s	
5	61.6 d	1.45 s	17	108.7 t	4.70 s
6	60.2 d	3.55 br s			4.86 s
7	35.6 t	1.56 m	18	22.7 q	1.00 s
		1.71 dd（14.0，2.7）	19	90.9 d	4.71 s
8	44.2 s		20	65.0 d	3.28 s
9	55.1 d	1.91 d（9.0）	13-OAc	172.8 s	
10	50.2 s			21.1 q	2.22 s
11	75.8 d	4.23 d（9.0）			

注：溶剂 CDCl$_3$

化合物名称：14-hydroxy-2-isobutyrylhetisine *N*-oxide

分子式：C₂₄H₃₃NO₆　　　　　　　　　分子量（*M*＋1）：432

植物来源：*Aconitum coreanum* (Levl.) Rapaics 黄花乌头

参考文献：Bessonova I A，Samusenko L N，Yunusov M S，et al. 1990. Alkaloids of *Aconitum coreanum*. Ⅳ. 2-Isobutyryl-14-hydroxyhetisine *N*-oxide. Khimiya Prirodnykh Soedinenii，3：383-386.

14-hydroxy-2-isobutyrylhetisine *N*-oxide 的 NMR 数据

位置	δ_C/ppm	δ_H/ppm（*J*/Hz）	位置	δ_C/ppm	δ_H/ppm（*J*/Hz）
1	31.07 t		14	84.78 s	
2	69.69 d	5.10 m	15	32.49 t	
3	37.27 t		16	146.63 s	
4	—		17	108.53 t	4.75 br s
5	56.02 d				4.65 br s
6	75.52 d	3.73 m	18	29.50 q	1.15 s
7	29.28 t		19	77.38 t	4.02 d（12）
8	45.63 s				2.91 d（12）
9	53.86 d		20	83.06 d	3.93 br s
10	—		1′	177.63 s	
11	72.98 d	4.14 br d	2′	35.55 d	
12	53.33 d		3′	19.40 q	1.16 d（6）
13	74.77 d	3.73 m	4′	19.40 q	1.16 d（6）

注：溶剂 CD₃OD；¹³C NMR：25 MHz

化合物名称：14-hydroxyhetisinone *N*-oxide

分子式：C$_{20}$H$_{25}$NO$_5$　　　　　分子量（*M*+1）：360

植物来源：*Delphinium gracile* DC.

参考文献：Reina M，Mancha R，Gonzalez-Coloma A，et al. 2007. Diterpenoid alkaloids from *Delphinium gracile*. Natural Product Research，21（12）：1048-1055.

14-hydroxyhetisinone *N*-oxide 的 NMR 数据

位置	δ$_C$/ppm	δ$_H$/ppm（*J*/Hz）
1	50.4 t	2.14 d（18.4）
		3.70 d（18.3）
2	210.0 s	
3	50.4 t	2.36 d（14.0）
		3.19 br d（14.0）
4	40.5 s	
5	52.1 d	1.41 s
6	55.3 d	3.38 br s
7	30.5 t	1.61 br d（14.0）
		2.62 dd（14.1，4.0）
8	37.2 s	
9	49.7 d	2.16 d（9.6）
10	76.0 s	
11	72.0 d	4.44 d（9.4）
12	52.6 d	2.68 t（2.5）
13	83.0 d	4.54 br s
14	72.3 s	
15	36.0 t	1.89 dt（18.0，2.4）
		2.57 dt（18.0，2.0）
16	141.3 s	
17	110.9 t	5.04 br s
		4.90 br s
18	28.9 q	1.19 s
19	69.1 t	3.11 d（12.4）
		3.14 d（12.4）
20	88.4 d	4.94 br s

注：溶剂 CDCl$_3$；^{13}C NMR：125 MHz；^{1}H NMR：500 MHz

化合物名称：14-*O*-acetyl-9-deoxyglanduline

分子式：$C_{29}H_{39}NO_8$ 分子量（$M+1$）：530

植物来源：*Consolida glandulosa*

参考文献：Almanza G，Bastida J，Codina C，et al. 1997. Five diterpenoid alkaloids from *Consolida glandulosa*. Phytochemistry，44（4）：739-747.

14-*O*-acetyl-9-deoxyglanduline 的 NMR 数据

位置	δ_C/ppm	δ_H/ppm（J/Hz）	位置	δ_C/ppm	δ_H/ppm（J/Hz）
1	31.1 t	3.03 br d（15.5）	16	143.0 s	
		2.11 dd（14.5，5.5）	17	108.7 t	4.73 br s
2	67.2 d	5.46 m			4.93 br s
3	73.1 d	4.95 d（4.6）	18	22.5 q	1.12 s
4	41.1 s		19	58.6 t	3.65 d（12.5）
5	60.4 d	1.98 s			2.73 d（12.5）
6	63.2 d	3.51 br s	20	69.2 d	4.21 s
7	31.3 t	2.16 dd（14.0，3.5）	1′	175.6 s	
		1.50 br d（14.0）	2′	41.5 d	2.46 sext（7.0）
8	44.0 s		3′	26.6 t	1.70 ddq（14.0，7.0，7.0）
9	53.3 d	2.08 d（8.7）			1.49 m（14.0，7.0，7.0）
10	46.1 s		4′	11.5 q	0.94 t（7.4）
11	75.6 d	4.24 d（8.8）	5′	17.0 q	1.21 d（7.0）
12	51.6 d	2.56 s	3-OAc	170.0 s	
13	80.8 d	4.14 s		20.7 q	2.00 s
14	80.2 s		14-OAc	177.6 s	
15	30.5 t	2.15 d（17.7）		20.6 q	1.99 s
		2.04 d（17.7）			

注：溶剂 $CDCl_3$；^{13}C NMR：100 MHz；^1H NMR：400 MHz

化合物名称：15-acetylcardiopetamine

分子式：C$_{29}$H$_{31}$NO$_6$　　　　　　　分子量（$M+1$）：490

植物来源：*Delphinium cardiopetalum* DC.

参考文献：Gonzalez A G，De la Fuente G，Reina M，et al. 1986. ^{13}C NMR spectroscopy of some hetisine subtype C$_{20}$-diterpenoid alkaloids and their derivatives. Phytochemistry，25（8）：1971-1973.

15-acetylcardiopetamine 的 NMR 数据

位置	δ_C/ppm	δ_H/ppm（J/Hz）	位置	δ_C/ppm	δ_H/ppm（J/Hz）
1	44.1 t		15	72.0 d	
2	212.0 s		16	144.7 s	
3	50.0 t		17	116.5 t	
4	42.6 s		18	28.6 q	
5	60.2 d		19	64.6 t	
6	65.2 d		20	70.1 d	
7	32.9 t		15-OAc	171.0 s	
8	48.1 s			21.3 q	
9	49.4 d		11-OBz	166.6 s	
10	55.0 s			129.8 d	
11	75.1 d			129.8 d	
12	47.8 d			128.7 d	
13	69.6 d			133.3 d	
14	49.6 d				

注：溶剂 CDCl$_3$；^{13}C NMR：50.32 MHz

化合物名称：18-benzoyldavisinol

分子式：C$_{27}$H$_{31}$NO$_3$　　　　　　**分子量**（$M+1$）：418

植物来源：*Delphinium davisii* Munz.

参考文献：Ulubelen A，Desai H K，Srivastava S K，et al. 1996. Diterpenoid alkaloids from *Delphinium davisii*. Journal of Natural Products，59（4）：360-366.

18-benzoyldavisinol 的 NMR 数据

位置	δ_C/ppm	δ_H/ppm（J/Hz）	位置	δ_C/ppm	δ_H/ppm（J/Hz）
1	26.4 t	1.51 m	14	44.3 d	1.90 m
		1.92 m	15	33.6 t	2.20 m
2	18.8 t	1.51 m			2.27 m
		1.79 m	16	145.6 s	
3	28.9 t	1.62 m	17	110.7 t	4.89 br s
4	42.3 s		18	70.8 t	4.24 AB（12.8）
5	56.3 d	1.88 m			4.06 AB（12.8）
6	65.2 d	3.27 br s	19	58.4 t	2.72 AB（17.9）
7	35.8 t	1.61 m			2.44 AB（17.9）
		1.76 m	20	75.9 d	2.51 s
8	40.5 s		18-OCO	166.1 s	
9	59.6 d	1.45 s	1′	130.1 s	
10	49.5 s		2′，6′	129.6 d	8.02 d（7.5）
11	67.5 d	4.07 d（4.8）	3′，5′	128.5 d	7.46 dd（7.6）
12	41.9 d	2.33 br s	4′	133.1 d	7.58 dd（7.4）
13	29.5 t	1.95 m			
		1.02 m			

注：溶剂 CDCl$_3$

化合物名称：acoridine

分子式：C$_{23}$H$_{31}$NO$_5$　　　　　　　分子量（$M+1$）：402

植物来源：*Aconitum coreanum* (Levl.) Rapaics　黄花乌头

参考文献：Bessonova I A，Samusenko L N，Yunusov M S，et al. 1991. Alkaloids of *Aconitum coreanum*. VI. Structure of acoridine. Khimiya Prirodnykh Soedinenii，1：91-93.

acoridine 的 NMR 数据

位置	δ_C/ppm	δ_H/ppm（J/Hz）	位置	δ_C/ppm	δ_H/ppm（J/Hz）
1	31.15 t	1.7～1.9 m	12	52.66 d	2.42 br s
		2.84 d（16）	13	79.85 d	3.98 br s
2	69.92 d	5.08 br s	14	80.37 s	
3	36.76 t	1.7～1.9 m	15	31.15 t	1.9～2.0 m
		1.64 dd（4，15.5）	16	144.91 s	3.05 br s
4	37.65 s		17	108.16 t	4.60 br s
5	60.06 d	1.48 s			4.99 br s
6	68.12 d	3.05 br s	18	20.76 q	0.86 s
7	32.05 t	1.7～1.9 m	19	68.12 t	2.91 d（12）
		1.33 dd（3，14）			2.48 d（12）
8	44.37 s		20	69.24 d	3.46 s
9	53.63 d	1.9～2.0 m	1′	174.01 s	
10	46.46 s		2′	28.31 t	2.28 d（7.5）
11	76.04 d	4.15 d（9）	3′	9.19 q	1.07 t（7.5）

注：溶剂 CDCl$_3$；^{13}C NMR：25 MHz；^{1}H NMR：100 MHz

化合物名称： acorientine

分子式： C$_{20}$H$_{27}$NO$_3$　　　　　　　**分子量（$M+1$）：** 330

植物来源： *Aconitum orientale*

参考文献： Ullubelen A，Mericli A H，Mericli F，et al. 1996. Diterpenoid alkaloids from *Aconitum orientale*. Phytochemistry，41（3）：957-961.

acorientine 的 NMR 数据

位置	δ_C/ppm	δ_H/ppm（J/Hz）	位置	δ_C/ppm	δ_H/ppm（J/Hz）
1	39.3 t	1.35	11	37.6 t	1.95
		1.92			2.35
2	18.9 t	1.10	12	39.5 d	2.65
		1.55	13	72.0 d	3.98 d（5.0）
3	35.1 t	1.58	14	40.7 d	2.45 br s
4	35.9 s		15	73.6 d	4.02 s
5	59.3 d	1.83	16	150.3 s	
6	100.9 s		17	116.1 t	5.16 br s
7	46.7 t	2.12			5.27 br s
		2.35	18	29.9 q	1.42 s
8	40.9 s		19	57.3 t	2.37
9	54.1 d	2.10			2.67
10	49.6 s		20	67.2 d	3.86 s

注：溶剂 CDCl$_3$；^{13}C NMR：25 MHz；^{1}H NMR：100 MHz

化合物名称：acsinatine

分子式：$C_{22}H_{29}NO_4$　　　　　　分子量（$M+1$）：372

植物来源：*Aconitum leucostomum* Worosch. 白喉乌头

参考文献：Usmanova S K，Tel'nov V A，Abdullaev N D. 1993. Structure of the new alkaloid septenine. Khimiya Prirodnykh Soedinenii，29（3）：412-414.

acsinatine 的 NMR 数据

位置	δ_C/ppm	δ_H/ppm（J/Hz）
1	31.8 t	
2	70.7 d	
3	37.8 t	
4	42.2 s	
5	55.1 d	
6	60.8 d	
7	29.6 t	
8	42.1 s	
9	78.8 s	
10	50.4 s	
11	39.0 t	
12	36.9 d	
13	34.3 t	
14	43.9 d	
15	31.7 t	
16	152.1 s	
17	104.3 t	
18	23.0 q	
19	92.0 d	
20	70.1 d	
2-OAc	169.6 s	
	21.7 q	

注：溶剂 CDCl_3

化合物名称：andersonbine

分子式：$C_{22}H_{29}NO_4$ 分子量（$M+1$）：372

植物来源：*Delphinium andersonii* Gray

参考文献：Joshi B S，Puar M S，Bai Y，et al. 1994. The structure of andersonbine，a new diterpenoid alkaloid from *Delphinium andersonii* Gray. Tetrahedron，50（43）：12283-12292.

andersonbine 的 NMR 数据

位置	δ_C/ppm	δ_H/ppm（J/Hz）	位置	δ_C/ppm	δ_H/ppm（J/Hz）
1	25.6 t	1.83 m（13.0）	12	33.0 d	2.17 m
		1.31 dd（13.0，4.0）	13	32.5 t	1.15 td（13.0，2.0，2.0）
2	31.8 t	1.42 m			1.68 m
		1.68 m	14	42.9 d	1.80 d（11.6）
3	73.0 d	3.30 m	15	71.8 d	5.29 br s
4	48.5 s		16	151.7 s	
5	61.7 d	1.38 s	17	109.9 t	4.83 t（1.6）
6	60.6 d	3.34 br s			4.92 t（1.6）
7	28.0 t	1.62 dd（13.0，2.5）	18	19.1 q	0.95 s
		1.40 m	19	87.6 d	4.07 s
8	44.0 s		20	69.9 d	2.52 br s
9	43.5 d	1.68 m	15-OAc	170.5 s	
10	48.5 s			20.8 q	2.02 s
11	26.2 t	1.47 td（13.0，2.0，2.0）	3-OH		4.40 d（4.6）
		1.87 dd（13.0，4.0）	19-OH		5.12 s

注：溶剂 C_2D_6SO

化合物名称：anthoroidine A

分子式：C₄₀H₅₁NO₅　　　　　　　**分子量**（*M*+1）：626

植物来源：*Aconitum anthoroideum* DC. 拟黄花乌头

参考文献：Huang S，Zhang J F，Chen L，et al. 2020. Diterpenoid alkaloids from *Aconitum anthoroideum* with protection against MPP⁺-induced apoptosis of SH-SY5Y cells and acetylcholinesterase inhibitory activity. Phytochemistry，178：112459.

anthoroidine A 的 NMR 数据

位置	δ_C/ppm	δ_H/ppm（*J*/Hz）	位置	δ_C/ppm	δ_H/ppm（*J*/Hz）
1′	28.4 t	1.63 m	20′	227.5 s	
		1.32 m	1	28.9 t	1.67 m
2′	19.7 t	2.07 m			3.17 d（15.6）
		2.27 m	2	72.8 d	3.71 br s
3′	35.6 t	1.20（overlapped）	3	37.1 t	1.50（overlapped）
		1.98（overlapped）			1.97 m
4′	49.0 s		4	36.1 s	
5′	53.7 d	1.54 m	5	58.3 d	1.91 s
6′	21.9 t	1.42 m	6	65.1 d	3.92 br s
		1.98 m	7	34.2 t	1.74 d（14.4）
7′	33.7 t	2.03 m			2.15 d（14.4）
		2.17 m	8	43.1 s	
8′	42.3 s		9	55.1 d	2.08 m
9′	53.9 d	2.24 m	10	51.2 s	
10′	53.7 s		11	76.0 d	4.26 s
11′	30.4 t	2.06 m	12	50.5 d	2.49 s
		1.60 m	13	71.4 d	4.28 s
12′	31.8 d	2.40 br s	14	50.1 d	2.70 d（8.4）
13′	35.6 t	1.64 m	15	33.2 t	2.05 m
		1.32 m			2.16 m
14′	52.6 d	1.98（overlapped）	16	143.8 s	
15′	128.2 d	5.63 s	17	109.2 t	4.70 s
16′	146.5 s				4.89 s
17′	68.8 t	3.87 d（14.2）	18	29.5 q	1.15 s
		4.17 d（14.2）	19	60.0 t	2.99 d（11.4）
18′	24.2 q	0.98 s			3.81 d（11.4）
19′	206.8 d	9.85 s	20	68.0 d	4.53 s

注：溶剂 CDCl₃；¹³C NMR：150 MHz；¹H NMR：600 MHz

化合物名称：anthoroidine G

分子式：C$_{27}$H$_{31}$NO$_3$　　　　　　　分子量（$M+1$）：418

植物来源：*Aconitum anthoroideum* DC. 拟黄花乌头

参考文献：Huang S，Zhang J F，Chen L，et al. 2020. Diterpenoid alkaloids from *Aconitum anthoroideum* with protection against MPP$^+$-induced apoptosis of SH-SY5Y cells and acetylcholinesterase inhibitory activity. Phytochemistry，178：112459.

anthoroidine G 的 NMR 数据

位置	δ_C/ppm	δ_H/ppm（J/Hz）	位置	δ_C/ppm	δ_H/ppm（J/Hz）
1	26.4 t	1.20 m	13	76.3 d	4.56 d（2.4）
		1.84 m	14	52.9 d	1.84（overlapped）
2	19.7 t	1.47 m	15	71.3 d	4.10 s
		1.64 m	16	150.6 s	
3	34.0 t	1.24 m	17	112.8 t	5.03 s
		1.44 m			5.18 s
4	38.1 s		18	28.9 q	0.97 s
5	61.1 d	1.44 s	19	63.0 t	2.43 ABq（12.4）
6	65.2 d	3.22 br s			2.51 ABq（12.4）
7	32.4 t	1.70 dd（13.6，2.8）	20	72.0 d	2.87 s
		2.09 dd（13.6，2.8）	1′	166.0 s	
8	46.1 s		2′	130.5 s	
9	43.1 d	1.84 m	3′	129.6 d	7.94 d（7.6）
10	49.8 s		4′	128.4 d	7.39 t（7.6）
11	23.3 t	1.62 m	5′	133.0 d	7.52 t（7.6）
		1.93 dd（14.4，4.0）	6′	128.4 d	7.39 t（7.6）
12	38.5 d	2.55 m	7′	129.6 d	7.94 d（7.6）

注：溶剂 CDCl$_3$；^{13}C NMR：150 MHz；^{1}H NMR：600 MHz

化合物名称： anthoroidine H

分子式： $C_{27}H_{31}NO_4$　　　　**分子量**（$M+1$）：434

植物来源： *Aconitum anthoroideum* DC. 拟黄花乌头

参考文献： Huang S，Zhang J F，Chen L，et al. 2020. Diterpenoid alkaloids from *Aconitum anthoroideum* with protection against MPP$^+$-induced apoptosis of SH-SY5Y cells and acetylcholinesterase inhibitory activity. Phytochemistry，178：112459.

anthoroidine H 的 NMR 数据

位置	δ_C/ppm	δ_H/ppm（J/Hz）	位置	δ_C/ppm	δ_H/ppm（J/Hz）
1	65.9 d	4.07（overlapped）	15	33.1 t	2.19（overlapped）
2	31.2 t	1.40 m			2.42 m
		3.13 d（14.4）	16	143.6 s	
3	38.0 t	1.37 m	17	109.8 t	4.82 s
		2.19 m			4.99 s
4	35.6 s		18	29.4 q	1.11 s
5	58.0 d	1.94 s	19	60.4 t	2.99 ABq（12.0）
6	65.0 d	3.98 br s			4.09 ABq（12.0）
7	34.3 t	1.85 dd（15.0，7.8）	20	68.7 d	4.78 s
		2.15 m	1′	166.8 s	
8	43.5 s		2′	130.1 s	
9	53.3 d	2.44 m	3′	128.7 d	8.15 d（7.2）
10	50.4 s		4′	130.3 d	7.44 t（7.8）
11	75.9 d	5.47 d（9.0）	5′	133.4 d	7.56 t（7.8）
12	47.9 d	2.68 d（2.4）	6′	130.3 d	7.44 t（7.8）
13	70.2 d	4.30 d（9.0）	7′	128.7 d	8.15 d（7.2）
14	50.4 d	3.03 d（9.0）			

注：溶剂 CDCl$_3$；^{13}C NMR：150 MHz；^{1}H NMR：600 MHz

化合物名称：tanguticuline E

分子式：C$_{20}$H$_{25}$NO$_4$　　　　　分子量（$M+1$）：344

植物来源：*Aconitum tanguticum* (Maxim.) Stapf 甘青乌头

参考文献：Fan X R，Yang L H，Liu Z H，et al. 2019. Diterpenoid alkaloids from the whole plant of *Aconitum tanguticum* (Maxim.). Phytochemistry，160：71-77.

tanguticuline E 的 NMR 数据

位置	δ_C/ppm	δ_H/ppm（J/Hz）	位置	δ_C/ppm	δ_H/ppm（J/Hz）
1	33.2 t	1.66 d（4.2）			2.01 dd（4.2，14.4）
		1.87 m	12	53.7 d	2.93 d（4.2）
2	69.1 d	4.04 m	13	208.4 s	
3	74.7 d	3.40 d（4.2）	14	59.8 d	2.54 br s
4	43.3 s		15	33.0 t	2.44 d（15.4）
5	59.5 d	2.09 br s			2.68 m
6	102.2 s		16	143.1 s	
7	41.5 t	2.13 m	17	112.4 t	4.92 s
		2.38 d（13.8）			5.02 s
8	44.4 s		18	26.7 q	1.64 s
9	49.1 d	2.18 m	19	56.3 t	4.06 d（12）
10	48.8 s				3.26 d（11.4）
11	23.8 t	1.87 m	20	68.0 d	4.30 br s

注：溶剂 CD$_3$OD；^{13}C NMR：150 MHz；^{1}H NMR：600 MHz

化合物名称：anthoroidine I

分子式：C$_{26}$H$_{35}$NO$_5$　　　　　　**分子量**（$M+1$）：442

植物来源：*Aconitum anthoroideum* DC. 拟黄花乌头

参考文献：Huang S，Zhang J F，Chen L，et al. 2020. Diterpenoid alkaloids from *Aconitum anthoroideum* with protection against MPP$^+$-induced apoptosis of SH-SY5Y cells and acetylcholinesterase inhibitory activity. Phytochemistry，178：112459.

anthoroidine I 的 NMR 数据

位置	δ_C/ppm	δ_H/ppm（J/Hz）	位置	δ_C/ppm	δ_H/ppm（J/Hz）
1	31.4 t	1.94 d（16.2）	14	50.4 d	2.28 dd（10.2，2.4）
		2.95 d（16.2）	15	34.0 t	2.04 d（17.4）
2	70.4 d	5.19 m			2.22 d（17.4）
3	36.7 t	1.54 dd（15.6，4.2）	16	144.9 s	
		1.82 d（15.6）	17	108.9 t	4.72 s
4	36.7 s				4.91 s
5	61.5 d	1.60 s	18	29.7 q	0.98 s
6	64.3 d	3.22 s	19	63.5 t	2.50 ABq（12.0）
7	36.3 t	1.62 dd（15.6，2.4）			2.86 ABq（12.0）
		1.75 dd（15.6，2.4）	20	68.9 d	3.46 s
8	44.1 s		2-OAc	170.3 s	
9	55.4 d	1.98 dd（10.2，2.4）		22.0 q	2.03 s
10	50.7 s		1′	176.5 s	
11	75.5 d	4.28 d（9.0）	2′	34.0 d	2.51 m
12	48.8 d	2.43 d（2.4）	3′	19.6 q	1.18 q（6.6）
13	74.0 d	5.15 td（10.2，2.4）	4′	18.9 q	1.16 q（6.6）

注：溶剂 CDCl$_3$；^{13}C NMR：150 MHz；^{1}H NMR：600 MHz

化合物名称：anthriscifolmine C

分子式：$C_{29}H_{31}NO_7$　　　　　　　　分子量（$M+1$）：506

植物来源：*Delphinium anthriscifolium* var. *savatieri* (Franchet) Munz 卵瓣还亮草

参考文献：Liu X Y, Chen Q H, Wang F P. 2009. Three new C_{20}-diterpenoid alkaloids from *Delphinium anthriscifolium* var. *savatieri*. Chinese Chemical Letters，20（6）：698-701.

anthriscifolmine C 的 NMR 数据

位置	δ_C/ppm	δ_H/ppm（J/Hz）	位置	δ_C/ppm	δ_H/ppm（J/Hz）
1	29.8 t	2.06 d（2.8）	15	32.7 t	2.68 ABq（18.0）
2	66.6 d	5.63 dd（8.0，3.2）			2.44 ABq（18.0）
3	73.8 d	5.23 d（5.2）	16	137.5 s	
4	47.6 s		17	115.7 t	5.20 s
5	61.6 d	1.93 s			5.16 s
6	60.3 d	2.48 d（2.0）	18	18.7 q	1.12 s
7	33.9 t	1.96 m	19	88.1 d	5.17 s
		1.86 m	20	68.0 d	3.56 s
8	42.7 s		2-OAc	169.0 s	
9	59.2 d	1.76 s		21.4 q	2.28 s
10	47.2 s		3-OCO	165.4 s	
11	63.7 d	4.18 d（4.8）	1'	129.7 s	
12	61.6 d	3.25 d（4.8）	2'，6'	129.6 d	7.93 d（8.0）
13	208.6 s		3'，5'	128.3 d	7.26 t（8.0）
14	60.4 d	3.79 s	4'	133.0 d	7.46 t（8.0）

注：溶剂 CDCl₃；¹³C NMR：100 MHz；¹H NMR：400 MHz

化合物名称：anthriscifolsine B

分子式：C_{24}H_{31}NO_7　　　　　　　　分子量（M + 1）：446

植物来源：*Delphinium anthriscifolium* var. *majus* Pamp. 大花还亮草

参考文献：Shan L H，Zhang J F，Gao F，et al. 2017. Diterpenoid alkaloids from *Delphinium anthriscifolium* var. *majus*. Scientific Reports，7：6063.

anthriscifolsine B 的 NMR 数据

位置	δ_C/ppm	δ_H/ppm（J/Hz）	位置	δ_C/ppm	δ_H/ppm（J/Hz）
1	31.0 t	1.99 dd（4.2，15.0）	14	53.3 d	1.99 d（9.6）
		2.98 dd（2.4，15.0）	15	31.2 t	2.99 dd（2.4，16.2）
2	68.7 d	5.35 m			2.00（overlapped）
3	74.0 d	4.93 d（4.8）	16	144.3 s	
4	42.6 s		17	108.7 t	4.90 br s
5	61.6 d	1.78 br s			4.72 br s
6	62.7 d	3.13 br s	18	25.8 q	1.04 s
7	31.8 t	1.39 dd（1.8，13.8）	19	59.9 t	2.50 d（12.6）
		1.87 dd（3.0，10.2）			3.37 d（12.6）
8	44.3 s		20	68.9 d	3.71 br s
9	80.2 s		2-OAc	170.2 s	
10	46.3 s			20.9 q	2.02 s
11	80.3 d	4.10 br s	3-OAc	170.6 s	
12	52.7 d			21.5 q	2.09 s
13	76.0 d	4.26 d（8.4）			

注：溶剂 CDCl_3；^{13}C NMR：150 MHz；^{1}H NMR：600 MHz

化合物名称： anthriscifolsine C

分子式： $C_{30}H_{43}NO_7$　　　　　　　**分子量（$M+1$）：** 530

植物来源： *Delphinium anthriscifolium* var. *majus* Pamp. 大花还亮草

参考文献： Shan L H，Zhang J F，Gao F，et al. 2017. Diterpenoid alkaloids from *Delphinium anthriscifolium* var. *majus*. Scientific Reports，7：6063.

anthriscifolsine C 的 NMR 数据

位置	δ_C/ppm	δ_H/ppm（J/Hz）	位置	δ_C/ppm	δ_H/ppm（J/Hz）
1	28.8 t	1.56 dd（4.2，15.6）	16	148.5 s	
		2.50 dd（1.8，15.6）	17	111.2 t	4.87 d（1.8）
2	71.2 d	5.29 m			4.98 d（1.8）
3	74.7 d	3.67 d（5.4）	18	27.1 q	1.54 s
4	43.0 s		19	57.8 t	3.00 d（12.0）
5	61.6 d	1.68 br s			3.16 d（12.0）
6	97.0 s		20	66.8 d	3.72 br s
7	41.0 t	1.81 d（12.6）	1′	177.3 s	
		1.85 d（13.2）	2′	41.9 d	2.44 m
8	46.7 s		3′	26.8 t	1.73 m
9	47.1 d	2.43 m	4′	11.9 q	0.91 t（7.2）
10	48.1 s		5′	16.8 q	1.20 d（7.2）
11	70.2 d	4.13 br d（9.6）	1″	176.8 s	
12	42.9 d	2.17 m	2″	41.6 d	2.40 m
13	21.6 t	1.39 m	3″	26.7 t	1.50 m
		2.06 dd（4.2，9.6）	4″	11.8 q	0.93 t（7.2）
14	48.0 d	1.72 m	5″	17.0 q	1.16 d（7.2）
15	70.6 d	5.54 br s			

注：溶剂 CDCl₃；¹³C NMR：150 MHz；¹H NMR：600 MHz

化合物名称：cardiodine

分子式：C$_{38}$H$_{45}$NO$_{11}$　　　　　　分子量（M+1）：692

植物来源：*Delphinium cardiopetalum* DC.

参考文献：Reina M，Madinaveitia A，Gavin J A，et al. 1996. Five diterpenoid alkaloids from *Delphinium cardiopetalum*. Phytochemistry，41（4）：1235-1250.

cardiodine 的 NMR 数据

位置	δ_C/ppm	δ_H/ppm（J/Hz）	位置	δ_C/ppm	δ_H/ppm（J/Hz）
1	72.4 d	6.08 d（3.2）	19	59.1 t	3.23 d（12.5）
2	65.8 d	5.70 dd（5.0，3.1）			2.41 d（12.5）
3	70.9 d	5.12 d（4.9）	20	67.0 d	3.68 s
4	42.5 s		1′	174.5 s	
5	58.0 d	2.23 s	2′	39.6 d	1.30 m
6	62.5 d	3.21 br s	3′	24.9 t	1.20 m
7	31.3 t	2.00 m	4′	10.7 q	0.57 t（7.4）
		1.49 dd（13.9，2.2）	5′	15.8 q	0.88 d（7.4）
8	44.9 s		13-OCO	165.6 s	
9	49.7 d	2.40 d（9.4）	1″	130.0 s	8.11 dd（7.6，1.6）
10	49.5 s		2″，5″	129.6 d	7.45 t（7.6）
11	74.9 d	5.40 d（9.4）			7.56 t（7.6）
12	47.9 d	2.47 d（2.8）	3″，6″	128.7 d	
13	80.4 d	5.55 t（2.4）	4″	133.5 d	
14	78.6 s		1-OAc	170.0 s	
15	30.7 t	2.30 dt（18.0，2.0）		21.2 q	2.09 s
		2.18 dt（18.0，2.0）	3-OAc	169.9 s	
16	141.5 s			20.6 q	1.87 s
17	110.6 t	5.01 br s	11-OAc	171.0 s	
		4.87 br s		21.4 q	1.90 s
18	25.3 q	1.05 s			

注：溶剂 CDCl$_3$；^{13}C NMR：100 MHz；^{1}H NMR：400 MHz

化合物名称：cardionine

分子式：C$_{24}$H$_{33}$NO$_5$　　　　　　　　分子量（$M+1$）：416

植物来源：*Delphinium cardiopetalum* DC.

参考文献：De la Fuente G，Gavin J A，Reina M，et al. 1990. The structures of cardionine and 11-acetylcardionine，new C$_{20}$-diterpenoid alkaloids，from the selective INAPT NMR technique. Journal of Organic Chemistry，55（1）：342-344.

cardionine 的 NMR 数据

位置	δ_C/ppm	δ_H/ppm（J/Hz）	位置	δ_C/ppm	δ_H/ppm（J/Hz）
1	35.7 t		14	41.1 d	2.36 br d（10.7）
2	19.6 t		15	71.1 d	5.73 t（2）
3	27.7 t		16	148.6 s	
4	38.3 s		17	110.3 t	5.07 d（2）
5	60.9 d	1.62 s			5.36 d（2）
6	99.0 s		18	30.4 q	1.39 s
7	38.8 t		19	59.5 t	2.51 d（11.8）
8	45.8 s				3.18 d（11.8）
9	58.2 d	1.66 d（1.7）	20	72.8 d	2.73 s
10	—		1′	177.9 s	
11	71.9 d	3.86 s	2′	34.7 d	2.63 sept（7）
12	74.6 s		3′	19.5 q	1.22 d（7）
13	35.8 t		4′	19.5 q	1.22 d（7）

注：溶剂 CDCl$_3$-CD$_3$OD（1:1）

化合物名称：cardiopetamine

分子式：C$_{27}$H$_{29}$NO$_5$　　　　　　　　分子量（$M+1$）：448

植物来源：*Delphinium cardiopetalum* DC.

参考文献：Gonzalez A G，De la Fuente G，Reina M，et al. 1986. ^{13}C NMR spectroscopy of some hetisine subtype C$_{20}$-diterpenoid alkaloids and their derivatives. Phytochemistry，25（8）：1971-1973.

cardiopetamine 的 NMR 数据

位置	δ_C/ppm	δ_H/ppm（J/Hz）	位置	δ_C/ppm	δ_H/ppm（J/Hz）
1	44.0 t	3.48 dd（13.6，1.5）	13	69.0 d	4.00 br d（9.0）
		2.22 d（13.6）	14	48.9 d	2.62 dd（9.0，1.8）
2	212.1 s		15	69.8 d	3.82 s
3	49.6 t	2.07 dd（13.9，2.2）	16	150.5 s	
		2.26 br d（14.0）	17	112.1 t	5.09 s
4	42.1 s				5.06 s
5	59.7 d	2.00 s	18	28.3 q	1.08 s
6	64.9 d	3.32 br s	19	65.0 t	2.59 d（12.7）
7	33.1 t	1.62 dd（13.8，3.1）			2.16 d（12.7）
		2.07 dd（13.8，2.5）	20	69.8 d	2.99 s
8	49.3 s		11-OCO	165.8 s	
9	48.7 d	2.05 dd（9.2，1.6）	1′	130.1 s	
10	54.5 s		2′，6′	129.6 d	7.95 d（7.4）
11	75.1 d	5.52 d（8.9）	3′，5′	128.9 d	7.37 t（8.9）
12	47.7 d	2.51 d（2.8）	4′	133.5 d	7.48 t（7.5）

注：溶剂 C$_2$D$_6$SO；^{13}C NMR：50 MHz；^{1}H NMR：200 MHz

化合物名称：cardiopidine

分子式：$C_{36}H_{43}NO_9$　　　　　　　　分子量（$M+1$）：634

植物来源：*Delphinium cardiopetalum* DC.

参考文献：Reina M，Madinaveitia A，Gavin J A，et al. 1996. Five diterpenoid alkaloids from *Delphinium cardiopetalum*. Phytochemistry，41（4）：1235-1250.

cardiopidine 的 NMR 数据

位置	δ_C/ppm	δ_H/ppm（J/Hz）	位置	δ_C/ppm	δ_H/ppm（J/Hz）
1	74.1 d	6.05 d（3.2）	18	25.6 q	0.99 s
2	67.1 d	4.28 dd（4.6，3.4）	19	60.0 t	3.39 d（12.6）
3	73.3 d	4.94 d（4.8）			2.40 d（12.6）
4	41.8 s		20	66.1 d	3.91 s
5	59.5 d	2.20 s	1-OAc	170.4 s	
6	63.6 d	3.27 br s		21.3 q	2.02 s
7	35.7 t	1.89 dd（13.6，3.1）	11-OAc	171.0 s	
		1.70 dd（13.6，2.2）		21.4 q	1.97 s
8	43.6 s		3-OCO	175.7 s	
9	51.5 d	2.30 dd（9.6，2.2）	1′	41.2 d	2.65 m
10	53.7 s		2′	26.6 t	1.25 m
11	75.2 d	5.41 d（9.2）	3′	11.6 q	0.87 t（7.4）
12	46.0 d	2.53 d（2.5）	4′	16.7 q	1.12 d（6.9）
13	73.9 d	5.36 dt（9.5，2.0）	13-OCO	165.7 s	
14	50.2 d	2.50 dd（9.0，2.1）	1″	130.1 s	
15	33.7 t	2.15 br d（18.0）	2″，5″	130.0 d	8.23 d（8.0）
		2.40 br d（18.0）	3″，6″	128.5 d	7.50 t（7.5）
16	142.7 s		4″	133.2 d	7.56 t（7.5）
17	110.4 t	5.01 br s			
		4.85 br s			

注：溶剂 CDCl₃；¹³C NMR：100 MHz；¹H NMR：400 MHz

化合物名称：cardiopimine

分子式：C$_{35}$H$_{41}$NO$_9$　　　　　　　　分子量（$M+1$）：620

植物来源：*Delphinium cardiopetalum* DC.

参考文献：Reina M，Madinaveitia A，Gavin J A，et al. 1996. Five diterpenoid alkaloids from *Delphinium cardiopetalum*. Phytochemistry，41（4）：1235-1250.

cardiopimine 的 NMR 数据

位置	δ_C/ppm	δ_H/ppm（J/Hz）	位置	δ_C/ppm	δ_H/ppm（J/Hz）
1	74.2 d	6.04 d（3.2）	17	110.4 t	5.01 br s
2	67.0 d	4.28 dd（4.7，3.2）			4.85 br s
3	73.3 d	4.91 d（4.7）	18	25.5 q	1.01 s
4	41.8 s		19	60.0 t	3.43 d（12.6）
5	59.6 d	2.21 s			2.41 d（12.6）
6	63.7 d	3.33 br s	20	66.1 d	3.95 s
7	35.7 t	1.91 dd（13.8，3.3）	1-OAc	170.4 s	
		1.67 dd（13.4，2.4）		21.3 q	2.02 s
8	43.6 s		11-OAc	171.0 s	
9	51.6 d	2.30 dd（9.6，2.2）		21.4 q	1.97 s
10	53.9 s		1′	176.3 s	
11	75.2 d	5.41 d（9.6）	2′	34.1 d	2.55 m
12	46.0 d	2.55 m	3′	18.8 q	1.12 d（6.8）
13	73.7 d	5.33 dt（9.6，3.0）	4′	19.2 q	1.15 d（6.8）
14	50.2 d	2.55 m	13-OCO	165.8 s	
15	33.7 t	2.15 br d（17.5）	1″	130.1 s	
		2.39 br d（17.5）	2″，5″	129.9 d	8.23 dd（8.0，1.0）
16	142.7 s		3″，6″	128.5 d	7.50 t（7.2）
			4″	133.2 d	7.57 t（7.0）

注：溶剂 CDCl$_3$；^{13}C NMR：100 MHz；^{1}H NMR：400 MHz

化合物名称：cardiopine

分子式：$C_{36}H_{43}NO_9$　　　　　　　分子量（$M+1$）：634

植物来源：*Delphinium cardiopetalum* DC.

参考文献：Reina M，Madinaveitia A，Gavin J A，et al. 1996. Five diterpenoid alkaloids from *Delphinium cardiopetalum*. Phytochemistry，41（4）：1235-1250.

cardiopine 的 NMR 数据

位置	δ_C/ppm	δ_H/ppm（J/Hz）	位置	δ_C/ppm	δ_H/ppm（J/Hz）
1	73.2 d	6.09 d（2.9）	18	25.7 q	1.14 s
2	68.9 d	5.60 dd（5.2，2.9）	19	59.5 t	3.10 d（12.8）
3	70.8 d	3.87 d（5.0）			2.37 d（12.8）
4	42.7 s		20	66.2 d	3.67 s
5	59.5 d	2.15 s	1-OAc	171.0 s	
6	63.9 d	3.30 br s		21.2 q	2.06 s
7	35.9 t	1.88 dd（13.6，3.6）	11-OAc	171.5 s	
		1.66 dd（13.6，3.6）		21.5 q	2.00 s
8	44.2 s		1′	177.2 s	
9	51.7 d	2.33 dd（9.6，2.1）	2′	39.6 d	1.10 m
10	53.9 s		3′	25.0 t	1.08 m
11	75.4 d	5.42 d（9.5）	4′	10.8 q	0.57 t（7.5）
12	46.6 d	2.38 d（2.7）	5′	15.7 q	0.85 d（6.5）
13	73.8 d	5.51 dt（9.7，2.6）	13-OCO	165.9 s	
14	50.4 d	2.53 dd（9.9，1.9）	1″	130.1 s	
15	33.9 t	2.18 dt（17.8，2.1）	2″，5″	129.8 d	8.14 d（7.2）
		2.39 dt（17.8，2.1）	3″，6″	128.7 d	7.47 t（7.0）
16	142.7 s		4″	133.4 d	7.57 t（7.4）
17	110.3 t	4.97 br s			
		4.87 br s			

注：溶剂 CDCl₃；¹³C NMR：100 MHz；¹H NMR：400 MHz

化合物名称：cardiopinine

分子式：C$_{35}$H$_{41}$NO$_9$　　　　　　　　分子量（$M+1$）：620

植物来源：*Delphinium cardiopetalum* DC.

参考文献：Reina M，Madinaveitia A，Gavin J A，et al. 1996. Five diterpenoid alkaloids from *Delphinium cardiopetalum*. Phytochemistry，41（4）：1235-1250.

cardiopinine 的 NMR 数据

位置	δ_C/ppm	δ_H/ppm（J/Hz）	位置	δ_C/ppm	δ_H/ppm（J/Hz）
1	73.1 d	6.08 d（2.9）	17	110.3 t	4.97 br s
2	68.9 d	5.59 dd（5.1，2.8）			4.84 br s
3	70.6 d	3.85 d（5.1）	18	25.7 q	1.14 s
4	42.7 s		19	59.3 t	3.10 d（12.8）
5	59.3 d	2.16 s			2.35 d（12.8）
6	63.8 d	3.32 br s	20	66.1 d	3.67 s
7	35.7 t	1.90 dd（13.4，3.2）	1-OAc	170.2 s	
		1.69 dd（13.4，2.4）		21.2 q	2.05 s
8	44.1 s		11-OAc	171.0 s	
9	51.7 d	2.30 dd（9.6，2.0）		21.4 q	1.99 s
10	53.9 s		1′	177.4 s	
11	75.3 d	5.43 d（10.4）	2′	33.1 d	1.25 m（6.6）
12	46.2 d	2.40 d（2.6）	3′	17.9 q	0.59 d（7.0）
13	73.7 d	5.48 dt（10.0，2.0）	4′	19.3 q	0.90 d（7.0）
14	50.4 d	2.54 dd（9.9，2.0）	13-OCO	165.8 s	
15	33.7 t	2.19 br d（17.5）	1″	130.0 s	
		2.39 br d（17.5）	2″，5″	129.8 d	8.15 dd（8.0，1.0）
16	142.8 s		3″，6″	128.7 d	7.47 t（7.6）
			4″	133.4 d	7.55 t（8.0）

注：溶剂 CDCl$_3$；^{13}C NMR：100 MHz；^{1}H NMR：400 MHz

化合物名称：carmichaeline A

分子式：$C_{22}H_{29}NO_3$ 分子量（$M+1$）：356

植物来源：*Aconitum carmichaelii* Debx. 乌头

参考文献：Li S H，Xiong J R，Zhang Y Q，et al. 2013. Carmichaeline A：a new C₂₀-diterpenoid alkaloid from *Aconitum carmichaeli*. Natural Product Communications，8（2）：155-156.

carmichaeline A 的 NMR 数据

位置	δ_C/ppm	δ_H/ppm（J/Hz）	位置	δ_C/ppm	δ_H/ppm（J/Hz）
1	26.0 t	1.24 m	12	38.0 d	2.68 d（2.0）
		1.87 m	13	75.2 d	4.30 dd（1.2，4.8）
2	19.9 t	1.70 m	14	51.8 d	1.84 m
3	33.7 t	1.26 m	15	70.4 d	4.05 s
		1.50 m	16	149.0 s	
4	37.6 s		17	112.5 t	4.00 s
5	60.1 d	1.51 s			5.16 s
6	65.2 d	3.38 br s	18	28.6 q	1.01 s
7	31.7 t	1.42 dd（13.6，2.4）	19	61.9 t	2.48 ABq（12.4）
		2.12 dd（13.6，2.4）			2.63 ABq（12.4）
8	45.8 s		20	71.3 d	2.87 s
9	42.8 d	1.85 m	13-OAc	170.4 s	
10	49.7 s			21.1 q	1.99 s
11	23.0 t	1.44 m			
		1.84 m			

注：溶剂 C_3D_6O；¹³C NMR：100 MHz；¹H NMR：400 MHz

化合物名称：carmichaeline A trifluoroacetate

分子式：$C_{31}H_{35}NO_8$　　　　　　　分子量（M^+）：550

植物来源：*Aconitum carmichelii* Debx. 乌头

参考文献：① Jiang B Y，Lin S，Zhu C G，et al. 2012. Diterpenoid alkaloids from the lateral root of *Aconitum carmichaelii*. Journal of Natural Products，75（6）：1145-1159；② Zhang Z T，Wang L，Chen Q F，et al. 2013. Revisions of the diterpenoid alkaloids reported in a JNP paper（2012，75，1145-1159）. Tetrahedron，69（29）：5859-5866.

carmichaeline A trifluoroacetate 的 NMR 数据

位置	δ_C/ppm	δ_H/ppm（J/Hz）	位置	δ_C/ppm	δ_H/ppm（J/Hz）
1	70.3 d	5.98 d（2.5）	15	33.4 t	2.57 br d（17.5）
2	68.5 d	5.67 m			2.26 br d（17.5）
3	33.2 t	2.17 br d（16.0）	16	144.9 s	
		2.07 m	17	109.4 t	4.87 br s
4	41.7 s				4.79 br s
5	55.6 d	2.52 br s	18	22.0 q	1.17 s
6	61.6 d	4.44 br s	19	92.5 d	5.38 br s
7	34.3 t	2.17 dd（11.0，5.0）	20	62.5 d	4.99 s
		2.09 m	1-OAc	171.0 s	
8	44.9 s			21.4 q	1.90 s
9	51.9 d	2.66 d（9.0）	11-OAc	170.5 s	
10	54.2 s			21.2 q	2.08 s
11	75.5 d	5.32 d（9.0）	2-OCO	165.5 s	
12	49.5 d	2.49 d（2.5）	1′	130.8 s	
13	70.3 d	4.21 br d（9.0）	2′，6′	130.4 d	8.05 d（7.5）
14	50.3 d	2.64 d（9.0）	3′，5′	129.6 d	7.49 t（7.5）
			4′	134.2 d	7.65 t（7.5）

注：溶剂 C_3D_6O；^{13}C NMR：125 MHz；^1H NMR：500 MHz

化合物名称：carmichaeline B trifluoroacetate

分子式：C$_{29}$H$_{41}$NO$_6$ **分子量**（M^+）：500

植物来源：*Aconitum carmichelii* Debx. 乌头

参考文献：① Jiang B Y，Lin S，Zhu C G，et al. 2012. Diterpenoid alkaloids from the lateral root of *Aconitum carmichaelii*. Journal of Natural Products，75（6）：1145-1159. ② Zhang Z T，Wang L，Chen Q F，et al. 2013. Revisions of the diterpenoid alkaloids reported in a JNP paper（2012，75，1145-1159）. Tetrahedron，69（29）：5859-5866.

carmichaeline B trifluoroacetate 的 NMR 数据

位置	δ_C/ppm	δ_H/ppm（J/Hz）	位置	δ_C/ppm	δ_H/ppm（J/Hz）
1	31.8 t	3.35 br d（16.2）	16	145.6 s	
		2.15 dd（16.2，4.8）	17	109.3 t	4.89 br s
2	68.7 d	5.21 m			4.74 br s
3	36.5 t	2.02 br d（15.6）	18	22.3 q	1.09 s
		1.75 dd（15.6，4.2）	19	101.0 d	5.89 br s
4	40.8 s		20	73.6 d	4.30 s
5	58.7 d	2.28 br s	21	34.6 q	3.03 s
6	66.8 d	3.88 br s	1′	176.0 s	
7	32.0 t	2.20 dd（15.0，3.0）	2′	41.6 d	2.33 heptet（7.2）
		2.05 dd（15.0，3.0）	3′	26.8 t	1.66 d pentet（13.8，7.2）
8	44.7 s				1.44 d pentet（13.8，7.2）
9	55.7 d	2.33 d（9.0）	4′	11.7 q	0.89 t（7.2）
10	52.2 s		5′	17.2 q	1.15 d（7.2）
11	74.0 d	4.35 d（9.0）	1″	173.9 s	
12	48.5 d	2.60 br s	2″	28.1 t	2.58 dq（16.2，7.2）
13	73.2 d	5.13 d（9.6）			2.33 dq（16.2，7.2）
14	45.7 d	3.19 d（9.6）	3″	9.1 q	1.04 t（7.2）
15	33.2 t	2.40 d（17.4）			
		2.26 d（17.4）			

注：溶剂 C$_3$D$_6$O；^{13}C NMR：150 MHz；^{1}H NMR：600 MHz

化合物名称：carmichaeline C trifluoroacetate

分子式：$C_{29}H_{41}NO_7$　　　　　　　分子量（M^+）：516

植物来源：*Aconitum carmichelii* Debx. 乌头

参考文献：① Jiang B Y，Lin S，Zhu C G，et al. 2012. Diterpenoid alkaloids from the lateral root of *Aconitum carmichaelii*. Journal of Natural Products，75（6）：1145-1159. ② Zhang Z T，Wang L，Chen Q F，et al. 2013. Revisions of the diterpenoid alkaloids reported in a JNP paper（2012，75，1145-1159）. Tetrahedron，69（29）：5859-5866.

carmichaeline C trifluoroacetate 的 NMR 数据

位置	δ_C/ppm	δ_H/ppm（J/Hz）	位置	δ_C/ppm	δ_H/ppm（J/Hz）
1	31.7 t	3.36 d（16.8）	16	145.6 s	
		2.15 dd（16.8，5.4）	17	109.4 t	4.92 br s
2	68.6 d	5.23 m			4.78 br s
3	36.4 t	2.03 br d（15.6）	18	22.1 q	1.07 s
		1.77 dd（15.6，4.2）	19	102.4 d	5.99 br s
4	40.6 s		20	72.9 d	4.31 s
5	56.5 d	2.41 br s	21	35.5 q	3.06 s
6	69.3 d	3.77 br s	1′	176.0 s	
7	67.4 d	4.19 d（3.0）	2′	41.5 d	2.33 heptet（7.2）
8	52.0 s		3′	26.9 t	1.64 d pentet（13.8，7.2）
9	50.0 d	2.68 d（10.2）			1.44 d pentet（13.8，7.2）
10	50.1 s		4′	11.7 q	0.88 t（7.2）
11	73.8 d	4.29 br d（10.2）	5′	17.4 q	1.15 d（7.2）
12	48.7 d	2.61 br s	1″	173.9 s	
13	73.1 d	5.18 br d（10.2）	2″	28.1 t	2.59 dq（16.2，7.2）
14	44.3 d	3.21 br d（10.2）			2.32 dq（16.2，7.2）
15	30.3 t	2.69 br d（18.0）	3″	9.1 q	1.05 t（7.2）
		2.20 d（18.0）			

注：溶剂 C_3D_6O；^{13}C NMR：150 MHz；^1H NMR：600 MHz

化合物名称：carmichaeline D trifluoroacetate

分子式：C$_{30}$H$_{43}$NO$_7$　　　　　　　　　　**分子量**（M^+）：530

植物来源：*Aconitum carmichelii* Debx. 乌头

参考文献：① Jiang B Y，Lin S，Zhu C G，et al. 2012. Diterpenoid alkaloids from the lateral root of *Aconitum carmichaelii*. Journal of Natural Products，75（6）：1145-1159. ② Zhang Z T，Wang L，Chen Q F，et al. 2013. Revisions of the diterpenoid alkaloids reported in a JNP paper（2012，75，1145-1159）. Tetrahedron，69（29）：5859-5866.

carmichaeline D trifluoroacetate 的 NMR 数据

位置	δ_C/ppm	δ_H/ppm（J/Hz）	位置	δ_C/ppm	δ_H/ppm（J/Hz）
1	31.8 t	3.36 d（16.8）	16	145.6 s	
		2.15 dd（16.8，5.4）	17	109.3 t	4.92 br s
2	68.6 d	5.23 m			4.78 br s
3	36.5 t	2.03 br d（15.6）	18	22.1 q	1.07 s
		1.77 dd（15.6，4.2）	19	102.6 d	5.99 br s
4	40.6 s		20	73.0 d	4.31 s
5	56.4 d	2.41 br s	21	35.5 q	3.06 s
6	69.4 d	3.77 br s	1′	176.0 s	
7	67.3 d	4.19 d（3.0）	2′	41.5 d	2.33 heptet（7.2）
8	51.9 s		3′	26.9 t	1.64 d pentet（13.8，7.2）
9	50.1 d	2.68 d（10.2）			1.44 d pentet（13.8，7.2）
10	50.2 s		4′	11.7 q	0.88 t（7.2）
11	73.8 d	4.29 br d（10.2）	5′	17.4 q	1.15 d（7.2）
12	48.7 d	2.61 br s	1″	176.7 s	
13	73.2 d	5.18 br d（10.2）	2″	34.5 d	2.72 dq（7.0）
14	44.3 d	3.21 br d（10.2）	3″	19.1 q	1.10 d（7.0）
15	30.2 t	2.69 br d（18.0）	4″	20.0 q	1.11 d（7.0）
		2.20 d（18.0）			

注：溶剂 C$_3$D$_6$O；^{13}C NMR：125 MHz；^{1}H NMR：500 MHz

化合物名称：cossonidine

分子式：$C_{20}H_{27}NO_2$　　　　　　　　　分子量（$M+1$）：314

植物来源：*Delphinium cossoniamum* Batt.

参考文献：Reina M，Gavin J A，Madinaveitia A，et al. 1996. The structure of cossonidine：a novel diterpenoid alkaloid. Journal of Natural Products，59（2）：145-147.

cossonidine 的 NMR 数据

位置	δ_C/ppm	δ_H/ppm（J/Hz）	位置	δ_C/ppm	δ_H/ppm（J/Hz）
1	66.3 d	4.19 br s	11	26.8 t	1.92 dd（14.2，4.2）
2	27.2 t	1.79 m			1.76 m
		1.77 m	12	33.7 d	2.21 m
3	27.9 t	1.25 m	13	33.1 t	1.07 dt（13.2，2.7）
		1.74 m			1.80 m
4	37.2 s		14	43.6 d	1.90 m
5	56.6 d	1.89 s	15	71.6 d	4.00 s
6	65.8 d	3.40 br s	16	156.4 s	
7	32.6 t	1.68 dd（13.2，3.1）	17	108.9 t	4.94 s
		2.02 dd（13.2，2.4）			4.97 s
8	45.8 s		18	28.5 q	1.02 s
9	41.4 d	2.01 d（11.5）	19	63.0 t	2.39 d（12.5）
10	55.1 s				2.56 d（12.5）
			20	75.8 d	2.49 s

注：溶剂 CDCl₃；¹³C NMR：100 MHz；¹H NMR：400 MHz

化合物名称：cossonine

分子式：$C_{31}H_{35}NO_7$　　　　　　　分子量（$M+1$）：534

植物来源：*Delphinium cossonianum* Batt.

参考文献：De la Fuente G，Gavin J A，Acosta R D，et al. 1993. Three diterpenoid alkaloids from *Delphinium cossonianum*. Phytochemistry，34（2）：553-558.

cossonine 的 NMR 数据

位置	δ_C/ppm	δ_H/ppm（J/Hz）	位置	δ_C/ppm	δ_H/ppm（J/Hz）
1	31.9 t	3.24 dd（14.6，5.1）	16	144.2 s	
		1.81 dd（14.6，11.6）	17	109.3 t	4.68 br s
2	72.3 d	5.10 m			4.86 br s
3	77.2 d	5.21 d（10.1）	18	24.9 q	1.01 s
4	43.6 s		19	61.2 t	2.82 d（13.3）
5	62.2 d	1.84 s			2.51 d（13.3）
6	64.1 d	3.14 br s	20	69.2 d	3.01 s
7	35.8 t	1.77 dd（13.4，3.1）	3-OAc	170.8 s	1.86 s
		1.57 dd（13.4，2.4）		20.8 q	
8	44.0 s		2-OCO	165.8 s	
9	54.3 d	1.96 dd（9.3，2.1）	1′	—	
10	51.9 s		2′，6′	129.6 d	7.96 d
11	74.8 d	4.22 d（9.3）	3′，5′	128.4 d	7.41 m
12	48.3 d	2.39 d（2.3）	4′	130.0 d	7.53 t
13	73.6 d		13-OAc	170.8 s	
14	49.9 d	2.31 dd（9.6，2.0）		21.1 q	2.20 s
15	33.6 t	2.01 d（16.0）			
		2.18 d（16.0）			

注：溶剂 CDCl_3；^{13}C NMR：100 MHz；^{1}H NMR：400 MHz

化合物名称：davisine

分子式：C$_{20}$H$_{27}$NO$_2$　　　　　　　　分子量（$M+1$）：314

植物来源：*Delphinium davisii* Munz.

参考文献：Ulubelen A，Desai H K，Srivastava S K，et al. 1996. Diterpenoid alkaloids from *Delphinium davisii*. Journal of Natural Products，59（4）：360-366.

davisine 的 NMR 数据

位置	δ_C/ppm	δ_H/ppm（*J*/Hz）	位置	δ_C/ppm	δ_H/ppm（*J*/Hz）
1	66.1 d	4.20 br s	12	33.7 d	2.21 br d
2	27.1 t	1.76 m	13	33.1 t	1.09 dd（13.0，2.5）
3	27.8 t	1.25 m			1.80 m
		1.78 m	14	43.4 d	1.85 m
4	37.5 s		15	71.3 d	3.99 s
5	56.5 d	1.86 s	16	156.2 s	
6	65.7 d	3.33 br s	17	108.8 t	4.94 s
7	32.5 t	1.65 dd（13.0，3.0）			4.97 s
		2.02 dd（13.0，2.5）	18	28.4 q	1.01 s
8	45.8 s		19	62.8 t	2.37 AB（12.8）
9	41.3 d	2.00 d（12.0）			2.50 AB（12.8）
10	55.0 s		20	75.6 d	2.43 s
11	26.8 t	1.93 dd（14.0，4.0）			
		1.71 m			

注：溶剂 CDCl$_3$

化合物名称：delatisine

分子式：C$_{20}$H$_{25}$NO$_3$　　　　　　　分子量（$M+1$）：328

植物来源：*Delphinium elatum* L. 高翠雀花

参考文献：Ross S A，Joshi B S，Desai H K，et al. 1991. Delatisine, a novel diterpenoid alkaloid from *Delphinium elatum*. Tetrahedron，47（46）：9585-9598.

delatisine 的 NMR 数据

位置	δ_C/ppm	δ_H/ppm（J/Hz）
1	34.3 t	1.70 d（13.1）
		2.52 dd（5.4，13.1）
2	79.6 d	4.50 br t（5.4，5.7）
3	41.6 t	1.57 d（11.2）
		1.64 dd（11.2，5.7）
4	50.5 s	
5	62.0 d	1.74 s
6	66.3 d	3.44 br s
7	37.3 t	1.63 m
8	45.7 s	
9	55.4 d	2.18 dd（2.1，8.6）
10	52.7 s	
11	75.7 d	4.11 br d（8.6）
12	50.2 d	2.46 br s
13	72.2 d	4.25 m
14	50.0 d	1.87 dd（2.1，9.1）
15	33.9 t	2.16 AB（18.0）
		2.01 AB（18.0）
16	145.7 s	
17	108.2 t	4.88 br s
		4.67 br s
18	21.9 q	1.15 s
19	100.2 d	4.67 s
20	64.4 d	4.26 s

注：溶剂 CDCl$_3$；^{13}C NMR：100 MHz；^{1}H NMR：400 MHz

化合物名称：delbidine

分子式：$C_{20}H_{25}NO_4$　　　　　　分子量（$M+1$）：344

植物来源：*Delphinium barbeyi* Huth.

参考文献：Joshi B S，Desai H，El-kashoury E A，et al. 1989. Delbidine，an alkaloid from a hybrid population of *Delphinium occidentale* and *Delphinium barbeyi*. Phytochemistry，28（5）：1561-1563.

delbidine 的 NMR 数据

位置	δ_C/ppm	δ_H/ppm（J/Hz）
1	44.2 t	
2	212.9 s	
3	51.5 t	
4	42.3 s	
5	60.9 d	
6	97.9 s	
7	33.3 t	
8	45.2 s	
9	51.3 d	
10	55.6 s	
11	69.9 d	
12	53.7 d	
13	73.3 d	
14	51.1 d	
15	44.0 t	
16	148.1 s	
17	106.1 t	4.5 br s
		4.7 br s
18	30.2 q	1.36 s
19	62.7 t	
20	68.9 d	

注：溶剂 C_2D_6SO

化合物名称：delfissinol

分子式：C$_{20}$H$_{27}$NO$_3$　　　　　　　　分子量（$M+1$）：330

植物来源：*Delphinium fissum* subsp. *anatolicum*

参考文献：Ulubelen A，Mericli A H，Mericli F，et al. 1993. Diterpene alkaloids from *Delphinium fissum* subsp. *anatolicum*. Phytochemistry，34（4）：1165-1167.

delfissinol 的 NMR 数据

位置	δ_C/ppm	δ_H/ppm（J/Hz）
1	34.4 t	
2	19.2 t	
3	32.3 t	
4	38.7 s	
5	56.7 d	
6	65.6 d	
7	70.1 d	4.48 t（5）
8	44.3 s	
9	50.5 d	
10	51.5 s	
11	75.8 d	4.16 br d（7）
12	50.8 d	
13	73.2 d	4.26 br d（8.6）
14	52.0 d	
15	35.4 t	
16	145.2 s	
17	108.2 t	
18	29.9 q	
19	62.0 t	2.72 d（12.5）
		3.07 d（12.5）
20	70.1 d	

注：溶剂 CDCl$_3$

化合物名称：delgramine

分子式：C$_{27}$H$_{31}$NO$_6$　　　　　　　分子量（$M+1$）：466

植物来源：*Delphinium grandiflorum* L. 翠雀

参考文献：Li C J，Chen D H. 1993. Chemical structure of delgramine. Acta Chimica Sinica，51（9）：915-918.

delgramine 的 NMR 数据

位置	δ_C/ppm	δ_H/ppm（J/Hz）	位置	δ_C/ppm	δ_H/ppm（J/Hz）
1	66.9 d	3.96 s	14	53.0 d	
2	75.0 d	5.28 br m	15	36.7 t	
3	34.7 t		16	148.3 s	
4	43.5 s		17	106.9 t	4.96 s
5	58.8 d				4.67 s
6	61.9 d	3.30 s	18	23.5 q	1.03 s
7	34.7 t		19	92.2 d	4.82 s
8	44.7 s		20	63.2 d	3.60 s
9	54.3 d		2-OCO	165.8 s	
10	57.0 s		1′	131.2 s	
11	75.0 d	4.29 d（9.7）	2′, 6′	129.7 d	8.05 d（7.1）
12	52.7 d	2.33 d（2.5）	3′, 5′	128.8 d	7.50 d（7.6）
13	71.6 d	4.05 dd（9.3，3.0）	4′	132.8 d	7.60 t（7.4）

注：溶剂 CD$_3$OD；^{13}C NMR：100 MHz；^{1}H NMR：400 MHz

化合物名称：delnuttaline

分子式：C$_{22}$H$_{27}$NO$_5$　　　　　　　　**分子量**（$M+1$）：386

植物来源：*Delphinium nuttallianum* Pritz.

参考文献：Bai Y L，Sun F，Benn M，et al. 1994. Diterpenoid and norditerpenoid alkaloids from *Delphinium nuttallianum*. Phytochemistry，37（6）：1717-1724.

delnuttaline 的 NMR 数据

位置	δ_C/ppm	δ_H/ppm（J/Hz）	位置	δ_C/ppm	δ_H/ppm（J/Hz）
1	41.6 t	2.87 d（13.0）	12	41.6 d	2.41 br s
		2.68 d（13.0）	13	73.2 d	5.09 br d（9.6）
2	212.2 s		14	48.5 d	2.62 d（9.6）
3	52.8 t	2.49 d（13.9）	15	30.9 t	2.58 d（17.8）
		2.34 d（13.9）			1.92 d（17.8）
4	43.5 s		16	147.9 s	
5	56.0 d	3.08 s	17	108.1 t	4.91 br s
6	99.1 s				4.70 br s
7	40.7 t	2.77 d（12.7）	18	30.8 q	1.68 s
		1.90 d（12.7）	19	63.9 t	3.55 d（12.2）
8	46.2 s				2.38 d（12.2）
9	78.4 s		20	67.5 d	2.55 s
10	57.5 s		13-OAc	170.2 s	
11	34.4 t	2.60 d（14.2）		20.9 q	2.27 s
		1.79 d（14.5）			

注：溶剂 C$_5$D$_5$N；^{13}C NMR：100 MHz；^{1}H NMR：400 MHz

化合物名称：delnuttidine

分子式：C$_{20}$H$_{25}$NO$_3$　　　　　　　分子量（$M+1$）：328

植物来源：*Delphinium nuttallianum* Pritz.

参考文献：Bai Y L，Sun F，Benn M，et al. 1994. Diterpenoid and norditerpenoid alkaloids from *Delphinium nuttallianum*. Phytochemistry，37（6）：1717-1724.

delnuttidine 的 NMR 数据

位置	δ_C/ppm	δ_H/ppm（J/Hz）	位置	δ_C/ppm	δ_H/ppm（J/Hz）
1	41.7 t	3.29 d（13.7）	11	22.6 t	2.12 d（14.5）
		2.35 d（13.7）			1.49 dd（8.7，14.5）
2	209.5 s		12	42.9 d	2.41 br s
3	51.8 t	2.40 d（14.5）	13	69.1 d	4.24 d（9.3）
		2.52 d（14.5）	14	49.5 d	3.37 d（9.3）
4	42.8 s		15	33.0 t	2.17 d（17.4）
5	58.0 d	2.25 s			1.95 d（17.4）
6	101.9 s		16	148.1 s	
7	42.5 t	2.74 d（13.7）	17	107.3 t	4.80 br s
		2.27 d（13.7）			4.61 br s
8	43.8 s		18	29.7 q	1.65 s
9	49.1 d	1.91 d（8.7）	19	59.1 t	3.85 d（12.1）
10	53.1 s				2.83 d（12.1）
			20	68.9 d	3.90 s

注：溶剂 C$_5$D$_5$N；^{13}C NMR：100 MHz；^{1}H NMR：400 MHz

化合物名称：delnuttine

分子式：$C_{22}H_{29}NO_4$ 分子量（$M+1$）：372

植物来源：*Delphinium nuttallianum* Pritz.

参考文献：Bai Y L，Sun F，Benn M，et al. 1994. Diterpenoid and norditerpenoid alkaloids from *Delphinium nuttallianum*. Phytochemistry，37（6）：1717-1724.

delnuttine 的 NMR 数据

位置	δ_C/ppm	δ_H/ppm（J/Hz）	位置	δ_C/ppm	δ_H/ppm（J/Hz）
1	27.9 t	1.33~1.40 m	12	40.0 d	2.17~2.26 m
		1.20 m	13	28.9 t	1.73 m
2	19.6 t	1.50~1.55 m			1.33~1.40 m
		1.33~1.40 m	14	37.6 d	2.07 br d（10.5）
3	33.0 t	2.17~2.26 m	15	65.4 d	4.37 s
		1.33~1.40 m	16	152.0 s	
4	37.5 s		17	111.2 t	5.02 br s
5	59.0 d	1.50 s			4.97 br s
6	70.3 d	3.20 br s	18	28.7 q	0.93 s
7	66.8 d	3.87 d（2.8）	19	61.9 t	2.39 s（2H）
8	50.8 s		20	73.4 d	2.58 s
9	46.4 d	2.17~2.26 m	11-OAc	170.7 s	
10	53.0 s			21.2 q	1.99 s
11	75.6 d	5.18 d（8.3）			

注：溶剂 CDCl_3-CD_3OD；^{13}C NMR：100 MHz；^{1}H NMR：400 MHz

化合物名称：delphigraciline

分子式：$C_{40}H_{41}NO_{11}$　　　　　　　　分子量（$M+1$）：712

植物来源：*Delphinium gracile* DC.

参考文献：Reina M，Mancha R，Gonzalez-Coloma A，et al. 2007. Diterpenoid alkaloids from *Delphinium gracile*. Natural Product Research，21（12）：1048-1055.

delphigraciline 的 NMR 数据

位置	δ_C/ppm	δ_H/ppm（J/Hz）	位置	δ_C/ppm	δ_H/ppm（J/Hz）
1	72.4 d	6.18 d（3.7）	18	25.2 q	1.02 s
2	66.4 d	5.96 dd（3.0，5.1）	19	59.3 t	3.27 d（12.7）
3	70.8 d	5.21 d（5.1）			2.46 d（12.7）
4	42.4 s		20	67.2 d	3.28 s
5	58.3 d	2.29 s	1-OAc	169.8 s	
6	62.5 d	3.26 br s		21.1 q	2.14 s
7	31.3 t	2.03 dd（3.5，14.0）	3-OAc	170.0 s	
		1.55 dd（3.5，14.0）		20.4 q	1.83 s
8	44.8 s		11-OAc	170.9 s	
9	—	2.45 d（9.3）		21.3 q	1.97 s
10	49.5 s		2-OCO	164.8 s	
11	74.8 d	5.43 d（9.5）	1′	128.4 s	
12	47.7 d	2.53 d（2.7）	2′，6′	132.6 d	7.55 dd（7.10，1.0）
13	80.2 d	5.51 d（1.9）	3′，5′	127.9 d	6.99 t（7.7）
14	78.6 s		4′	129.1 d	7.16 t（7.5）
15	30.6 t	2.35 dt（2.5，18.0）	13-OCO	165.4 s	
		2.22 dt（2.5，18.0）	1″	128.9 s	
16	141.5 s		2″，6″	132.7 d	7.75 dd（7.10，1.0）
17	110.6 t	5.00 br s	3″，5″	128.2 d	7.29 t（7.7）
		4.90 br s	4″	129.3 d	7.42 t（7.5）

注：溶剂 CDCl₃；¹³C NMR：125 MHz；¹H NMR：500 MHz

化合物名称：davisinol

分子式：C$_{20}$H$_{27}$NO$_2$　　　　　　　分子量（$M+1$）：314

植物来源：*Delphinium davisii* Munz.

参考文献：Ulubelen A，Desai H K，Srivastava S K，et al. 1996. Diterpenoid alkaloids from *Delphinium davisii*. Journal of Natural Products，59（4）：360-366.

davisinol 的 NMR 数据

位置	δ_C/ppm	δ_H/ppm（J/Hz）	位置	δ_C/ppm	δ_H/ppm（J/Hz）
1	26.5 t	1.80 m	11	67.4 d	4.01 d（4.8）
		1.40 m	12	41.9 d	2.28 d（4.8）
2	18.9 t	1.70 m	13	29.6 t	1.90 m
		1.40～1.50 m			0.91 m
3	28.4 t	1.48 m	14	44.0 d	1.78 m
4	43.5 s		15	33.6 t	2.10 m
5	56.0 d	1.72 s	16	145.8 s	
6	64.8 d	3.14 br s	17	110.1 t	4.83 d（1.8）
7	35.8 t	1.65 d	18	69.2 t	3.43 AB（10.8）
		1.57 d			3.28 AB（10.8）
8	40.5 s		19	58.2 t	2.55 AB（12.6）
9	59.5 d	1.38 s			2.23 AB（12.6）
10	49.6 s		20	75.7 d	2.40 s

注：溶剂 CDCl$_3$

化合物名称：fissumine

分子式：C$_{22}$H$_{27}$NO$_4$　　　　　　　分子量（$M+1$）：370

植物来源：*Delphinium fissum* subsp. *anatolicum*

参考文献：Ulubelen A，Mericli A H，Mericli F，et al. 1993. Diterpene alkaloids from *Delphinium fissum* subsp. *anatolicum*. Phytochemistry，34（4）：1165-1167.

fissumine 的 NMR 数据

位置	δ_C/ppm	δ_H/ppm（J/Hz）
1	44.4 t	
2	210.6 s	
3	48.9 t	
4	41.2 s	
5	58.3 d	
6	64.7 d	
7	28.3 t	
8	43.7 s	
9	75.1 s	
10	54.4 s	
11	28.3 t	
12	50.3 d	
13	70.8 d	
14	55.1 d	
15	34.5 t	
16	143.8 s	
17	108.5 t	
18	29.4 q	
19	61.6 t	2.75 d（13）
		3.04 d（13）
20	69.3 d	2.75 s
9-OAc	176.9 s	
	22.6 q	

注：溶剂 CDCl$_3$

化合物名称：geyeridine

分子式：C$_{22}$H$_{27}$NO$_5$　　　　　　　　分子量（$M+1$）：386

植物来源：*Delphinium geyeri*

参考文献：Grina J A，Schroeder D R，Wydallis E T，et al. 1986. Alkaloids from *Delphinium geyeri*. Three new C$_{20}$-diterpenoid alkaloids. Journal of Organic Chemistry，1986，51（3）：390-394.

geyeridine 的 NMR 数据

位置	δ_C/ppm	δ_H/ppm（J/Hz）
1	43.19 t	3.34 dd（2，13）
2	209.96 s	
3	51.39 t	3.20 d（12）
4	45.91 s	
5	59.23 d	
6	100.25 s	
7	32.93 t	
8	42.84 s	
9	52.17 d	
10	55.74 s	
11	69.80 d	4.17 ddd（1，3，9）
12	48.57 d	
13	72.26 d	5.14 dd（1，9）
14	49.71 d	
15	42.94 t	
16	143.18 s	
17	109.94 t	4.79 br s
		4.94 br s
18	30.13 q	1.48 s
19	59.89 t	
20	68.39 d	2.98 s
13-OAc	170.64 s	
	21.34 q	2.04 s

注：溶剂 CDCl$_3$；^{13}C NMR：63 MHz；^{1}H NMR：360 MHz

化合物名称：geyerine

分子式：$C_{25}H_{33}NO_5$　　　　　　　　分子量（$M+1$）：428

植物来源：*Delphinium geyeri*

参考文献：Grina J A，Schroeder D R，Wydallis E T，et al. 1986. Alkaloids from *Delphinium geyeri*. Three new C_{20}-diterpenoid alkaloids. Journal of Organic Chemistry，1986，51（3）：390-394.

geyerine 的 NMR 数据

位置	δ_C/ppm	δ_H/ppm（J/Hz）	位置	δ_C/ppm	δ_H/ppm（J/Hz）
1	44.39 t	3.54 dd（2，15）	14	48.43 d	
		2.65 d（14）	15	43.83 t	
2	211.21 s		16	143.55 s	
3	51.55 t	3.36 br d（12）	17	109.78 t	4.80 br s
4	45.82 s				4.98 br s
5	60.34 d		18	30.30 q	1.55 s
6	99.19 s		19	61.21 t	2.88 s
7	33.13 t		20	69.19 d	2.88 s
8	42.87 s		1′	176.02 s	
9	53.67 d		2′	40.92 d	2.58 m（7）
10	56.12 s		3′	26.53 t	1.70~1.78 m
11	74.01 d	5.14 ddd（1，3，10）	4′	11.71 q	0.96 dd（7）
12	48.12 d	2.50 dd（1，3）	5′	16.75 q	1.20 d（7）
13	72.13 d	4.36 ddd（1，1，9）			

注：溶剂 CDCl₃；¹³C NMR：90.5 MHz；¹H NMR：360 MHz

化合物名称：geyerinine

分子式：C$_{27}$H$_{37}$NO$_7$ 分子量（$M+1$）：488

植物来源：*Delphinium geyeri*

参考文献：Grina J A，Schroeder D R，Wydallis E T，et al. 1986. Alkaloids from *Delphinium geyeri*. Three new C$_{20}$-diterpenoid alkaloids. Journal of Organic Chemistry，1986，51（3）：390-394.

geyerinine 的 NMR 数据

位置	δ_C/ppm	δ_H/ppm（J/Hz）	位置	δ_C/ppm	δ_H/ppm（J/Hz）
1	31.64 t	3.12 dd（15，2）	15	44.71 t	
2	67.44 d	4.13 m	16	144.34 s	
3	77.36 d	4.86 d（4）	17	109.24 t	4.78 br s，4.94 br s
4	51.53 s		18	26.79 q	1.40 s
5	63.36 d		19	77.40 t	3.48 d（12）
6	96.88 s				3.02 d（12）
7	33.64 t		20	67.69 d	3.76 s
8	44.92 s		3-OAc	170.24 s	
9	54.32 d			21.07 q	2.15 s
10	57.82 s		1′	175.88 s	
11	75.14 d	5.13 dd（1，3，9）	2′	41.37 d	1.21 d（7.0）
12	48.69 d		3′	26.52 t	
13	73.55 d	4.32 br d（1，9）	4′	11.62 q	0.95 t
14	49.36 d		5′	16.80 q	

注：溶剂 CDCl$_3$；^{13}C NMR：25 MHz；^{1}H NMR：360 MHz

化合物名称：glanduline

分子式：C$_{27}$H$_{37}$NO$_8$ 分子量（$M+1$）：504

植物来源：*Consolida glandulosa*

参考文献：Almanza G，Bastida J，Codina C，et al. 1997. Five diterpenoid alkaloids from *Consolida glandulosa*. Phytochemistry，44（4）：739-747.

glanduline 的 NMR 数据

位置	δ_C/ppm	δ_H/ppm（J/Hz）	位置	δ_C/ppm	δ_H/ppm（J/Hz）
1	29.7 t	3.04 br d（16.0）	15	28.0 t	2.10 d（16.0）
		2.15 dd（16.0，3.7）			2.00 d（16.0）
2	67.9 d	5.45 m	16	143.6 s	
3	73.5 d	4.90 d（4.7）	17	108.8 t	4.74 s
4	41.2 s				4.91 s
5	55.0 d	2.72 br s	18	25.8 q	1.10 s
6	62.6 d	3.34 br s	19	59.4 t	3.59 d（12.5）
7	26.1 t	1.80 d（18.0）			2.70 d（12.5）
		1.85 d（18.0）	20	61.7 d	4.06 s
8	50.7 s		1′	175.9 s	
9	81.0 s		2′	41.6 d	2.45 sext（7.0）
10	46.7 s		3′	26.6 t	1.70 ddq（14.0，7.0，7.0）
11	85.3 d	4.12 s			1.49 ddq（14.0，7.0，7.0）
12	51.0 d	2.51 d（1.8）	4′	11.6 q	0.92 t（7.4）
13	79.7 d	4.09 br s	5′	17.0 q	1.18 d（17.0）
14	78.5 s		3-OAc	170.2 s	
				20.7 q	2.01 s

注：溶剂 CDCl$_3$；^{13}C NMR：100 MHz；^{1}H NMR：400 MHz

化合物名称：grandiflodine A

分子式：$C_{22}H_{28}N_2O_3$　　　　　　**分子量**（$M+1$）：369

植物来源：*Delphinium grandiflorum* L. 翠雀

参考文献：Chen N H，Zhang Y B，Li W，et al. 2017. Grandiflodines A and B，two novel diterpenoid alkaloids from *Delphinium grandiflorum*. RSC Advances，7：24129-24132.

grandiflodine A 的 NMR 数据

位置	δ_C/ppm	δ_H/ppm（J/Hz）	位置	δ_C/ppm	δ_H/ppm（J/Hz）
1	23.2 t	1.62	12	35.9 d	2.16
		1.06 m	13	31.2 t	1.70 d（14.5）
2	26.6 t	2.60 m			2.16
		1.62	14	49.2 d	2.30
3	72.9 d	3.36 t（5.8）	15	32.7 t	1.62
4	47.7 s				1.56 dd（12.8，4.3）
5	53.5 d	2.30	16	150.3 s	
6	58.6 d	3.07 m	17	103.4 t	4.51
7	31.2 t	2.30			4.67 d（1.8）
		1.75 dd（14.8，4.5）	18	25.6 q	1.18 s
8	39.6 s		19	55.3 t	3.81 s
9	76.5 s		20	216.9 s	
10	51.7 s		21	33.4 q	2.26 s
11	38.7 t	1.86	—CN	117.6 s	
		1.38 dd（14.1，2.6）			

注：溶剂 DMSO；^{13}C NMR：125 MHz；^{1}H NMR：500 MHz

化合物名称：guan fu base A

分子式：C$_{24}$H$_{31}$NO$_6$　　　　　　　　**分子量**（$M+1$）：430

植物来源：*Aconitum coreanum* (Levl.) Rapaics 黄花乌头

参考文献：Liu J H，Hao Z G，Zhou H M，et al. 1993. A diterpene alkaloid from *Aconitum coreanum*. Journal of China Pharmaceutical University，24（1）：63-64.

guan fu base A 的 NMR 数据

位置	δ$_C$/ppm	δ$_H$/ppm（J/Hz）	位置	δ$_C$/ppm	δ$_H$/ppm（J/Hz）
1	31.65 t	3.05 br d（15.5）	13	83.25 d	4.98 br s
		1.59 dd（15.5，4.8）	14	79.63 s	
2	71.43 d	5.19 m	15	30.73 t	2.19 s
3	36.71 t	1.89 br d（16.3）	16	144.53 s	
		1.55 dd（16.3，4.5）	17	110.08 t	4.95 br s
4	36.96 s				4.75 br s
5	57.72 d	1.53 br s	18	29.21 q	1.05 s
6	66.31 d	3.52 br s	19	60.91 t	3.14 d（12.0）
7	32.66 t	1.75 br d（13.9）			2.84 d（12.0）
		1.43 br d（13.9）	20	70.38 d	3.79 s
8	45.67 s		1-OAc	175.90 s	
9	54.38 d	2.02 d（8.9）		22.10 q	2.10 s
10	47.45 s		13-OAc	171.24 s	
11	74.10 d	4.24 br d（8.9）		21.38 q	2.07 s
12	49.85 d	2.65 br s			

注：溶剂 CDCl$_3$；^{13}C NMR：100 MHz；^{1}H NMR：400 MHz

化合物名称：guan fu base A$_1$

分子式：C$_{24}$H$_{31}$NO$_6$ 分子量（$M+1$）：430

植物来源：*Aconitum coreanum* (Levl.) Rapaics 黄花乌头

参考文献：Zhan Z J，Ma L F，Zhang X Y，et al. 2009. A new hetisine-type diterpenoid alkaloids from *Aconitum coreanum*. Journal of Chemical Research，1：20-21.

guan fu base A$_1$ 的 NMR 数据

位置	δ_C/ppm	δ_H/ppm （J/Hz）	位置	δ_C/ppm	δ_H/ppm （J/Hz）
1	29.4 t	2.88 d （15.1）	13	78.6 d	4.07 s
		1.46 dd （15.1，4.5）	14	80.0 s	
2	69.6 d	5.09 m	15	30.8 t	2.11 m
3	36.5 t	1.82 m	16	144.0 s	
		1.57 m	17	108.9 t	4.75 s
4	37.6 s				4.90 s
5	59.5 d	1.54 s	18	29.6 q	0.87 m
6	63.2 d	3.11 br s	19	63.1 t	2.95 d （12.1）
7	31.8 t	1.40 d （13.6）			2.54 d （12.1）
		1.84 m	20	68.8 d	3.58 s
8	44.6 s		2-OAc	170.9 s	
9	51.6 d	2.18 d （8.8）		21.7 q	2.07 s
10	45.9 s		11-OAc	170.4 s	
11	76.1 d	5.11 d （9.1）		21.6 q	2.06 s
12	49.9 d	2.45 s			

注：溶剂 CDCl$_3$；^{13}C NMR：100 MHz；^{1}H NMR：400 MHz

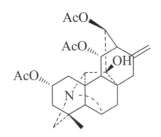

化合物名称：guan fu base G

分子式：$C_{26}H_{33}NO_7$　　　　　　　**分子量**（$M+1$）：472

植物来源：*Aconitum coreanum* (Levl.) Rapaics 黄花乌头

参考文献：缪振春，冯锐，刘静涵，等. 1991. 关附庚素的选择性远程 DEPT、一维 COSY 和一维接力 COSY 谱的研究. 波谱学杂志，8（4）：371-378.

guan fu base G 的 NMR 数据

位置	δ_C/ppm	δ_H/ppm（J/Hz）	位置	δ_C/ppm	δ_H/ppm（J/Hz）
1	29.7 t	2.76 d（14.9）	15	30.6 t	2.13 d（15.0）
		1.58 dd（14.9，4.5）			2.06 d（15.0）
2	69.7 d	5.09 m	16	142.1 s	
3	36.3 t	1.81 d（11.4，4.8）	17	110.1 t	4.94 br s
		1.50 dd（11.4）			4.75 br s
4	37.3 s		18	29.4 q	0.95 s
5	59.2 d	1.52 s	19	62.6 t	2.84 d（12.5）
6	62.9 d	3.12 br s			2.53 d（12.5）
7	31.4 t	1.84 dd（13.7，2.8）	20	69.4 d	3.42 s
		1.38 dd（13.7，2.0）	2-OAc	169.9 s	
8	44.8 s			20.8 q	2.02 s
9	51.4 d	2.18 d（8.9）	11-OAc	170.4 s	
10	45.8 s			20.8 q	2.00 s
11	75.2 d	5.03 dd（8.9，2.3）	13-OAc	169.4 s	
12	46.0 d	2.61 d（2.4）		21.3 q	1.97 s
13	80.3 d	4.96 t（2.4）	14-OH		4.14 br s
14	78.5 s				

注：溶剂 CDCl₃；¹³C NMR：100 MHz；¹H NMR：400 MHz

化合物名称：guan fu base S

分子式：C$_{24}$H$_{29}$NO$_5$　　　　　　　　分子量（$M+1$）：412

植物来源：*Aconitum coreanum* (Levl.) Rapaics　黄花乌头

参考文献：Yang C H，Wang X C，Tang Q F，et al. 2008. A new diterpenoid and a new diterpenoid alkaloid from *Aconitum coreanum*. Helvetica Chimica Acta，91（4）：759-765.

guan fu base S 的 NMR 数据

位置	δ_C/ppm	δ_H/ppm（J/Hz）	位置	δ_C/ppm	δ_H/ppm（J/Hz）
1	28.1 t	2.61～2.69 m	13	79.6 d	4.88 t（2.0）
		2.02～2.10 m	14	80.0 s	
2	122.3 d	5.48～5.54 m	15	126.0 d	5.27 t（1.4）
3	134.8 d	5.64 d（8.5）	16	139.7 s	
4	39.2 s		17	19.4 q	1.86 s
5	56.7 d	1.61 br s	18	26.2 q	1.08 s
6	73.0 d	2.74 br s	19	68.7 t	2.72 d（10.5）
7	30.0 t	2.24 d（13.8）			2.23 d（10.5）
		1.77 dd（13.8，2.1）	20	64.5 d	3.10 s
8	48.5 s		11-OAc	170.5 s	
9	46.3 d	1.89 d（9.3）		21.3 q	2.04 s
10	46.6 s		13-OAc	169.7 s	
11	77.4 d	4.84 dd（9.3，1.4）		21.2 q	2.08 s
12	45.7 d	2.68～2.7 m			

注：溶剂 CDCl$_3$；^{13}C NMR：125 MHz；^{1}H NMR：500 MHz

化合物名称：guan fu base F

分子式：C$_{26}$H$_{35}$NO$_{6}$　　　　　　　　　分子量（$M+1$）：458

植物来源：*Aconitum coreanum* (Levl.) Rapaics 黄花乌头

参考文献：Liu J H，Hao Z G，Zhou H M，et al. 1993. A diterpene alkaloid from *Aconitum coreanum*. Journal of China Pharmaceutical University，24（1）：63-64.

guan fu base F 的 NMR 数据

位置	δ_C/ppm	δ_H/ppm （J/Hz）	位置	δ_C/ppm	δ_H/ppm （J/Hz）
1	31.33 t	3.08 br d（15.9）	14	78.78 s	
		1.63 dd（15.9，4.9）	15	30.79 t	2.23 br d（17.5）
2	69.80 d	5.29 m	16	143.80 s	
3	36.75 t	1.78 br d（15.6）	17	108.96 t	5.04 br s
		1.23 dd（15.6，4.8）			4.77 br s
4	37.29 s		18	29.54 q	0.75 s
5	59.94 d	1.70 br s	19	62.70 t	2.92 d（12.0）
6	63.08 d	2.80 br s			2.49 d（12.0）
7	31.71 t	1.74 br d（11.4）	20	69.80 d	3.62 s
		0.98 br d（11.4）	1′	176.09 s	
8	44.82 s		2′	34.26 d	2.17 m
9	53.60 d	1.56 d（9.0）	3′	19.25 q	1.04 t（7.5）
10	46.12 s		4′	18.55 q	1.04 t（7.5）
11	74.67 d	3.94 br d（9.0）	13-OAc	169.96 s	
12	49.64 d	2.74 br s		21.35 q	1.83 s
13	81.82 d	5.59 br s			

注：溶剂 CDCl$_3$；^{13}C NMR：100 MHz；^{1}H NMR：400 MHz

化合物名称：guan fu base N

分子式：C$_{24}$H$_{33}$NO$_5$ 分子量（$M+1$）：416

植物来源：*Aconitum coreanum* (Levl.) Rapaics 黄花乌头

参考文献：Xing B N，Jin S S，Wang H，et al. 2014. New diterpenoid alkaloids from *Aconitum coreanum* and their anti-arrhythmic effects on cardiac sodium current. Fitoterapia，94：120-126.

guan fu base N 的 NMR 数据

位置	δ_C/ppm	δ_H/ppm（J/Hz）	位置	δ_C/ppm	δ_H/ppm（J/Hz）
1	29.7 t	1.70 dd（15.0，4.7）	12	51.1 d	2.67 br s
		2.33 d（15.0）	13	75.9 d	3.72 br s
2	69.1 d	5.21 t（4.6）	14	79.6 s	
3	37.2 t	1.59 m	15	125.8 d	5.53 s
		1.82 m	16	136.5 s	
4	37.1 s		17	21.9 q	1.87 s
5	59.3 d	1.5 s	18	29.3 q	1.03 s
6	63.2 d	3.18 br s	19	63.1 t	2.57 d（12.1）
7	29.5 t	1.73 d（13.7）			2.89 d（12.1）
		2.23 dd（13.8，3.4）	20	69.5 d	3.27 s
8	46.4 s		1′	176.2 s	
9	59.9 d	1.28 s	2′	34.3 d	2.50 dt（14.0，7.0）
10	43.4 s		3′	18.9 q	1.16 d（7.0）
11	67.2 d	4.33 dd（8.8，4.0）	4′	18.9 q	1.16 d（7.0）

注：溶剂 CDCl$_3$；^{13}C NMR：125 MHz；^{1}H NMR：500 MHz

化合物名称：guan fu base O

分子式：$C_{25}H_{33}NO_6$ 分子量（$M+1$）：444

植物来源：*Aconitum coreanum* (Levl.) Rapaics 黄花乌头

参考文献：Liu J H，Hao Z G，Zhou H M，et al. 1993. A diterpene alkaloid from *Aconitum coreanum*. Journal of China Pharmaceutical University，24（1）：63-64.

guan fu base O 的 NMR 数据

位置	δ_C/ppm	δ_H/ppm（J/Hz）	位置	δ_C/ppm	δ_H/ppm（J/Hz）
1	32.95 t	3.14 br d（16.0）	13	84.02 d	4.91 br s
		1.82 dd（16.0，4.9）	14	81.03 s	
2	75.81 d	5.19 m	15	32.56 t	2.08 s
3	38.51 t	1.90 br d（15.5）	16	147.29 s	
		1.60 dd（15.5，4.6）	17	109.64 t	4.91 br s
4	39.02 s				4.73 br s
5	62.21 d	1.69 br s	18	30.66 q	1.01 s
6	65.44 d	3.19 br s	19	64.21 t	2.92 d（11.0）
7	33.60 t	1.84 br d（11.0）			2.55 d（11.0）
		1.45 br d（11.0）	20	71.85 d	3.45 s
8	46.81 s		1′	175.87 s	
9	55.73 d	2.04 d（8.9）	2′	29.98 t	2.37 q（7.5）
10	48.29 s		3′	10.19 q	1.13 t（7.5）
11	75.81 d	4.22 br d（8.9）	13-OAc	172.79 s	
12	51.29 d	2.56 br s		22.21 q	2.01 s

注：溶剂 CDCl₃；¹³C NMR：100 MHz；¹H NMR：400 MHz

化合物名称：guan fu base P

分子式：$C_{28}H_{37}NO_7$　　　　　　　**分子量**（$M+1$）：500

植物来源：*Aconitum coreanum* (Levl.) Rapaics 黄花乌头

参考文献：杨春华，张汉杰，刘静涵. 2004. 黄花乌头中生物碱类化学成分的研究. 中草药，35（12）：1328-1330.

guan fu base P 的 NMR 数据

位置	δ_C/ppm	δ_H/ppm（J/Hz）	位置	δ_C/ppm	δ_H/ppm（J/Hz）
1	29.9 t	1.58，2.74	16	142.2 s	
2	69.5 d	5.11 m	17	110.1 t	4.75 br s
3	36.5 t	1.52，1.75			4.94
4	37.3 s		18	29.4 q	0.94 s
5	59.4 d	1.49	19	62.6 t	2.82 d
6	63.0 d	3.08 br s			2.50 d
7	31.5 t	1.36，1.80	20	69.5 d	3.37 s
8	44.9 s		11-OAc	170.4 s	
9	51.6 d	2.17 d		21.1 q	1.96 s
10	45.8 s		13-OAc	169.4 s	
11	75.3 d	5.02 d（9）		21.3 q	1.97 s
12	46.1 d	2.62 d	1′	176.0 s	
13	80.5 d	4.94 m	2′	34.2 t	2.45 m
14	78.5 s		3′	19.2 q	1.13 d
15	30.7 t	1.96，2.08	4′	18.5 q	1.13 d

注：溶剂 CDCl_3；^{13}C NMR：75 MHz；^{1}H NMR：300 MHz

化合物名称：guan fu base Y

分子式：C$_{22}$H$_{29}$NO$_5$　　　　　　　　分子量（$M+1$）：388

植物来源：*Aconitum coreanum* (Levl.) Rapaics　黄花乌头

参考文献：Reinecke M G，Minter D E，Chen D C，et al. 1986. Alkaloids of the Chinese herb Guan-Bai-Fu（*Aconitum coreanum*）；Guan-fu bases Y and A. Tetrahedron，42（24）：6621-6626.

guan fu base Y 的 NMR 数据

位置	δ_C/ppm	δ_H/ppm（J/Hz）	位置	δ_C/ppm	δ_H/ppm（J/Hz）
1	31.14 t	2.91 ddd（2，2，15.9）	12	52.49 d	2.51 br d（3）
		1.86 dd（4.6，15.8）	13	79.88 d	4.07 dd（2.4，2.4）
2	70.00 d	5.14 dddd	14	80.26 s	
3	36.56 t	1.86 m	15	31.04 t	2.08 ddd（2.0，2.0，7）
		1.59 dd（4.9，15.5）			1.99 ddd（2.5，2.5，17.9）
4	37.62 s		16	144.56 s	
5	59.95 d	1.55 s	17	108.24 t	4.70 dd（1，3）
6	63.06 d	3.13 br m			4.89 dd（1，3）
7	31.96 t	1.82 dd（3.3，13.9）	18	29.70 q	1.02 s
		1.39 dd（2.4，13.9）	19	63.03 t	2.57 d（12）
8	44.28 s				2.98 dd（12）
9	53.52 d	1.99 d（8.9）	20	69.16 d	3.55 d（1.2）
10	46.37 s		2-OAc	170.59 s	
11	76.01 d	4.23 br d（9）		21.75 q	

注：溶剂 CDCl$_3$

化合物名称：guan fu base Z

分子式：$C_{24}H_{33}NO_5$　　　　　　分子量（$M+1$）：416

植物来源：*Aconitum coreanum* (Levl.) Rapaics 黄花乌头

参考文献：Reinecke M G，Watson W H，Chen D C，et al. 1986. A 2-D NMR structure determination of Guan-fu base Z，a new diterpene alkaloid from the Chinese herb Guan Bai-fu-tzu（*Aconitum koreanum*）. Heterocycles，24（1）：49-61.

guan fu base Z 的 NMR 数据

位置	δ_C/ppm	δ_H/ppm（J/Hz）	位置	δ_C/ppm	δ_H/ppm（J/Hz）
1	31.4 t	2.85 d（15.7）	13	80.0 d	4.04 br
		1.86 m	14	80.2 s	
2	69.6 d	5.11 m	15	31.1 t	2.00 m
3	36.7 t		16	144.6 s	
4	37.6 s		17	108.2 t	4.68 br s
5	59.9 d	1.52 m			4.86 br s
6	60.0 d	3.11 br s	18	29.7 q	1.01 s
7	32.0 t	1.80 m	19	63.0 t	2.52 d（12.2）
		1.37 dd（2.0，13.9）			2.95 d（12.2）
8	44.3 s		20	69.1 d	3.53 s
9	53.5 d	1.98 m	1′	176.5 s	
10	46.3 s		2′	34.4 d	2.50 mept（6.0，8.0）
11	76.0 d	4.22 dd（8.7）	3′	19.1 q	1.16 d（6.8）
12	52.7 d	2.47 m	4′	19.2 q	1.16 d（6.9）

注：溶剂 CDCl₃

化合物名称：guan fu base Q

分子式：$C_{22}H_{27}NO_5$　　　　　　　**分子量**（$M+1$）：386

植物来源：*Aconitum coreanum* (Levl.) Rapaics 黄花乌头

参考文献：汤庆发，杨春华，刘静涵，等. 2005. 黄花乌头茎叶中一个新的 Hetisine 型生物碱. 药学学报，40（7）：640-643.

guan fu base Q 的 NMR 数据

位置	δ_C/ppm	δ_H/ppm（J/Hz）	位置	δ_C/ppm	δ_H/ppm（J/Hz）
1	70.2 d	4.73 d（2.2）	12	51.9 d	2.92 d（3.4）
2	66.8 d	3.98 m	13	207.8 s	
3	37.0 t	1.67 m	14	57.9 d	2.72 d
		1.85 m	15	32.3 t	2.48 m
4	36.1 s				2.58 m
5	56.0 d	2.01 m	16	140.1 s	
6	101.0 s		17	112.5 t	4.87 m
7	41.4 t	2.15 d（14.2）			4.98 m
		2.37 d（14.2）	18	30.1 q	1.52 s
8	43.1 s		19	57.0 t	3.38 d（11.5）
9	46.5 d	2.08 m			3.49 d（11.5）
10	51.5 s		20	64.8 d	4.11 s
11	22.5 t	1.60 m	1-OAc	169.9 s	
		1.78 m		21.0 q	2.05 s

注：溶剂 CDCl₃；¹³C NMR：75 MHz；¹H NMR：300 MHz

化合物名称：guan fu base R

分子式：$C_{27}H_{35}NO_7$ 分子量（$M+1$）：486

植物来源：*Aconitum coreanum* (Levl.) Rapaics 黄花乌头

参考文献：蒋凯，杨春华，刘静涵，等. 2006. 黄花乌头中 Hetisine 型生物碱的高速逆流色谱分离与结构鉴定. 药学学报，41（2）：128-131.

guan fu base R 的 NMR 数据

位置	δ_C/ppm	δ_H/ppm（J/Hz）	位置	δ_C/ppm	δ_H/ppm（J/Hz）
1	29.9 t	1.62 d（15.2）	15	29.9 t	2.18 d（17.9）
		2.93 d（15.2）			2.34 d（17.9）
2	67.9 d	5.25 m	16	140.8 s	
3	36.2 t	1.58 m	17	111.1 t	4.86 br s
		2.00 m			5.04 br s
4	35.7 s		18	29.2 q	1.19 s
5	56.8 d	1.91 m	19	59.4 t	3.41 d（12.1）
6	64.7 d	4.10 m			3.59 d（12.1）
7	29.8 t	1.56 m	20	69.2 d	4.75 s
		2.60 dd（14.6，2.6）	1′	173.8 s	
8	44.9 s		2′	28.1 t	2.51 q（7.5）
9	51.6 d	2.39 d（9.0）	3′	8.9 q	1.16 t（7.5）
10	46.6 s		11-OAc	170.5 s	
11	74.7 d	5.11 d（9.0）		21.3 q	2.03 s
12	45.5 d	2.72 m	13-OAc	169.2 s	
13	81.7 d	5.09 br s		21.0 q	2.04 s
14	78.6 s				

注：溶剂 CDCl₃；¹³C NMR：75 MHz；¹H NMR：300 MHz

化合物名称：guan fu base T

分子式：C₂₀H₂₅NO₄　　　　　　分子量（$M+1$）：344

植物来源：*Aconitum coreanum* (Levl.) Rapaics 黄花乌头

参考文献：Tang Q F，Liu J H，Xue J，et al. 2008. Preparative isolation and purification of two new isomeric diterpenoid alkaloids from *Aconitum coreanum* by high-speed counter-current chromatography. Journal of Chromatography B，872（1-2）：181-185.

guan fu base T 的 NMR 数据

位置	δ_C/ppm	δ_H/ppm（J/Hz）	位置	δ_C/ppm	δ_H/ppm（J/Hz）
1	67.8 d	3.28 d（3.0）	12	52.9 d	2.76 br s
2	70.0 d	3.70 br s	13	210.3 s	
3	37.5 t	1.43 m	14	60.2 d	2.10 br s
		1.68 m	15	32.8 t	2.22 d（17.3）
4	36.3 s				2.46 d（17.3）
5	57.2 d	1.65 s	16	143.9 s	
6	98.7 s		17	109.6 t	4.76 br s
7	42.4 t	1.72 d（13.1）			4.89 br s
		1.81 d（13.1）	18	30.9 q	1.23 s
8	42.5 s		19	60.2 t	2.78 m
9	46.2 d	1.90 m			2.94 m
10	53.3 s		20	65.7 d	3.42 br s
11	22.4 t	1.65 m			
		1.87 m			

注：溶剂 C₂D₆OS；¹³C NMR：125 MHz；¹H NMR：500 MHz

化合物名称：guan fu base U

分子式：C$_{20}$H$_{25}$NO$_4$　　　　　　　　**分子量**（$M+1$）：344

植物来源：*Aconitum coreanum* (Levl.) Rapaics 黄花乌头

参考文献：Tang Q F，Liu J H，Xue J，et al. 2008. Preparative isolation and purification of two new isomeric diterpenoid alkaloids from *Aconitum coreanum* by high-speed counter-current chromatography. Journal of Chromatography B，872（1-2）：181-185.

guan fu base U 的 NMR 数据

位置	δ_C/ppm	δ_H/ppm（J/Hz）	位置	δ_C/ppm	δ_H/ppm（J/Hz）
1	33.1 t	1.17 m	12	51.6 d	2.90 d（3.7）
		1.58 m	13	206.9 s	
2	77.9 d	3.00 m	14	57.0 d	2.78 br s
3	67.7 d	3.48 m	15	31.4 t	2.33 m
4	43.0 s				2.59 m
5	57.0 d	2.02 s	16	141.5 s	
6	100.5 s		17	111.2 t	4.86 br s
7	39.8 t	2.16 d（14.0）			4.99 br s
		2.24 d（14.0）	18	25.5 q	1.50 s
8	48.7 s		19	54.2 t	3.10 d（12.2）
9	46.2 d	2.12 m			3.38 d（12.2）
10	42.8 s		20	65.5 d	3.51 br s
11	22.0 t	1.74 m			
		1.82 m			

注：溶剂 C$_2$D$_6$OS；^{13}C NMR：125 MHz；^{1}H NMR：500 MHz

化合物名称：guan fu base V

分子式：C$_{20}$H$_{25}$NO$_3$ 分子量（$M+1$）：328

植物来源：*Aconitum coreanum* (Levl.) Rapaics 黄花乌头

参考文献：Tang Q F，Ye W C，Liu J H，et al. 2012. Three new hetisine-type diterpenoid alkaloids from *Aconitum coreanum*. Phytochemistry Letters，5（2）：397-400.

guan fu base V 的 NMR 数据

位置	δ_C/ppm	δ_H/ppm（J/Hz）
1	31.5 t	1.60 m
		1.67 m
2	63.7 d	4.00 m
3	38.6 t	1.47 m
		1.79 m
4	35.1 s	
5	55.3 d	2.11 s
6	64.9 d	4.14 s
7	31.8 t	1.95 m
8	47.2 s	
9	48.7 d	2.67 m
10	42.8 s	
11	65.9 d	4.10 m
12	62.0 d	2.87 d
13	208.3 s	
14	63.1 d	2.28 d
15	31.6 t	2.30 m
16	140.0 s	
17	112.0 t	4.85 s
		4.99 s
18	28.2 q	1.10 s
19	59.4 t	2.91 d
		3.73 d
20	67.1 d	4.58 s

注：溶剂 C$_2$D$_6$OS；^{13}C NMR：125 MHz；^{1}H NMR：500 MHz

化合物名称：guan fu base W

分子式：$C_{22}H_{29}NO_5$ 分子量（$M+1$）：388

植物来源：*Aconitum coreanum* (Levl.) Rapaics 黄花乌头

参考文献：Tang Q F，Ye W C，Liu J H，et al. 2012. Three new hetisine-type diterpenoid alkaloids from *Aconitum coreanum*. Phytochemistry Letters，5（2）：397-400.

guan fu base W 的 NMR 数据

位置	δ_C/ppm	δ_H/ppm（J/Hz）	位置	δ_C/ppm	δ_H/ppm（J/Hz）
1	35.3 t	1.62 m	11	64.3 d	3.98 m
		1.84 m	12	49.6 d	2.46 d
2	68.4 d	5.07 m	13	75.9 d	3.52 d
3	28.6 t	1.60 m	14	78.9 s	
		2.23 m	15	121.9 d	5.27 s
4	35.5 s		16	137.7 s	
5	55.2 d	2.07 s	17	21.8 q	1.74 s
6	69.3 d	3.85 m	18	28.2 q	1.11 s
7	27.5 t	1.89 d	19	59.6 t	2.92 d
		2.31 d			3.29 d
8	45.4 s		20	64.8 d	4.10 s
9	58.3 d	1.36 s	2-OAc	169.3 s	
10	43.0 s			21.3 q	2.20 s

注：溶剂 C_2D_6OS；^{13}C NMR：125 MHz；^1H NMR：500 MHz

化合物名称：guan fu base X

分子式：$C_{22}H_{29}NO_6$　　　　　　分子量（$M+1$）：404

植物来源：*Aconitum coreanum* (Levl.) Rapaics 黄花乌头

参考文献：Tang Q F，Ye W C，Liu J H，et al. 2012. Three new hetisine-type diterpenoid alkaloids from *Aconitum coreanum*. Phytochemistry Letters，5（2）：397-400.

guan fu base X 的 NMR 数据

位置	δ_C/ppm	δ_H/ppm（J/Hz）	位置	δ_C/ppm	δ_H/ppm（J/Hz）
1	30.8 t	1.61 dd	12	51.9 d	2.24 d
		3.08 dd	13	81.4 d	3.61 d
2	68.4 d	5.02 m	14	82.9 s	
3	36.0 t	1.52 dd	15	30.0 t	1.99 m
		1.79 d			1.98 m
4	33.9 s		16	146.9 s	
5	53.8 d	1.81 s	17	106.3 t	4.57 d
6	72.7 d	3.58 s			4.75 d
7	28.0 t	1.50 d	18	28.9 q	1.11 s
		2.17 d	19	76.1 t	2.85 d
8	46.5 s				3.78 d
9	51.9 d	1.93 dd	20	70.1 d	3.60 s
10	43.9 s		2-OAc	169.2 s	
11	73.2 d	4.03 m		21.3 q	2.05 s

注：溶剂 C_2D_6SO；^{13}C NMR：125 MHz；^{1}H NMR：500 MHz

化合物名称：hetisane-2α, 11α, 13α, 19β-tetrol-2-benzoate-11-sulfonate

分子式：C$_{27}$H$_{31}$NO$_8$S　　　　　　**分子量**（$M+1$）：530

植物来源：*Aconitum tanguticum* (Maxim.) Stapf 甘青乌头

参考文献：杨丽华. 2016. 藏药甘青乌头中二萜生物碱的研究. 广州：广东药科大学.

hetisane-2α, 11α, 13α, 19β-tetrol-2-benzoate-11-sulfonate 的 NMR 数据

位置	δ$_C$/ppm	δ$_H$/ppm（J/Hz）	位置	δ$_C$/ppm	δ$_H$/ppm（J/Hz）
1	28.7 t	2.18 dd（4.8，16.5）	13	76.1 d	4.56 d（9.0）
		3.20 d（16.8）	14	52.7 d	2.29 m
2	69.9 d	5.30 br s	15	32.6 t	1.97 m
3	35.6 t	1.83 dd（4.8，15.6）			2.31 m
		2.03 m	16	146.0 s	
4	41.2 s		17	107.6 t	4.79 s
5	56.2 d	2.02 m			4.67 s
6	61.0 d	4.11 s	18	21.6 q	1.03 s
7	33.2 t	1.95 m	19	91.0 d	5.12 d（4.2）
		1.75 dd（2.4，14.4）	20	64.0 d	4.30 br s
8	43.4 s		2-OCO	164.9 s	
9	49.1 d	2.35 d（9.6）	1′	130.1 s	
10	49.5 s		2′, 6′	129.9 d	7.99 d（7.2）
11	68.9 d	3.92 d（9.6）	3′, 5′	128.9 d	7.58 t（7.8，7.2）
12	48.9 d	2.43 d（3.0）	4′	133.3 d	7.69 t（7.2，7.2）

注：溶剂 C$_2$D$_6$SO；^{13}C NMR：150 MHz；^{1}H NMR：600 MHz

化合物名称：hetisine

分子式：C$_{20}$H$_{27}$NO$_3$　　　　　　　分子量（$M+1$）：330

植物来源：*Delphinium grandiflorum* L. 翠雀

参考文献：Li C J，Chen D H. 1993. Chemical structure of delgramine. Acta Chimica Sinica，51（9）：915-918.

hetisine 的 NMR 数据

位置	δ_C/ppm	δ_H/ppm（J/Hz）
1	34.5 t	
2	67.0 d	
3	39.4 t	
4	36.7 s	
5	61.7 d	
6	64.5 d	
7	36.6 t	
8	43.6 s	
9	55.8 d	
10	51.2 s	
11	76.7 d	
12	50.8 d	
13	72.4 d	
14	52.9 d	
15	34.5 t	
16	146.4 t	
17	107.7 t	
18	30.3 q	
19	63.7 t	
20	68.4 d	

注：溶剂 CD$_3$OD

化合物名称：hetisine 13-*O*-acetate

分子式：C$_{22}$H$_{29}$NO$_4$ 分子量（*M*＋1）：372

植物来源：*Delphinium nuttallianum* Pritz.

参考文献：Benn M，Richardson J F，Majak W. 1986. Hetisine 13-*O*-acetate，a new diterpenoid alkaloid from *Delphinium nuttallianum* Pritz. Heterocycles，24（6）：1605-1607.

hetisine 13-*O*-acetate 的 NMR 数据

位置	δ_C/ppm	δ_H/ppm（*J*/Hz）
1	33.7 t	
2	68.8 d	
3	34.0 t	
4	36.7 s	
5	48.6 d	
6	55.4 d	
7	40.5 t	
8	50.7 s	
9	50.4 d	
10	43.6 s	
11	74.5 d	4.24 br s
12	64.4 d	
13	75.8 d	5.20 t（10.5）
14	67.0 d	4.24 br s
15	36.2 t	
16	144.9 s	
17	108.7 t	4.75 br s
		4.92 br s
18	29.8 q	0.97 s
19	63.7 t	
20	61.6 d	
13-OAc	170.1 s	
	21.3 q	2.18 s

注：溶剂 CDCl$_3$

化合物名称：hetisinone

分子式：$C_{20}H_{25}NO_3$　　　　　　　分子量（$M+1$）：328

植物来源：*Aconitum* L.

参考文献：Gonzalez A G，De la Fuente G，Reina M，et al. 1986. ^{13}C NMR spectroscopy of some hetisine subtype C_{20}-diterpenoid alkaloids and their derivatives. Phytochemistry，25（8）：1971-1973.

hetisinone 的 NMR 数据

位置	δ_C/ppm	δ_H/ppm（J/Hz）
1	45.3 t	
2	213.0 s	
3	49.7 t	
4	42.3 s	
5	60.4 d	
6	65.2 d	
7	36.1 t	
8	44.3 s	
9	54.9 d	
10	55.4 s	
11	75.8 d	
12	50.7 d	
13	71.6 d	
14	52.4 d	
15	33.8 t	
16	145.2 s	
17	108.2 t	
18	28.8 q	
19	64.3 t	
20	70.4 d	

注：溶剂 $CDCl_3$；^{13}C NMR：50.32 MHz

化合物名称：hypognavine

分子式：$C_{27}H_{31}NO_5$　　　　　　　**分子量**（$M+1$）：450

植物来源：*Aconitum sanyoense* Nakai var. *tonense* Nakai

参考文献：Takayama H，Hitotsuyanagi Y，Yamaguchi K，et al. 1992. On the alkaloidal constituents of *Acontium sanyoense* Nakai var. *tonense* Nakai. Chemical & Pharmaceutical Bulletin，40（11）：2927-2931.

hypognavine 的 NMR 数据

位置	δ_C/ppm	δ_H/ppm（J/Hz）	位置	δ_C/ppm	δ_H/ppm（J/Hz）
1	67.9 d		14	42.9 d	
2	74.1 d		15	72.2 d	
3	33.4 t		16	155.5 s	
4	36.0 s		17	109.3 t	
5	51.1 d		18	29.4 q	
6	64.6 d		19	63.9 t	
7	29.4 t		20	72.0 d	
8	44.8 s		2-OCO	165.5 s	
9	80.4 s		1'	130.4 s	
10	55.2 s		2', 6'	129.6 d	
11	39.5 t		3', 5'	128.8 d	
12	35.5 d		4'	133.2 d	
13	33.4 t				

注：溶剂 C_5D_5N

化合物名称：ignavinol

分子式：C$_{20}$H$_{27}$NO$_4$　　　　　　　　分子量（$M+1$）：346

植物来源：*Aconitum japonicum* var. *montanum* Nakai

参考文献：Takayama H，Okazaki T，Yamaguchi K，et al. 1988. Structure of two new diterpene alkaloids，3-epi-ignavinol and 2, 3-dehydrodelcosine. Chemical & Pharmaceutical Bulletin，36（8）：3210-3212.

ignavinol 的 NMR 数据

位置	δ_C/ppm	δ_H/ppm（J/Hz）
1	28.5 t	
2	73.0 d	
3	74.3 d	
4	42.3 s	
5	52.0 d	
6	65.3 d	
7	30.2 t	
8	44.7 s	
9	80.1 s	
10	52.0 s	
11	39.6 t	
12	36.0 d	
13	33.9 t	
14	42.6 d	
15	74.0 d	
16	156.6 s	
17	109.6 t	
18	26.6 q	
19	62.4 t	
20	73.0 d	

注：溶剂 C$_5$D$_5$N

化合物名称：jaluenine

分子式：$C_{29}H_{33}NO_6$　　　　　　　　**分子量（M＋1）**：492

植物来源：*Aconitum jaluense* Kom. 鸭绿乌头

参考文献：Shim S H，Kim J S，Kang S S，et al. 2006. A new diterpenoid alkaloid from *Aconitum jaluense*. Journal of Asian Natural Products Research，8（5）：451-455.

jaluenine 的 NMR 数据

位置	δ_C/ppm	δ_H/ppm（J/Hz）	位置	δ_C/ppm	δ_H/ppm（J/Hz）
1	26.8 t	2.18（overlapped）	15	29.1 t	2.20（overlapped）
		2.44 dd（4.8，15.3）			2.77 dt（1.5，17.7）
2	73.6 d	5.41 m	16	145.4 s	
3	70.3 d	3.76 br d（1.8）	17	108.3 t	4.74 br s
4	41.7 s		18	25.1 q	1.15 s
5	54.1 d	2.04 br s	19	61.2 t	2.52 d（12.6）
6	70.5 d	3.35 br s			3.05 d（12.6）
7	71.3 d	3.62 d（3.0）	20	75.4 d	2.95 br s
8	45.5 s		2-OCO	165.7 s	
9	39.0 d	2.20（overlapped）	1'	129.7 s	
10	46.2 s		2'，5'	129.5 d	7.95 dt（1.5，7.2）
11	29.4 t	1.03 dt（3.0，14.4）	3'，6'	128.7 d	7.45 tt（1.2，7.2）
		1.90 ddd（3.0，11.1，14.4）	4'	133.4 d	7.57 dt（1.2，7.2）
12	38.2 d	2.51（overlapped）	13-OAc	170.5 s	
13	70.9 d	5.08 d（4.8）		21.0 q	1.99 s
14	55.2 d	1.50 br d（1.8）			

注：溶剂 CDCl₃

化合物名称：kobusine

分子式：C$_{20}$H$_{27}$NO$_2$　　　　　　　分子量（$M+1$）：314

植物来源：*Delphinium davisii* Munz.

参考文献：Ulubelen A，Desai H K，Srivastava S K，et al. 1996. Diterpenoid alkaloids from *Delphinium davisii*. Journal of Natural Products，59（4）：360-366.

kobusine 的 NMR 数据

位置	δ_C/ppm	δ_H/ppm（J/Hz）	位置	δ_C/ppm	δ_H/ppm（J/Hz）
1	26.9 t	1.76 m	11	67.5 d	4.00 d（4.7）
		1.45 m	12	41.4 d	2.43 m
2	19.5 t	1.62 m	13	30.3 t	1.77 dd（9.7，2.4）
		1.47 m			0.89 m
3	33.8 t	1.40 dt（3，14）	14	41.6 d	1.79 m
		1.25 td（2.5，14）	15	70.9 d	3.85 s
4	37.8 s		16	150.7 s	
5	61.0 d	1.49 s	17	114.3 t	5.05 s
6	65.1 d	3.2 br s			5.15 s
7	32.4 t	2.10 dd（13.6，2.3）	18	28.8 q	0.94 s
		1.63 dd（13.6，2.6）	19	62.4 t	2.32 AB（12.4）
8	45.9 s				2.47 AB（12.4）
9	54.9 d	1.67 s	20	75.0 d	2.44 s
10	49.1 s				

注：溶剂 CDCl$_3$

化合物名称：majusidine A

分子式：C$_{22}$H$_{29}$NO$_5$　　　　　　　　**分子量**（$M+1$）：388

植物来源：*Delphinium majus* W. T. Wang 金沙翠雀花

参考文献：Chen F Z，Chen D L，Chen Q H，et al. 2009. Diterpenoid alkaloids from *Delphinium majus*. Journal of Natural Products，72（1）：18-23.

majusidine A 的 NMR 数据

位置	δ$_C$/ppm	δ$_H$/ppm（J/Hz）	位置	δ$_C$/ppm	δ$_H$/ppm（J/Hz）
1	31.1 t	1.51 dd（6.4，1.6）	12	40.0 d	2.30 t（2.8）
		2.66 dd（6.4，1.6）	13	74.0 d	5.15 d（9.6）
2	23.1 t	1.47（hidden）	14	50.5 d	2.70（hidden）
		2.20（hidden）	15	33.6 t	2.02 ABq（13.2）
3	75.3 d	3.75 d（4.4）			2.21 ABq（13.2）
4	43.5 s		16	148.3 s	
5	62.8 d	1.82 s	17	107.5 t	4.76 s
6	97.7 s				4.90 s
7	45.2 t	2.15 ABq（20.8）	18	28.1 q	2.07 s
		2.24 ABq（20.8）	19	58.4 t	3.50 ABq（12）
8	42.8 s				3.96 ABq（12）
9	49.2 d	1.64 d（1.6）	20	68.3 d	4.06 s
10	48.6 s		13-OAc	170.6 s	
11	69.5 d	4.41 d（8.8）		21.2 q	2.37 s

注：溶剂 C$_5$D$_5$N；^{13}C NMR：100 MHz；^{1}H NMR：400 MHz

化合物名称：majusidine B

分子式：C₂₅H₃₃NO₄　　　　　　　分子量（M＋1）：412

植物来源：*Delphinium majus* W. T. Wang　金沙翠雀花

参考文献：Chen F Z，Chen D L，Chen Q H，et al. 2009. Diterpenoid alkaloids from *Delphinium majus*. Journal of Natural Products，72（1）：18-23.

majusidine B 的 NMR 数据

位置	δ_C/ppm	δ_H/ppm（J/Hz）	位置	δ_C/ppm	δ_H/ppm（J/Hz）
1	45.1 t	2.71 d（16）	14	54.6 d	2.16 d（10）
		3.50 d（16）	15	33.6 t	2.10（hidden）
2	50.0 t	2.20（hidden）			2.24（hidden）
		2.35（hidden）	16	144.4 s	
3	212.0 s		17	109.1 t	4.75 s
4	42.4 s				4.93 s
5	60.6 d	2.04 s	18	28.7 q	1.15 s
6	65.2 d	3.38 s	19	64.6 t	2.20（hidden）
7	35.9 t	1.69 ABq（3.2）			2.74（hidden）
		1.85 ABq（3.2）	20	70.7 d	2.72 s
8	44.6 s		1'	176.0 s	
9	50.0 d	2.43 d（8.8）	2'	41.2 d	2.57 m
10	55.3 s		3'	26.5 t	1.52 m
11	74.6 d	4.28 d（8.8）			1.73 m
12	48.5 d	2.41（hidden）	4'	11.5 q	0.95 t（7.2）
13	73.0 d	5.15 d（10）	5'	16.4 q	1.21 d（6.8）

注：溶剂 CDCl₃；¹³C NMR：100 MHz；¹H NMR：400 MHz

化合物名称：nagaconitine D

分子式：$C_{24}H_{31}NO_6$ 分子量（$M+1$）：430

植物来源：*Aconitum nagarum* var. *heterotrichum* Fletcher et Lauener 小白撑

参考文献：Zhao D K，Shi X Q，Zhang L M，et al. 2017. Four new diterpenoid alkaloids with antitumor effect from *Aconitum nagarum* var. *heterotrichum*. Chinese Chemical Letters，28（2）：358-361.

nagaconitine D 的 NMR 数据

位置	δ_C/ppm	δ_H/ppm（J/Hz）	位置	δ_C/ppm	δ_H/ppm（J/Hz）
1	27.8 t	1.63 m	13	30.6 t	2.00 dd（9.3，5.4）
		2.27 m			2.41 dd（9.3，5.4）
2	70.2 d	5.22 br s	14	78.5 s	
3	38.7 t	1.62 m	15	34.3 t	1.25 d（9.8）
		1.84 d（9.2）			2.57 d（9.8）
4	36.0 s		16	145.6 s	
5	55.3 d	2.17 br s	17	108.9 t	4.79 br s
6	97.2 s				4.93 br s
7	40.6 t	1.62 d（10.6）	18	31.3 q	1.41 s
		2.41 d（10.6）	19	61.7 t	2.84 d（12.0）
8	45.0 s				3.10 d（12.0）
9	47.8 d	2.29 m	20	65.1 d	3.23 br s
10	50.5 s		2-OAc	169.7 s	
11	72.3 d	5.01 d（9.9）		22.1 q	2.03 s
12	41.1 d	2.90 m	11-OAc	170.1 s	
				21.1 q	2.06 s

注：溶剂 CDCl₃；¹³C NMR：100 MHz；¹H NMR：400 MHz

化合物名称：nominine

分子式：C$_{20}$H$_{27}$NO　　　　　　　　分子量（$M+1$）：298

植物来源：*Delphinium tongolense* Franch. 川西翠雀花

参考文献：何兰，陈耀祖，丁立生，等. 1997. 川西翠雀花的化学成分研究. 中草药，28（7）：392-395.

nominine 的 NMR 数据

位置	δ_C/ppm	δ_H/ppm（J/Hz）
1	33.1 t	
2	19.7 t	
3	34.1 t	
4	37.8 s	
5	60.9 d	
6	65.4 d	3.99 s
7	26.8 t	
8	45.6 s	
9	43.5 d	
10	49.7 s	
11	27.0 t	
12	33.8 d	
13	32.7 t	
14	43.9 d	
15	74.7 d	
16	156.8 s	
17	108.5 t	
18	28.8 q	
19	62.6 t	3.26 s
		2.41 s
20	71.7 d	2.56 s

注：溶剂 CDCl$_3$；^{13}C NMR：75 MHz；^{1}H NMR：300 MHz

化合物名称：orgetine

分子式：$C_{20}H_{27}NO_3$　　　　　　　分子量（$M+1$）：330

植物来源：*Aconitum orientale*

参考文献：Beshitaishvili L V，Sultankhodzhaev M N. 1992. Alkaloids of the epigeal part of *Aconitum orientale*. Structure of orgetine. Khimiya Prirodnykh Soedinenii，28（2）：240-243.

orgetine 的 NMR 数据

位置	δ_C/ppm	δ_H/ppm（J/Hz）
1	30.6 t	
2	19.6 t	
3	35.9 t	
4	37.9 s	
5	61.9 d	
6	67.8 d	
7	29.5 t	
8	47.2 s	
9	54.5 d	
10	50.2 s	
11	70.6 d	
12	41.2 d	
13	41.4 t	
14	40.7 d	
15	73.2 d	3.82 s
16	149.8 s	
17	114.8 t	5.05 br s，5.15 br s
18	27.7 q	1.28 s
19	69.5 t	
20	97.4 s	

注：溶剂 $CDCl_3$；^{13}C NMR：25.4 MHz；^1H NMR：100 MHz

化合物名称：orientinine

分子式：C$_{20}$H$_{23}$NO$_5$　　　　　　　　分子量（$M+1$）：358

植物来源：*Aconitum orientale*

参考文献：Ullubelen A，Mericli A H，Mericli F，et al. 1996. Diterpenoid alkaloids from *Aconitum orientale*. Phytochemistry，41（3）：957-961.

orientinine 的 NMR 数据

位置	δ_C/ppm	δ_H/ppm（J/Hz）
1	46.0 t	1.53
		2.03
2	214.1 s	
3	51.5 t	1.75
		1.60
4	40.3 s	
5	60.0 d	2.03
6	65.3 d	3.47 br s
7	69.8 d	4.50 t（2.0）
8	44.2 s	
9	54.9 d	2.00 d（9.0）
10	48.2 s	
11	70.0 d	4.24 br d（9.0）
12	49.5 d	2.90 br s
13	211.4 s	
14	79.1 s	
15	37.0 t	2.30
16	146.1 s	
17	108.2 t	4.86 br s
		4.98 br s
18	24.2 q	1.02 s
19	62.7 t	2.31 d（11.0）
		2.62 d（11.0）
20	68.6 d	3.64

注：溶剂 CDCl$_3$；^{13}C NMR：50 MHz；^{1}H NMR：200 MHz

化合物名称：orochrine

分子式：C$_{21}$H$_{28}$NO$_3$　　　　　　　　　分子量（M^+）：342

植物来源：*Aconitum orochryseum* Stapf

参考文献：Wangchuk P，Bremner J B，Samosorn S. 2007. Hetisine-type diterpenoid alkaloids from the Bhutanese medicinal plant *Aconitum orochryseum*. Journal of Natural Products，70（11）：1808-1811.

orochrine 的 NMR 数据

位置	δ_C/ppm	δ_H/ppm（J/Hz）	位置	δ_C/ppm	δ_H/ppm（J/Hz）
1	34.5 t	1.59 d（15）	12	53.5 d	2.97 br s
		1.75 d（15）	13	208.7 s	
2	65.5 d	4.14 br s	14	56.3 d	2.98 br s
3	41.4 t	1.60 d（15）	15	32.6 t	2.52 d（17.5）
		1.93 t（15）			2.69 d（17）
4	36.6 s		16	142.6 s	
5	59.1 d	2.15 s	17	112.3 t	5.04 br s
6	106.2 s				4.94 br s
7	38.2 t	2.23 d（12.5）	18	30.3 q	1.48 s
		2.31 d（15）	19	70.5 t	3.35 d（11.5）
8	43.9 s				4.30 d（11.5）
9	49.4 d	2.20 s	20	75.1 d	4.27 s
10	47.4 s		21	37.3 q	2.90 s
11	23.3 t	1.86 d（14）			
		2.03 d（14.5）			

注：溶剂 CD$_3$OD；^{13}C NMR：125 MHz；^{1}H NMR：500 MHz

化合物名称：palmadine

分子式：C$_{31}$H$_{35}$NO$_5$　　　　　　　　分子量（$M+1$）：502

植物来源：*Aconitum palmatum* Don.

参考文献：Jiang Q P，Pelletier S W. 1988. Four new diterpenoid alkaloids from *Aconitum palmatum* Don. Tetrahedron Letters，29（16）：1875-1878.

palmadine 的 NMR 数据

位置	δ_C/ppm	δ_H/ppm（J/Hz）	位置	δ_C/ppm	δ_H/ppm（J/Hz）
1	32.0 t		16	143.6 s	
2	67.2 d	4.24 br m（10.8）	17	109.9 t	4.82 s
3	40.3 t				5.00 s
4	36.6 s		18	29.7 q	0.99 s
5	61.1 d		19	63.4 t	
6	64.3 d	3.27 br s	20	68.5 d	3.84 s
7	35.9 t		11-OAc	170.6 s	2.02 s
8	43.9 s			21.5 q	
9	53.2 d	2.20 d（8.6）	13-OCO	166.1 s	
10	50.6 s		1′	118.7 d	6.61 d（16.1）
11	75.9 d	5.19 d（9.5）	2′	144.7 d	7.86 d（16.1）
12	45.0 d		3′	134.7 s	
13	73.4 d	5.19 d（9.5）	4′，8′	128.9 d	7.39 m
14	50.1 d	2.42 d（9.7）	5′，7′	128.0 d	7.53 m
15	33.9 t		6′	130.2 d	

注：溶剂 CDCl$_3$

化合物名称：palmasine

分子式：C$_{29}$H$_{33}$NO$_4$ 分子量（$M+1$）：460

植物来源：*Aconitum palmatum* Don.

参考文献：Jiang Q P，Pelletier S W. 1988. Four new diterpenoid alkaloids from *Aconitum palmatum* Don. Tetrahedron Letters，29（16）：1875-1878.

palmasine 的 NMR 数据

位置	δ_C/ppm	δ_H/ppm（J/Hz）	位置	δ_C/ppm	δ_H/ppm（J/Hz）
1	33.4 t		15	33.7 t	
2	66.5 d	4.24 br m（10.5）	16	144.9 s	
3	39.9 t		17	108.6 t	4.70 s，4.91 s
4	36.4 s		18	29.5 q	0.98 s
5	61.2 d		19	62.9 t	
6	64.3 d	3.38 br s	20	68.4 d	3.82 s
7	35.8 t		13-OCO	166.5 s	
8	43.7 s		1′	118.3 d	6.57 d（16.0）
9	55.2 d		2′	145.1 d	7.79 d（16.0）
10	50.8 s		3′	134.6 s	
11	75.2 d	4.32 d（8.4）	4′, 8′	128.7 d	7.39 m（3H）
12	46.9 d		5′, 7′	128.0 d	7.49 m（2H）
13	74.4 d	5.21 d（9.3）	6′	130.1 d	
14	50.0 d				

注：溶剂 CDCl$_3$-CD$_3$OD

化合物名称：panicudine

分子式：C$_{20}$H$_{25}$NO$_3$　　　　　　　分子量（$M+1$）：328

植物来源：*Aconitum paniculatum* Lam.

参考文献：Bessonova I A，Saidkhodzhaeva S A，Faskhutdinov M F. 1995. Panicudine，a new alkaloid from *Aconitum paniculatum*. Khimiya Prirodnykh Soedinenii，6：838-840.

panicudine 的 NMR 数据

位置	δ_C/ppm	δ_H/ppm（J/Hz）
1	34.9 t	
2	66.1 d	4.02 m
3	43.3 t	
4	33.7 s	
5	62.5 d	
6	99.7 s	
7	44.4 t	
8	44.2 s	
9	49.7 d	
10	49.7 d	
11	23.4 t	
12	54.0 d	2.74 br d
13	210.8 s	
14	61.9 d	2.20 s
15	34.0 t	2.22 dt（18.0，1.5）
		2.52 dt（18.0，1.5）
16	144.9 s	
17	110.3 t	4.76 s，4.87 s
18	32.0 q	1.29 s
19	61.9 t	2.95 d（11.5）
		3.12 d（11.5）
20	70.2 d	3.49 s

注：溶剂 C$_5$D$_5$N；^{13}C NMR：25 MHz；^{1}H NMR：100 MHz

化合物名称：paniculadine

分子式：$C_{20}H_{23}NO_3$　　　　　　分子量（$M+1$）：326

植物来源：*Aconitum paniculatum* Lam.

参考文献：Bessonova I A，Saidkhodzhaeva S A. 1996. Structure of paniculadine. Khimiya Prirodnykh Soedinenii，32（4）：576-579.

paniculadine 的 NMR 数据

位置	δ_C/ppm	δ_H/ppm（J/Hz）
1	43.7 t	
2	210.1 s	
3	52.4 t	
4	43.9 s	
5	61.0 d	
6	99.0 s	
7	44.1 t	
8	44.7 s	
9	48.6 d	
10	54.8 s	
11	23.2 t	
12	53.2 d	2.85 t
13	210.0 s	
14	61.1 d	
15	33.2 t	
16	143.7 s	
17	110.6 t	4.62 s
		4.79 s
18	30.4 q	1.50 s
19	63.2 t	3.32 d（12.0）
20	71.8 d	

注：溶剂 C_5D_5N；^{13}C NMR：25 MHz；^1H NMR：100 MHz

化合物名称：racemulosine A

分子式：C$_{25}$H$_{33}$NO$_6$　　　　　　　　　分子量（$M+1$）：444

植物来源：*Aconitum racemulosum* Franch. 岩乌头

参考文献：Ge Y H，Mu S Z，Yang S Y，et al. 2009. New diterpenoid alkaloids from *Aconitum recemulosum* Franch. Helvetica Chimica Acta，92（9）：1860-1865.

racemulosine A 的 NMR 数据

位置	δ_C/ppm	δ_H/ppm（J/Hz）	位置	δ_C/ppm	δ_H/ppm（J/Hz）
1	31.3 t	2.26 br s	13	72.3 d	4.88 t（2.0）
		1.33 d（3.2）	14	44.9 d	2.61 d（9.6）
2	65.5 d	4.13 t（2.0）	15	29.6 t	2.15～2.17 m
3	42.6 t	1.78 br s	16	145.7 s	
		1.54 d（4.0）	17	108.3 t	4.66 s
4	35.9 s				4.81 s
5	57.8 d	1.75 s	18	30.4 q	1.14 s
6	102.0 s		19	61.4 t	2.92 d（11.6）
7	71.0 d	5.24 s			3.19 d（11.6）
8	47.7 s		20	67.8 d	3.55 s
9	39.1 d	2.21 br s	6-OMe	52.6 q	3.17 s
10	46.5 s		7-OAc	171.0 s	
11	22.1 t	1.61 br s		20.8 q	2.07 s
		2.09～2.1 m	13-OAc	171.2 s	
12	47.1 d	1.42 br s		20.7 q	2.12 s

注：溶剂 CDCl$_3$；^{13}C NMR：100 MHz；^{1}H NMR：400 MHz

化合物名称：rotundifosine E

分子式：C$_{27}$H$_{31}$NO$_5$ 分子量（M+1）：450

植物来源：*Aconitum rotundifolium* Kar. & Kir. 圆叶乌头

参考文献：Zhang J F，Li Y，Gao F，et al. 2019. Four new C$_{20}$-diterpenoid alkaloids from *Aconitum rotundifolium*. Journal of Asian Natural Products Research，21（7）：716-724.

rotundifosine E 的 NMR 数据

位置	δ$_C$/ppm	δ$_H$/ppm（J/Hz）	位置	δ$_C$/ppm	δ$_H$/ppm（J/Hz）
1	66.4 d	4.78 br s	14	52.2 d	2.11 d（9.2）
2	74.1 d	5.34 t（2.4）	15	34.0 t	1.95～1.97 m
3	33.1 t	1.80 d（15.6）			2.15～2.17 m
		2.03（overlapped）	16	145.4 s	
4	36.9 s		17	108.4 t	4.64 s
5	57.3 d	2.04 s			4.78（overlapped）
6	64.6 d	3.30～3.32 m	18	29.6 q	1.04 s
7	36.3 t	1.58 dd（13.6，2.4）	19	63.3 t	2.55 ABq（12.0）
		1.70 dd（13.6，4.2）			3.08 ABq（12.0）
8	43.4 s		20	66.1 d	3.83 s
9	53.6 d	2.13～2.15 m	2-OCO	166.2 s	
10	56.3 s		1′	130.1 s	
11	75.4 d	4.29 d（8.8）	2′，6′	129.6 d	7.94 d（7.6）
12	50.4 d	2.35 d（2.4）	3′，5′	128.7 d	7.35 t（7.6）
13	72.1 d	4.08 d（9.2）	4′	133.3 d	7.46 t（7.6）

注：溶剂 CDCl$_3$；^{13}C NMR：150 MHz；^{1}H NMR：600 MHz

化合物名称：ryosenamine

分子式：$C_{27}H_{31}NO_4$　　　　　　　**分子量**（$M+1$）：434

植物来源：*Aconitum ibukiense* Nakai

参考文献：Sakai S，Yamaguchi K，Yamamoto I，et al. 1983. Three new alkaloids，ryosenamine，ryosenaminol，and ibukinamine from *Aconitum ibukiense* Nakai. Chemical & Pharmaceutical Bulletin，31（9）：3338-3341.

ryosenamine 的 NMR 数据

位置	δ_C/ppm	δ_H/ppm（J/Hz）
1	29.2 t	
2	70.8 d	5.54 m
3	38.8 t	
4	35.9 s	
5	54.3 d	
6	64.1 d	3.33 br s
7	29.1 t	
8	44.1 s	
9	79.3 s	
10	50.5 s	
11	37.2 t	
12	35.0 d	
13	33.6 t	
14	42.0 d	
15	72.5 d	4.12 s
16	155.2 s	
17	109.6 t	5.00 s
		4.97 s
18	29.5 q	1.06 s
19	63.7 t	3.04 d（13.0）
		2.62 d（13.0）
20	74.2 d	3.31 br s
2-OBz	—	7.43～8.03 m

注：溶剂 $CDCl_3$；^{13}C NMR：25 MHz；^1H NMR：100 MHz

化合物名称：sanyonamine

分子式：C$_{20}$H$_{27}$NO$_2$　　　　　　分子量（$M+1$）：314

植物来源：*Aconitum sanyoense* Nakai

参考文献：Reina M，Gavin J A，Madinaveitia A，et al. 1996. The structure of cossonidine: a novel diterpenoid alkaloid. Journal of Natural Products，59（2）：145-147.

sanyonamine 的 NMR 数据

位置	δ_C/ppm	δ_H/ppm（J/Hz）
1	34.2 t	
2	66.6 d	
3	40.2 t	
4	35.8 s	
5	60.0 d	
6	65.2 d	
7	32.2 t	
8	41.8 s	
9	44.6 d	
10	48.0 s	
11	26.8 t	
12	33.6 d	
13	32.8 t	
14	43.2 d	
15	71.5 d	
16	155.0 s	
17	108.8 t	
18	29.3 q	
19	62.0 t	
20	73.8 d	

注：溶剂 CDCl$_3$；^{13}C NMR：100 MHz

化合物名称：septenine

分子式：C$_{22}$H$_{29}$NO$_5$　　　　　　　　分子量（$M+1$）：388

植物来源：*Aconitum septentrionale* Koelle. 紫花高乌头

参考文献：Usmanova S K，Tel'nov V A，Abdullaev N D. 1993. Structure of the new alkaloid septenine. Khimiya Prirodnykh Soedinenii，29（3）：412-414.

septenine 的 NMR 数据

位置	δ_C/ppm	δ_H/ppm（J/Hz）
1	67.9 d	
2	73.1 d	
3	33.0 t	
4	42.2 s	
5	50.8 d	
6	60.7 d	3.30 br s
7	30.8 t	
8	41.7 s	
9	79.6 s	
10	53.7 s	
11	39.2 t	
12	36.2 d	
13	33.9 t	
14	43.9 d	
15	31.1 t	
16	150.6 s	
17	104.7 t	4.48 s，4.65 s
18	22.2 q	1.02 s
19	91.2 d	4.08 s
20	67.9 d	3.60 br s
2-OAc	170.2 s	
	21.6 q	

化合物名称：septentriosine

分子式：C$_{20}$H$_{27}$NO$_4$　　　　　　分子量（$M+1$）：346

植物来源：*Aconitum septentrionale* Koelle. 紫花高乌头

参考文献：Joshi B S，Desai H K，Pelletier S W，et al. 1988. Septentriosine — a new C$_{20}$-diterpenoid alkaloid from *Aconitum septentrionale*. Journal of Natural Products，51（2）：265-271.

septentriosine 的 NMR 数据

位置	δ_C/ppm	δ_H/ppm （J/Hz）
1	69.0 d	
2	70.4 d	
3	39.1 t	
4	39.7 s	
5	58.8 d	
6	60.5 d	3.30 br s
7	31.1 t	
8	42.1 s	
9	79.8 s	
10	53.0 s	
11	33.5 t	
12	36.2 d	
13	33.1 t	
14	43.3 d	
15	30.7 t	
16	150.3 s	
17	104.8 t	4.48 s
		4.65 s
18	28.4 q	1.02 s
19	95.2 d	4.08 s
20	60.5 d	3.60 br s

注：¹³C NMR：溶剂 CDCl₃；¹H NMR：溶剂 CDCl₃-CD₃OD

化合物名称：souline F

分子式：C$_{20}$H$_{27}$NO$_3$　　　　　　　　分子量（*M* + 1）：330

植物来源：*Delphinium souliei* Franch. 川甘翠雀花

参考文献：He L，Pan Y J，Pan X，et al. 1999. New diterpenoid alkaloids from *Delphinium souliei* Franch. Chinese Chemical Letters，10（5）：395-396.

souline F 的 NMR 数据

位置	δ_C/ppm	δ_H/ppm（J/Hz）
1	34.2 t	
2	65.4 d	
3	39.2 t	
4	36.5 s	
5	51.9 d	
6	68.4 d	
7	71.3 d	
8	52.0 s	
9	55.3 d	
10	51.0 s	
11	74.4 d	
12	36.0 d	
13	33.4 t	
14	43.3 d	
15	34.1 t	
16	146.9 s	
17	107.5 t	5.26 s，5.11 s
18	29.2 q	
19	59.7 t	
20	58.4 d	

化合物名称：spiradine A

分子式：$C_{20}H_{25}NO_2$ 分子量（$M+1$）：312

植物来源：*Spiraea japonica* L. f. var. *fortunei* (Planchon) Rehd. 光叶粉花绣线菊

参考文献：Fan L M，He H P，Shen Y M，et al. 2005. Two new diterpenoid alkaloids from *Spiraea japonica* L. f. var. *fortunei* (Planchon) Rehd. Journal of Integrative Plant Biology，41（7）：120-123.

spiradine A 的 NMR 数据

位置	δ_C/ppm	δ_H/ppm （J/Hz）
1	35.4 t	
2	19.1 t	
3	33.6 t	
4	37.6 s	
5	61.6 d	
6	98.4 s	
7	44.2 t	
8	45.1 s	
9	65.0 d	
10	51.7 s	
11	211.5 s	
12	53.2 d	
13	27.3 t	
14	43.6 d	
15	29.1 t	
16	143.3 s	
17	111.0 t	
18	30.4 q	
19	60.6 t	
20	74.4 d	

注：溶剂 CDCl₃；¹³C NMR：100 MHz

化合物名称：spiradine B

分子式：$C_{20}H_{27}NO_2$　　　　　　　　**分子量**（$M+1$）：314

植物来源：*Spiraea japonica* L. f. var. *fortunei* (Planchon) Rehd. 光叶粉花绣线菊

参考文献：Fan L M，He H P，Shen Y M，et al. 2005. Two new diterpenoid alkaloids from *Spiraea japonica* L. f. var. *fortune* (Planchon) Rehd. Journal of Integrative Plant Biology，41（7）：120-123.

spiradine B 的 NMR 数据

位置	δ_C/ppm	δ_H/ppm（J/Hz）	位置	δ_C/ppm	δ_H/ppm（J/Hz）
1	26.7 t	1.70 m	11	66.9 d	3.93 d（4.7）
		1.35 m	12	41.1 d	2.27 m
2	18.7 t	1.74 m	13	27.8 t	1.92 m
		1.30 m			0.90 m
3	35.0 t	1.53 m	14	41.1 d	2.27 m
		1.28 m	15	32.3 t	2.25 m
4	37.6 s		16	143.2 s	
5	58.5 d	1.67 s	17	111.5 t	4.81 s
6	101.4 s				4.79 s
7	41.8 t	2.21 d（14.3）	18	29.7 q	1.39 s
		2.00 d（14.3）	19	56.3 t	3.41 d（11.8）
8	41.4 s				2.72 d（11.8）
9	58.2 d	1.44 m	20	71.7 d	2.88 s
10	49.0 s				

注：溶剂 CDCl₃；¹³C NMR：100 MHz；¹H NMR：400 MHz

化合物名称：spiraqine

分子式：C$_{20}$H$_{29}$NO　　　　　　　　分子量（$M+1$）：300

植物来源：*Spiraea japonica* L. f. var. *fortunei* (Planchon) Rehd. 光叶粉花绣线菊

参考文献：Fan L M，He H P，Shen Y M，et al. 2005. Two new diterpenoid alkaloids from *Spiraea japonica* L. f. var. *fortunei* (Planchon) Rehd. Journal of Integrative Plant Biology，41（7）：120-123.

spiraqine 的 NMR 数据

位置	δ_C/ppm	δ_H/ppm （J/Hz）	位置	δ_C/ppm	δ_H/ppm （J/Hz）
1	26.4 t	1.91 d （13.6）	11	24.1 t	1.72 m
		1.29 m			1.45 m
2	19.0 t	1.76 m	12	35.2 d	1.41 br s
3	33.4 t	1.45 m	13	26.6 t	2.49 m
		1.26 m			0.72 m
4	36.9 s		14	41.2 d	2.36 d （11.3）
5	58.5 d	1.62 s	15	42.8 t	1.53 m
6	65.2 d	3.74 br s			1.49 m
7	34.7 t	2.01 dd （3.1，14.2）	16	70.2 s	
		1.54 m	17	29.2 q	1.27 s
8	39.9 s		18	28.4 q	1.07 s
9	48.9 d	1.49 m	19	59.1 t	3.01 d （12.4）
10	50.2 s				2.68 d （12.4）
			20	73.3 d	2.89 s

注：溶剂 CDCl$_3$；^{13}C NMR：100 MHz；^{1}H NMR：400 MHz

化合物名称：spirasine ⅩⅣ

分子式：C$_{20}$H$_{27}$NO$_2$　　　　　　　　　分子量（$M+1$）：314

植物来源：*Spiraea japonica* L. f. var. *fortunei* (Planchon) Rehd. 光叶粉花绣线菊

参考文献：Sun F，Liang X T，Yu D Q，et al. 1988. The structures of four new diterpene alkaloids：spirasines ⅩⅡ-ⅩⅤ. Journal of Natural Products，51（1）：50-53.

spirasine ⅩⅣ的 NMR 数据

位置	δ_C/ppm	δ_H/ppm（J/Hz）
1	35.4 t	
2	18.6 t	
3	24.2 t	
4	37.2 s	
5	59.1 d	
6	99.5 s	
7	42.5 t	
8	43.1 s	
9	48.8 d	
10	49.4 s	
11	21.6 t	
12	48.2 d	
13	65.9 d	
14	41.6 d	
15	33.0 t	
16	147.1 s	
17	106.6 t	
18	29.6 q	
19	58.0 t	
20	69.0 d	

注：溶剂 CDCl$_3$

化合物名称：spirasine ⅩⅤ

分子式：$C_{20}H_{27}NO_2$　　　　　　　分子量（$M+1$）：314

植物来源：*Spiraea japonica* L. f. var. *fortunei* (Planchon) Rehd. 光叶粉花绣线菊

参考文献：Sun F，Liang X T，Yu D Q，et al. 1988. The structures of four new diterpene alkaloids：spirasines ⅩⅡ-ⅩⅤ. Journal of Natural Products，51（1）：50-53.

spirasine ⅩⅤ的 NMR 数据

位置	δ_C/ppm	δ_H/ppm（J/Hz）
1	35.1 t	
2	18.3 t	
3	26.1 t	
4	37.3 s	
5	58.2 d	
6	101.5 s	
7	41.2 t	
8	41.2 s	
9	47.5 d	
10	49.4 s	
11	23.3 t	
12	53.7 d	
13	69.3 d	
14	41.1 d	
15	32.3 t	
16	143.1 s	
17	109.4 t	
18	29.4 q	
19	56.7 t	
20	71.0 d	

注：溶剂 CDCl₃-CD₃OD

化合物名称：spirasine Ⅹ

分子式：C$_{20}$H$_{25}$NO$_2$　　　　　　分子量（$M+1$）：312

植物来源：*Spiraea japonica* L. f. var. *fortunei* (Planchon) Rehd. 光叶粉花绣线菊

参考文献：Sun F，Liang X T，Yu D Q. 1987. A 2D-NMR structure determination of spirasine Ⅹ，a new diterpene alkaloid from *Spiraea japonica*. Journal of Natural Products，50（5）：923-926.

spirasine Ⅹ 的 NMR 数据

位置	δ_C/ppm	δ_H/ppm（J/Hz）	位置	δ_C/ppm	δ_H/ppm（J/Hz）
1	33.5 t	1.22	11	211.0 s	
		1.41	12	62.6 d	2.94 d
2	19.2 t	1.30	13	67.7 d	4.24 q
		1.60	14	51.6 d	2.41 q
3	25.7 t	1.53	15	33.7 t	2.26 br d
4	37.9 s				2.32 br d
5	60.1 d	1.61	16	140.5 s	
6	65.1 d	3.30 br s	17	112.4 t	4.85 br s
7	34.8 t	1.68 dd			5.02 br s
		1.87 dd	18	28.8 q	1.01 s
8	44.9 s		19	62.5 t	2.47 d
9	67.2 d	3.25 s			2.58 d
10	50.3 s		20	65.1 d	2.04 d

注：溶剂 CDCl$_3$；^{13}C NMR：100 MHz；^{1}H NMR：400 MHz

化合物名称：spirasine Ⅻ

分子式：$C_{20}H_{25}NO_3$　　　　　　　　　分子量（$M+1$）：328

植物来源：*Spiraea japonica* L. f. var. *fortunei* (Planchon) Rehd. 光叶粉花绣线菊

参考文献：Sun F，Liang X T，Yu D Q，et al. 1988. The structures of four new diterpene alkaloids：spirasines Ⅻ-ⅩⅤ. Journal of Natural Products，51（1）：50-53.

spirasine Ⅻ的 NMR 数据

位置	δ_C/ppm	δ_H/ppm（*J*/Hz）
1	36.4 t	
2	19.8 t	
3	27.3 t	
4	38.4 s	
5	62.3 d	
6	98.5 s	
7	44.3 t	
8	46.6 s	
9	65.7 d	
10	51.2 s	
11	210.8 s	
12	64.3 d	
13	67.3 d	
14	51.7 d	
15	33.9 t	
16	142.8 s	
17	111.3 t	
18	31.2 q	
19	61.9 t	
20	68.9 d	

注：溶剂 C_5D_5N

化合物名称：spirasine ⅩⅢ

分子式：C$_{20}$H$_{25}$NO$_3$　　　　　　　分子量（$M+1$）：328

植物来源：*Spiraea japonica* L. f. var. *fortunei* (Planchon) Rehd. 光叶粉花绣线菊

参考文献：Sun F，Liang X T，Yu D Q，et al. 1988. The structures of four new diterpene alkaloids：spirasines ⅩⅡ- ⅩⅤ. Journal of Natural Products，51（1）：50-53.

spirasine ⅩⅢ 的 NMR 数据

位置	δ_C/ppm	δ_H/ppm（J/Hz）
1	35.3 t	
2	19.0 t	
3	28.6 t	
4	37.6 s	
5	60.7 d	
6	98.9 s	
7	43.3 t	
8	45.1 s	
9	73.9 d	
10	52.3 s	
11	209.2 s	
12	61.9 d	
13	67.4 d	
14	56.0 d	
15	32.8 t	
16	137.6 s	
17	114.9 t	
18	30.5 q	
19	61.1 t	
20	72.0 d	

注：溶剂 CDCl$_3$

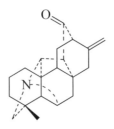

化合物名称：spirasine Ⅳ

分子式：C$_{20}$H$_{25}$NO　　　　　　　　分子量（$M+1$）：296

植物来源：*Spiraea japonica* L. f. var. *fortunei* (Planchon) Rehd. 光叶粉花绣线菊

参考文献：Sun F，Yu D Q. 1985. Structures of spirasine Ⅳ，spirasine Ⅸ and spirasine Ⅺ，three new diterpene alkaloids from *Spiraea japonica* L. f. var. *fortunei* （Phanchon）Rehd. Acta Pharmaceutica Sinica，20（12）：913-917.

spirasine Ⅳ的 NMR 数据

位置	δ_C/ppm	δ_H/ppm（J/Hz）
1	34.9 t	
2	19.3 t	
3	33.7 t	
4	38.0 s	
5	61.2 d	
6	65.4 d	
7	33.9 t	
8	43.0 s	
9	48.9 d	
10	49.8 s	
11	22.7 t	
12	53.3 d	
13	213.0 s	
14	60.9 d	
15	26.0 t	
16	142.7 s	
17	110.4 t	
18	28.8 q	
19	62.7 t	
20	70.0 d	

化合物名称：spirasine IX

分子式：$C_{20}H_{25}NO$　　　　　　　　**分子量**（$M+1$）：296

植物来源：*Spiraea japonica* L. f. var. *fortunei* (Planchon) Rehd. 光叶粉花绣线菊

参考文献：Sun F，Yu D Q. 1985. Structures of spirasine IV，spirasine IX and spirasine XI，three new diterpene alkaloids from *Spiraea japonica* L. f. var. *fortunei*（Phanchon）Rehd. Acta Pharmaceutica Sinica，20（12）：913-917.

spirasine IX 的 NMR 数据

位置	δ_C/ppm	δ_H/ppm（J/Hz）
1	35.2 t	
2	19.3 t	
3	33.9 t	
4	38.0 s	
5	61.0 d	
6	65.6 d	3.72 br s
7	35.2 t	
8	44.2 s	
9	65.3 d	
10	51.0 s	
11	211.2 s	
12	53.4 d	
13	28.3 t	
14	45.0 d	
15	28.4 t	
16	144.1 s	
17	110.1 t	4.82 br s
		4.94 br s
18	28.8 q	1.08 q
19	63.1 t	
20	75.7 d	

注：溶剂 $CDCl_3$

化合物名称：spirasine XI

分子式：C$_{20}$H$_{27}$NO　　　　　　　分子量（M+1）：298

植物来源：*Spiraea japonica* L. f. var. *fortunei* (Planchon) Rehd. 光叶粉花绣线菊

参考文献：Sun F，Yu D Q. 1985. Structures of spirasine IV，spirasine IX and spirasine XI，three new diterpene alkaloids from *Spiraea japonica* L. f. var. *fortunei*（Phanchon）Rehd. Acta Pharmaceutica Sinica，20（12）：913-917.

spirasine XI的 NMR 数据

位置	δ_C/ppm	δ_H/ppm（J/Hz）
1	34.6 t	
2	19.1 t	
3	33.6 t	
4	37.1 s	
5	58.1 d	
6	65.7 d	
7	33.3 t	
8	42.2 s	
9	49.1 d	
10	50.1 s	
11	21.8 t	
12	49.8 d	
13	67.7 d	4.13 q（9.4，3.0）
14	41.9 d	
15	24.0 t	
16	147.2 s	
17	107.0 t	4.68 br s
		4.85 br s
18	28.5 q	1.13 s
19	59.8 t	
20	69.1 d	

注：溶剂 CDCl$_3$

化合物名称：tadzhaconine

分子式：$C_{31}H_{35}NO_7$　　　　　　　　**分子量**（$M+1$）：534

植物来源：*Aconitum zeravschanicum*

参考文献：Yusupova I M，Salimov B T，Tashkhodzhaev B. 1992. Tadzhaconine —A new C_{20} diterpene alkaloid from *Aconitum zeravschanicum*. Khimiya Prirodnykh Soedinenii，3（4）：382-388.

tadzhaconine 的 NMR 数据

位置	δ_C/ppm	δ_H/ppm（J/Hz）	位置	δ_C/ppm	δ_H/ppm（J/Hz）
1	71.63 d	5.77 m	17	108.91 t	4.67 s
2	68.87 d	5.46 m			4.78 s
3	36.68 t		18	29.35 q	0.94 s
4	36.15 s		19	63.64 t	2.39 d（12.9）
5	57.96 d				2.79 d（12.0）
6	64.31 d	3.18 br s	20	65.66 d	4.21 s
7	34.04 t		1-OAc	172.02 s	
8	43.99 s			21.59 q	1.93 s
9	51.91 d		11-OAc	170.53 s	
10	54.68 s			21.36 q	1.94 s
11	76.11 d	5.26 d（9.0）	2-OCO	165.90 s	
12	49.37 d		1′	130.34 s	
13	70.36 d	4.08 br d（9.0）	2′，6′	129.97 d	
14	51.46 d		3′，5′	128.70 d	7.28～8.12 m
15	33.15 t		4′	133.26 d	
16	144.61 s				

注：^{1}H NMR：100 MHz，溶剂 CDCl$_3$；^{13}C NMR：25 MHz，溶剂 CDCl$_3$-CD$_3$OD（9：1）

化合物名称：tangutisine

分子式：$C_{20}H_{27}NO_4$ 分子量（$M+1$）：346

植物来源：*Aconitum tanguticum* (Maxim.) Stapf 甘青乌头

参考文献：Joshi B S，Chen D H，Zhang X L，et al. 1991. Tangutisine，a new diterpenoid alkaloid from *Aconitum tanguticum* (Maxim.) Stapf，W. T. Wang. Heterocycles，32（9）：1793-1804.

tangutisine 的 NMR 数据

位置	δ_C/ppm	δ_H/ppm （J/Hz）
1	33.2 t	1.76 dd（4.1，15.4）
		2.97 br d（1.7，15.4）
2	66.7 d	4.21 br s
3	38.1 t	1.62 dd（4.3，15.4）
		1.92 br d（1.7，15.4）
4	36.4 s	2.19 s
5	57.4 d	4.05 br s
6	66.0 d	1.77 br d（15.3）
7	30.3 t	2.10 dd（3.4，15.3）
8	44.9 s	
9	53.7 d	2.31 d（8.8）
10	46.9 s	
11	74.6 d	4.33 d（8.8）
12	51.7 d	2.55 d（3.0）
13	81.8 d	4.05 br s
14	81.4 s	
15	30.4 t	2.26 AB（18.1）
		2.06 AB（18.1）
16	145.2 s	
17	109.6 t	4.78 br s
		4.99 br s
18	29.2 q	1.16 s
19	60.6 t	3.01 d（11.6）
		3.74 d（11.6）
20	70.3 d	4.50 s

注：溶剂 D_2O-CD_3OD；^{13}C NMR：100 MHz；^1H NMR：400 MHz

化合物名称：tatsienenseine B

分子式：C24H31NO4　　　　　　　　　分子量（M + 1）：398

植物来源：*Delphinium tatsienense* Franch. 康定翠雀花

参考文献：Chen F Z，Chen Q H，Liu X Y，et al. 2011. Diterpenoid alkaloids from *Delphinium tatsienense*. Helvetica Chimica Acta，94（5）：853-858.

tatsienenseine B 的 NMR 数据

位置	δ_C/ppm	δ_H/ppm（J/Hz）	位置	δ_C/ppm	δ_H/ppm（J/Hz）
1	54.1 t	2.33（overlapped）	14	40.9 d	2.19~2.23 m
		2.39（overlapped）	15	29.9 t	1.23 AB（13.2）
2	51.9 t	2.44~2.48 m			1.96 AB（13.2）
3	212.6 s		16	145.6 s	
4	42.3 s		17	108.4 t	4.64 s
5	54.1 d	2.41 s			4.79 s
6	98.0 s		18	30.1 q	1.38 s
7	33.8 t	2.30（overlapped）	19	62.4 t	2.09 AB（12.0）
8	45.4 s				3.11 AB（12.0）
9	47.9 d	2.23~2.28 m	20	66.0 d	2.20 s
10	56.3 s		1′	176.7 s	
11	38.8 t	2.08~2.12 m	2′	33.8 d	2.30~2.35 m
		2.20~2.25 m	3′	18.8 q	1.08 d（7.2）
12	40.8 d	2.13~2.18 m	4′	19.0 q	1.10 d（7.2）
13	72.1 d	4.81 t（13.2）			

注：溶剂 CDCl3；13C NMR：100 MHz；1H NMR：400 MHz

化合物名称：tatsienenseine C

分子式：C$_{24}$H$_{31}$NO$_3$　　　　　　　　**分子量**（M + 1）：382

植物来源：*Delphinium tatsienense* Franch. 康定翠雀花

参考文献：Chen F Z，Chen Q H，Liu X Y，et al. 2011. Diterpenoid alkaloids from *Delphinium tatsienense*. Helvetica Chimica Acta，94（5）：853-858.

tatsienenseine C 的 NMR 数据

位置	δ_C/ppm	δ_H/ppm（J/Hz）	位置	δ_C/ppm	δ_H/ppm（J/Hz）
1	55.7 t	2.32（overlapped）	13	73.5 d	4.97 dt（9.6，2.0）
		2.68（overlapped）	14	43.2 d	2.08～2.13 m
2	51.4 t	2.14（overlapped）	15	35.3 t	2.40～2.44 m
		2.38（overlapped）			2.24～2.28 m
3	209.0 s		16	146.4 s	
4	42.2 s		17	107.1 t	4.70 br s
5	50.2 d	2.46 s			4.87 br s
6	58.2 d	2.02 br s	18	29.7 q	1.49 s
7	25.4 t	1.92 dt（10.8，2.0）	19	63.0 t	1.73 AB（12.4）
8	41.1 s				2.60 AB（12.4）
9	48.9 d	2.42～2.46 m	20	69.0 d	2.12 s
10	47.9 s		1′	176.2 s	
11	47.7 t	2.20～2.25 m	2′	34.0 d	2.30～2.35 m
		2.64～2.68 m	3′	19.0 q	1.21 d（7.2）
12	38.7 d	2.25～2.30 m	4′	19.0 q	1.22 d（7.2）

注：溶剂 CDCl$_3$；^{13}C NMR：100 MHz；^{1}H NMR：400 MHz

化合物名称：ternatine

分子式：C$_{24}$H$_{33}$NO$_5$　　　　　　　　　分子量（$M+1$）：416

植物来源：*Delphinium ternatum*

参考文献：Narzullaev A S，Abdullaev N D，Yunusov M S，et al. 1997. Ternatine，a new diterpene alkaloid from *Delphinium ternatum*. Russian Chemical Bulletin，46（1）：184-185.

ternatine 的 NMR 数据

位置	δ_C/ppm	δ_H/ppm（J/Hz）
1	30.1 t	
2	29.7 t	
3	20.6 t	
4	53.2 s	
5	61.5 d	
6	66.6 d	3.52 br m
7	65.2 d	5.16 d（2.9）
8	43.8 s	
9	50.0 d	2.12 d（8.8）
10	52.0 s	
11	74.0 d	4.46 br d（8.4）
12	40.2 d	2.20 br t
13	34.5 t	
14	44.4 d	
15	70.2 d	3.86 s
16	153.6 s	
17	110.2 t	5.05 s（2H）
18	23.5 q	0.99 s
19	91.9 d	4.21 s
20	70.4 d	2.77 br m
1′	177.2 s	
2′	35.3 d	2.69 m
3′	19.8 q	1.22 d（7.0）
4′	19.2 q	1.23 d（7.0）

注：溶剂 CD$_3$OD

化合物名称：tiantaishandine

分子式：$C_{29}H_{33}NO_5$　　　　　　分子量（$M+1$）：476

植物来源：*Delphinium tiantaishanense* 天台山翠雀花

参考文献：Li J，Chen D L，Jian X X，et al. 2007. New diterpenoid alkaloids from the roots of *Delphinium tiantaishanense*. Molecules，12（3）：353-360.

tiantaishandine 的 NMR 数据

位置	δ_C/ppm	δ_H/ppm（J/Hz）	位置	δ_C/ppm	δ_H/ppm（J/Hz）
1	29.0 t	1.55 m	13	28.0 t	1.43 m
		1.81 m			2.34 m（hidden）
2	19.9 t	0.87 br s	14	39.2 d	2.34 t（9.6）
		1.61 m	15	66.0 d	4.06 s
3	33.1 t	1.25 m	16	150.8 s	
		1.47 m	17	112.2 t	5.04 d（0.9）
4	37.5 s		18	28.9 q	0.97 s
5	60.0 d	1.67 s	19	62.7 t	2.49 s
6	68.0 d	3.33 s	20	74.1 d	2.75 s
7	70.4 d	5.44 d（2.8）	7-OCO	167.1 s	
8	52.5 s		1'	129.7 s	
9	47.1 d	2.43 dd（6.6，1.5）	2'，6'	130.1 d	8.14 d（6.8）
10	50.9 s		3'，5'	128.4 d	7.45 m
11	75.4 d	5.28 d（6.4）	4'	133.4 d	7.58 m
12	40.1 d	2.28 br s	11-OAc	170.3 s	
				21.4 q	2.06 s

注：溶剂 CDCl₃；¹³C NMR：100 MHz；¹H NMR：400 MHz

化合物名称：torokonine

分子式：$C_{27}H_{31}NO_5$　　　　　　分子量（$M+1$）：450

植物来源：*Aconitum subcuneatum* Nakai

参考文献：Sakai S，Okazaki T，Yamaguchi K，et al. 1987. Structures of torokonine and gomandonine，two new diterpene alkaloids from *Aconitum subcuneatum* Nakai. Chemical & Pharmaceutical Bulletin，35（6）：2615-2617.

torokonine 的 NMR 数据

位置	δ_C/ppm	δ_H/ppm（J/Hz）	位置	δ_C/ppm	δ_H/ppm（J/Hz）
1	28.9 t		15	66.6 d	4.53 br s
2	70.2 d	5.52 m	16	153.6 s	
3	39.2 t		17	110.5 t	5.00 t（1.3）
4	35.4 s				5.03 t（1.3）
5	51.5 d		18	29.3 q	1.11 s
6	69.7 d	3.41 br s	19	62.2 t	2.60 d（12.5）
7	64.3 d	4.42 d（2.6）			3.11 d（12.5）
8	48.9 s		20	73.3 d	2.96 s
9	79.6 s		2-OCO	165.9 s	
10	49.8 s		1′	130.1 s	
11	36.9 t		2′，6′	129.4 d	
12	34.6 d		3′，5′	128.8 d	7.47～8.02 m
13	32.7 t		4′	133.3 d	
14	36.0 d	4.53 br s			

注：¹³C NMR：溶剂 C_5D_5N；¹H NMR：溶剂 CD_3OD

化合物名称：vakhmadine

分子式：C$_{21}$H$_{30}$NO$_4$　　　　　　　分子量（M^+）：360

植物来源：*Aconitum palmatum* Don.

参考文献：Jiang Q P，Pelletier S. 1991. Two new diterpenoid alkaloids from *Aconitum palmatum*. Journal of Natural Products，54（2）：525-531.

vakhmadine 的 NMR 数据

位置	δ_C/ppm	δ_H/ppm（J/Hz）
1	30.0 t	
2	69.3 d	3.97 br m
3	73.5 d	3.33 d（4.3）
4	40.6 s	
5	58.9 d	
6	105.0 s	
7	40.1 t	
8	41.5 s	
9	45.3 d	
10	45.2 s	
11	21.4 t	
12	41.5 d	
13	67.8 d	3.93 d（11.0）
14	48.1 d	
15	31.8 t	
16	148.1 s	
17	107.2 t	4.59 s
		4.73 s
18	25.3 q	1.40 s
19	66.7 t	2.97 d（11.7）
		4.05 d（11.7）
20	73.2 d	4.22 s
21	36.3 q	2.58 s

注：溶剂 D$_2$O；^{13}C NMR：75 MHz；^{1}H NMR：250 MHz

化合物名称：vakhmatine

分子式：C$_{20}$H$_{27}$NO$_4$　　　　　　　分子量（$M+1$）：346

植物来源：*Aconitum palmatum* Don.

参考文献：Jiang Q P，Pelletier S. 1991. Two new diterpenoid alkaloids from *Aconitum palmatum*. Journal of Natural Products，54（2）：525-531.

vakhmatine 的 NMR 数据

位置	δ_C/ppm	δ_H/ppm（J/Hz）
1	35.1 t	3.00 br d（15.3）
2	62.9 d	4.02 br m
3	38.5 t	1.55 dd（4.8，15.2）
4	42.4 s	
5	60.6 d	
6	61.6 d	3.38 br s（3.38）
7	36.8 t	
8	45.3 s	
9	56.8 d	1.91 dd（2.1，9.0）
10	51.5 s	
11	76.9 d	4.22 d（9.1）
12	52.4 d	2.35 d（2.6）
13	73.0 d	4.11 dt（2.3，9.3）
14	53.2 d	2.12 dd（1.8，9.3）
15	34.5 t	1.99 br d（17.7）
		2.25 br d（17.7）
16	148.2 s	
17	107.6 t	4.67 br s
		4.84 br s
18	27.5 q	1.04 s
19	95.5 d	41.8 s
20	66.1 d	

注：溶剂 CD$_3$OD；^{13}C NMR：75 MHz；^{1}H NMR：300 MHz

化合物名称：venudelphine

分子式：$C_{26}H_{33}NO_6$　　　　　　　　**分子量**（$M+1$）：456

植物来源：*Delphinium venulosum* Boiss.

参考文献：Ulubelen A，Mericli A H，Mericli F. 1993. Venudelphine，a new hetisine-type alkaloid from *Delphinium venulosum*. Journal of Natural Products，56（5）：780-781.

venudelphine 的 NMR 数据

位置	δ_C/ppm	δ_H/ppm（J/Hz）	位置	δ_C/ppm	δ_H/ppm（J/Hz）
1	73.1 d		15	34.1 t	
2	71.1 d		16	142.1 s	
3	36.7 t		17	110.6 t	4.99 br s
4	37.4 s				4.82 br s
5	54.7 d		18	29.2 q	1.05
6	67.1 d	3.32 br s	19	64.1 t	
7	35.7 t		20	60.3 d	3.86 s
8	43.9 s		1-OAc	170.8 s	
9	63.2 d			21.0 q	2.09 s
10	52.8 s		2-OAc	169.9 s	
11	29.2 t			21.2 q	2.01 s
12	49.4 d		13-OAc	169.7 s	
13	74.9 d	5.07 dt（10，1.5，1.5）		21.5 q	1.98 s
14	51.6 d				

注：溶剂 CDCl₃

化合物名称：venulol

分子式：C$_{20}$H$_{27}$NO$_2$　　　　　　　　**分子量**（$M+1$）：314

植物来源：*Delphinium venulosum* Boiss.

参考文献：Ulubelen A，Mericli A H，Mericli F，et al. 1992. Two C$_{20}$ diterpenoid alkaloids from *Delphinium venulosum*. Phytochemistry，31（9）：3239-3241.

venulol 的 NMR 数据

位置	δ_C/ppm	δ_H/ppm（J/Hz）
1	30.2 t	
2	19.6 t	
3	38.6 t	
4	42.3 s	
5	59.4 d	
6	102.2 s	
7	35.9 t	
8	43.2 s	
9	42.9 d	2.30 d（4.5）
10	57.9 s	
11	72.6 d	3.97 d（4.5）
12	42.8 d	2.50 br d（4.6）
13	27.3 t	
14	47.7 d	
15	36.1 t	
16	146.3 s	
17	109.8 t	4.70 br s
		4.77 br s
18	29.2 q	1.37 s
19	59.8 t	3.28 d（12.5）
		2.86 d（12.5）
20	68.1 d	

注：^{13}C NMR：溶剂 CDCl$_3$；^{1}H NMR：溶剂 CD$_3$OD-CDCl$_3$

化合物名称：venuluson

分子式：C$_{20}$H$_{25}$NO$_3$　　　　　　　分子量（$M+1$）：328

植物来源：*Delphinium venulosum* Boiss.

参考文献：Ulubelen A，Mericli A H，Mericli F，et al. 1992. Two C$_{20}$ diterpenoid alkaloids from *Delphinium venulosum*. Phytochemistry，31（9）：3239-3241.

venuluson 的 NMR 数据

位置	δ_C/ppm	δ_H/ppm（J/Hz）
1	31.5 t	
2	212.5 s	
3	41.5 t	
4	42.7 s	
5	59.9 d	
6	63.7 d	
7	35.7 t	
8	44.2 s	
9	45.1 d	
10	60.7 s	
11	27.8 t	
12	42.1 d	
13	70.1 d	4.20 s
14	49.6 d	2.75 d（9.0）
15	75.4 d	
16	155.3 s	
17	109.3 t	
18	28.7 q	
19	60.7 t	
20	70.2 d	

注：溶剂 CDCl$_3$

化合物名称：vilmorrianine E

分子式：C$_{20}$H$_{25}$NO$_2$ 分子量（$M+1$）：312

植物来源：*Aconitum vilmorrianum* Kom. 黄草乌

参考文献：Tang T X，Chen Q F，Liu X Y，et al. 2016. New C$_{20}$-diterpenoid alkaloids from *Aconitum vilmorrianum* and structural revision of 2-*O*-acetylorochrine and orochrine. Journal of Asian Natural Products Research，18（4）：315-327.

vilmorrianine E 的 NMR 数据

位置	δ_C/ppm	δ_H/ppm（J/Hz）	位置	δ_C/ppm	δ_H/ppm（J/Hz）
1	33.5 t	1.55～1.58 m	11	22.4 t	1.71（overlapped）
		1.82～1.85 m			1.96 dd（13.6，4.0）
2	66.0 d	4.21 t（2.0）	12	52.8 d	2.85 d（3.6）
3	39.5 t	1.48 dd（14.8，4.4）	13	211.9 s	
		1.81（overlapped）	14	61.5 d	2.38 s
4	36.6 s		15	33.4 t	2.25 d（17.6）
5	60.5 d	1.53 s			2.48（overlapped）
6	64.8 d	3.29 br s	16	142.8 s	
7	34.7 t	1.70（overlapped）	17	110.4 t	4.79 s
		1.88 d（3.2）			4.91 s
8	41.9 s		18	29.3 q	0.99 s
9	49.3 d	1.75～1.90 m	19	63.2 t	2.51（overlapped）
10	47.5 s				3.22 d（12.0）
			20	70.2 d	3.52 s

注：溶剂 CDCl$_3$；^{13}C NMR：100 MHz；^{1}H NMR：400 MHz

化合物名称：vilmorrianine F

分子式：$C_{28}H_{34}NO_6$　　　　　　分子量（M^+）：480

植物来源：*Aconitum vilmorrianum* Kom. 黄草乌

参考文献：Tang T X，Chen Q F，Liu X Y，et al. 2016. New C20-diterpenoid alkaloids from *Aconitum vilmorrianum* and structural revision of 2-*O*-acetylorochrine and orochrine. Journal of Asian Natural Products Research，18（4）：315-327.

vilmorrianine F 的 NMR 数据

位置	δ_C/ppm	δ_H/ppm（J/Hz）	位置	δ_C/ppm	δ_H/ppm（J/Hz）
1	25.6 t	1.90～1.93 m	15	29.9 t	2.25（overlapped）
		2.63 d（16.4）			2.58（overlapped）
2	74.5 d	5.30 q（2.4）	16	148.3 s	
3	71.6 d	3.74 d（1.6）	17	108.3 t	4.74 s
4	42.1 s				4.87 s
5	54.7 d	2.27（overlapped）	18	27.2 q	1.66 s
6	104.5 s		19	71.0 t	3.39 ABq（12.0）
7	75.2 d	3.83 s			3.84 ABq（12.0）
8	48.5 s		20	75.0 d	4.28 s
9	48.8 d	1.94（overlapped）	21	40.8 q	3.02 s
10	46.8 s		2-OCO	166.9 s	
11	22.6 t	1.46～1.50 m	1′	131.3 s	
		2.19（overlapped）	2′，6′	130.5 d	8.03 d（7.2）
12	43.9 d	2.18（overlapped）	3′，5′	130.0 d	7.53 t（7.6）
13	70.0 d	4.01 d（9.2）	4′	134.5 d	7.62 t（7.2）
14	43.2 d	2.87 d（9.6）			

注：溶剂 CD3OD；13C NMR：100 MHz；1H NMR：400 MHz

化合物名称：vilmorrianine G

分子式：C$_{28}$H$_{34}$NO$_5$　　　　　　　分子量（M^+）：464

植物来源：*Aconitum vilmorrianum* Kom. 黄草乌

参考文献：Tang T X，Chen Q F，Liu X Y，et al. 2016. New C$_{20}$-diterpenoid alkaloids from *Aconitum vilmorrianum* and structural revision of 2-*O*-acetylorochrine and orochrine. Journal of Asian Natural Products Research，18（4）：315-327.

vilmorrianine G 的 NMR 数据

位置	δ_C/ppm	δ_H/ppm（*J*/Hz）	位置	δ_C/ppm	δ_H/ppm（*J*/Hz）
1	29.9 t	1.63 dd（15.2，4.4）	14	43.3 d	2.86 d（10.0）
		2.80 d（15.2）	15	29.6 t	2.24（overlapped）
2	70.9 d	5.39 br s			2.60 d（17.6）
3	38.9 t	1.82 dd（16.0，4.4）	16	148.2 s	
		2.15～2.17 m	17	108.3 t	4.73 s
4	37.2 s				4.84 s
5	57.3 d	2.09 s	18	30.1 q	1.53 s
6	104.5 s		19	72.5 t	3.44 ABq（12.0）
7	75.1 d	3.88 s			3.78 ABq（12.0）
8	48.4 s		20	75.2 d	4.28 s
9	48.9 d	1.89 d（10.0）	21	40.7 q	3.01 s
10	46.8 s		2-OCO	167.2 s	
11	22.6 t	1.48（overlapped）	1′	131.6 s	
		2.20（overlapped）	2′，6′	130.4 d	8.01 d（7.2）
12	43.8 d	2.18（overlapped）	3′，5′	129.9 d	7.51 t（8.0）
13	70.0 d	3.99 d（9.6）	4′	134.3 d	7.62 t（7.6）

注：溶剂 CD$_3$OD；^{13}C NMR：100 MHz；^{1}H NMR：400 MHz

化合物名称：yesodine

分子式：C$_{25}$H$_{35}$NO$_4$ 分子量（$M+1$）：414

植物来源：*Aconitum yesoense* var. *macroyesoense* (Nakai) Tamura

参考文献：Wada K，Bando H，Kawahara N，et al. 1990. Studies on Aconitum species. XIII. Two new diterpenoid alkaloids from *Aconitum yesoense* var. *macroyesoense* (Nakai) Tamura. IV. Heterocycles，31（6）：1081-1088.

yesodine 的 NMR 数据

位置	δ_C/ppm	δ_H/ppm（J/Hz）	位置	δ_C/ppm	δ_H/ppm（J/Hz）
1	35.3 t		14	41.1 d	
2	19.1 t		15	70.3 d	
3	28.0 t		16	144.2 s	
4	37.7 s		17	118.7 t	5.23 s
5	60.0 d				5.33 s
6	100.0 s		18	30.8 q	1.34 s
7	39.5 t		19	58.4 t	
8	44.8 s		20	72.3 d	
9	55.4 d		1′	175.8 s	
10	49.9 s		2′	40.4 d	
11	67.3 d		3′	26.8 t	
12	41.3 d		4′	11.6 q	
13	27.1 t		5′	16.6 q	

注：溶剂 CDCl$_3$

化合物名称：yunnanenseine B

分子式：$C_{28}H_{37}NO_7$　　　　　　　　　分子量（$M+1$）：500

植物来源：*Delphinium yunnanense* Franch. 云南翠雀花

参考文献：Chen F Z，Chen Q H，Wang F P. 2011. Diterpenoid alkaloids from *Delphinium yunnanense*. Helvetica Chimica Acta，94（2）：254-260.

yunnanenseine B 的 NMR 数据

位置	δ_C/ppm	δ_H/ppm（J/Hz）	位置	δ_C/ppm	δ_H/ppm（J/Hz）
1	35.4 t	1.65~1.69 m	15	29.9 t	1.58 AB（15.2）
		1.77~1.82 m			2.83 AB（15.2）
2	33.9 t	2.14~2.19 m	16	142.6 s	
		2.30~2.34 m	17	110.4 t	4.80 s
3	36.9 t	1.55~1.60 m			4.98 s
		2.02~2.05 m	18	22.5 q	1.02 s
4	42.2 s		19	91.1 d	
5	61.2 d	1.56 s	20	64.9 d	3.61 s
6	60.5 d	3.65 br s	1′	175.6 s	
7	69.8 d	5.18 br s	2′	34.4 d	2.45~2.50 m
8	44.7 s		3′	18.6 q	1.16 d（5.2）
9	49.6 d	2.34（overlapped）	4′	18.9 q	1.18 d（5.2）
10	50.3 s		11-OAc	169.7 s	
11	75.6 d	5.12 d（9.2）		21.3 q	2.03 s
12	44.6 d	2.60 d（2.4）	13-OAc	170.4 s	
13	73.4 d	5.05 br d（9.6）		21.3 q	2.04 s
14	53.0 d	2.19 br d（9.6）			

注：溶剂 CDCl₃；¹³C NMR：100 MHz；¹H NMR：400 MHz

化合物名称：yunnanenseine C

分子式：C$_{26}$H$_{35}$NO$_6$ 分子量（$M+1$）：458

植物来源：*Delphinium yunnanense* Franch. 云南翠雀花

参考文献：Chen F Z，Chen Q H，Wang F P. 2011. Diterpenoid alkaloids from *Delphinium yunnanense*. Helvetica Chimica Acta，94（2）：254-260.

yunnanenseine C 的 NMR 数据

位置	δ$_C$/ppm	δ$_H$/ppm（J/Hz）	位置	δ$_C$/ppm	δ$_H$/ppm（J/Hz）
1	35.5 t		15	31.9 t	
2	33.8 t		16	142.0 s	
3	36.9 t		17	109.4 t	4.75 s
4	42.2 s				4.94 s
5	60.8 d	1.56 s	18	22.7 q	1.02 s
6	59.8 d	3.64 br s	19	91.5 d	
7	69.5 d	5.22 br s	20	64.9 d	3.52 s
8	44.6 s		1′	175.9 s	
9	50.0 d	2.00～2.03 m	2′	34.3 d	
10	50.3 s		3′	18.6 q	1.16 d（7.2）
11	75.2 d	5.12 d（8.8）	4′	19.3 q	1.19 d（7.2）
12	48.2 d		11-OAc	169.9 s	
13	74.1 d	4.30 br d（8.8）		21.4 q	2.05 s
14	55.0 d				

注：溶剂 CDCl$_3$；^{13}C NMR：100 MHz；^{1}H NMR：400 MHz

化合物名称：zeraconine

分子式：$C_{30}H_{40}N_2O$　　　　　　分子量（$M+1$）：445

植物来源：*Aconitum zeravshanicum*

参考文献：Vaisov Z M，Yunusov M S. 1987. Structure of a new diterpene alkaloid，zeraconine，and its *N*-oxide. Khimiya Prirodnykh Soedinenii，3：407-411.

zeraconine 的 NMR 数据

位置	δ_C/ppm	δ_H/ppm（J/Hz）	位置	δ_C/ppm	δ_H/ppm（J/Hz）
1	27.7 t		15	129.4 d	
2	19.6 t		16	132.5 s	
3	33.2 t		17	69.0 t	
4	37.4 s		18	28.9 q	
5	61.9 d		19	63.1 t	
6	65.5 d		20	74.2 d	
7	34.2 t		2′	61.8 t	
8	44.9 s		3′	34.2 t	
9	48.6 d		4′	134.2 s	
10	50.0 s		5′, 9′	128.7 d	
11	29.8 t		6′, 8′	114.8 d	
12	31.2 d		7′	157.4 s	
13	33.5 t		10′, 11′	45.5 q	
14	50.1 d				

注：溶剂 CDCl₃

2.5　vakognavine 型（C5）

化合物名称：15-deacetylvakognavine

分子式：C$_{32}$H$_{35}$NO$_9$　　　　　　　分子量（$M+1$）：578

植物来源：*Aconitum palmatum* Don.

参考文献：Jiang Q P，Pelletier S W. 1988. Four new diterpenoid alkaloids from *Aconitum palmatum* Don. Tetrahedron Letters，29（16）：1875-1878.

15-deacetylvakognavine 的 NMR 数据

位置	δ_C/ppm	δ_H/ppm（J/Hz）	位置	δ_C/ppm	δ_H/ppm（J/Hz）
1	70.5 d	5.41 d（3.7）	16	142.1 s	
2	67.2 d	5.72 br m（9.0）	17	117.6 t	
3	29.2 t		18	26.4 q	1.07 s
4	44.1 s		19	195.0 d	
5	59.8 d		20	66.6 d	3.85 s
6	57.3 d	3.16 br s	21	33.0 q	2.28 s
7	28.4 t		1-OAc	170.7 s	2.02 s
8	49.6 s			21.5 q	
9	49.6 d		11-OAc	169.4 s	2.02 s
10	56.4 s			21.1 q	
11	70.5 d	5.65 dd（7.9，1.3）	2-OCO	165.4 s	
12	58.8 d		1′	129.6 s	
13	207.0 s		2′，6′	129.6 d	7.53 m
14	51.6 d		3′，5′	128.6 d	7.93 m
15	70.7 d		4′	133.3 d	

注：溶剂 CDCl$_3$；^{13}C NMR：25 MHz；^{1}H NMR：100 MHz

化合物名称：acetyldelgrandine

分子式：C$_{43}$H$_{45}$NO$_{13}$　　　　　　　分子量（$M+1$）：784

植物来源：*Delphinium grandiflorum* L. 翠雀

参考文献：Deng Y P，Chen D H，Song W L. 1992. Alkaloidal constituents of *Delphinium grandiflorum* L. Acta Chimica Sinica，50（8）：822-826.

acetyldelgrandine 的 NMR 数据

位置	δ_C/ppm	δ_H/ppm（J/Hz）	位置	δ_C/ppm	δ_H/ppm（J/Hz）
1	71.7 d	6.00 d（3.9）	18	22.8 q	1.12 s
2	65.9 d	6.08 t（3.9，3.6）	19	191.7 d	9.48 br s
3	71.7 d	5.18 d（3.6）	20	63.9 d	3.90 s
4	48.4 s		21	34.2 q	2.51 s
5	59.5 d	2.15 s	4×OAc	170.5 s	
6	60.1 d	3.10 br s		169.9 s	
7	73.1 d	4.90 br s		169.5 s	
8	48.9 s			169.3 s	
9	52.3 d	2.47 d（9.6）		21.3 q	1.88 s
10	55.5 s			20.9 q	2.04 s
11	74.1 d	5.49 d（9.6）		20.3 q	2.13 s
12	45.3 d	2.58 br s		20.3 q	2.15 s
13	73.8 d	5.30 d（9.0）	2×OBz	163.5 s	
14	39.2 d	3.24 d（9.0）		163.9 s	
15	39.0 t	2.43 d（20.0）		129.3 s	7.06 t（8.0）
		2.20 d（20.0）		128.8 d	7.32 m
16	140.6 s			128.1 d	7.52 m
17	111.6 t	4.90 br s		133.0 d	7.71 d（8.0）
		5.07 br s			

注：溶剂 CDCl$_3$

化合物名称： anthriscifolmine D

分子式： C$_{33}$H$_{41}$NO$_9$　　　　　　　　**分子量**（$M+1$）：596

植物来源： *Delphinium anthriscifolium* var. *savatieri* (Franchet) Munz 卵瓣还亮草

参考文献： Liu X Y，Chen Q H，Wang F P. 2009. New C$_{20}$-diterpenoid alkaloids from *Delphinium anthriscifolium* var. *savatieri*. Helvetica Chimica Acta，92（4）：745-752.

anthriscifolmine D 的 NMR 数据

位置	δ_C/ppm	δ_H/ppm（J/Hz）	位置	δ_C/ppm	δ_H/ppm（J/Hz）
1	65.7 d	5.47 s	17	111.6 t	5.20 s
2	73.7 d	5.92～5.99 m			5.11 s
3	29.8 t	2.44 dd（14.8，2.8）	18	26.9 q	1.20 s
		2.36 dd（14.8，2.8）	19	196.5 d	9.87 s
4	44.4 s		20	63.4 d	4.53 s
5	56.3 d	2.96 s	21	33.5 q	2.59 s
6	62.9 d	3.54 d（2.8）	2-OCO	165.9 s	
7	63.3 d	4.48 d（3.6）	1′	131.4 s	
8	53.8 s		2′，6′	130.0 d	8.24 d（8.0）
9	51.0 d	3.36 d（8.8）	3′，5′	128.7 d	7.33 t（8.0）
10	59.9 s		4′	133.1 d	7.44 t（8.0）
11	74.1 d	4.61 d（8.8）	1″	176.4 s	
12	51.5 d	2.91 d（2.0）	2″	41.7 d	2.47～2.54 m
13	71.4 d	4.67 d（8.8）	3″	27.0 t	1.71～1.81 m
14	40.6 d	3.21 d（9.2）			1.43～1.54 m
15	68.5 d	6.43 s	4″	11.7 q	0.92 t（7.2）
16	148.1 s		5″	16.8 q	1.18 d（7.2）

注：溶剂 C$_5$D$_5$N；^{13}C NMR：100 MHz；^{1}H NMR：400 MHz

化合物名称：anthriscifolmine E

分子式：$C_{40}H_{49}NO_{13}$　　　　　　　　分子量（$M+1$）：752

植物来源：*Delphinium anthriscifolium* var. *savatieri* (Franchet) Munz　卵瓣还亮草

参考文献：Liu X Y，Chen Q H，Wang F P. 2009. New C₂₀-diterpenoid alkaloids from *Delphinium anthriscifolium* var. *savatieri*. Helvetica Chimica Acta，92（4）：745-752.

anthriscifolmine E 的 NMR 数据

位置	δ_C/ppm	δ_H/ppm（J/Hz）	位置	δ_C/ppm	δ_H/ppm（J/Hz）
1	69.4 d	5.81 d（4.0）	20	62.9 d	4.03 s
2	67.7 d	5.64 q（3.2）	21	33.5 q	2.39 s
3	29.2 t	2.29 dd（15.6，2.8）	1-OAc	169.6 s	
		1.70～1.80 m		21.4 q	2.03 s
4	43.8 s		2-OCO	165.2 s	
5	55.5 d	2.44 s	1′	129.9 s	
6	60.7 d	3.22 d（4.0）	2′，6′	129.6 d	7.90 d（8.0）
7	62.4 d	3.74 d（4.0）	3′，5′	128.5 d	7.42 t（8.0）
8	53.7 s		4′	133.3 d	7.56 t（8.0）
9	47.6 d	2.93 d（9.6）	11-OCOH	159.5 d	7.84 s
10	56.9 s		1″	176.8 s	
11	72.4 d	5.31 d（9.6）	2″	71.9 s	
12	44.4 d	2.68 s	3″	26.5 q	1.00 s
13	73.3 d	5.24 d（9.6）	4″	27.1 q	1.24 s
14	37.3 d	2.96 d（9.6）	1‴	178.4 s	
15	67.8 d	5.72 s	2‴	41.6 d	2.48～2.53 m
16	141.1 s		3‴	26.6 t	1.70～1.80 m
17	116.6 t	5.37 s			1.50～1.58 m
		5.13 s	4‴	11.8 q	0.97 t（7.2）
18	26.4 q	1.12 s	5‴	16.7 q	1.23 d（7.2）
19	196.9 d	9.27 s			

注：溶剂 CDCl₃；¹³C NMR：100 MHz；¹H NMR：400 MHz

化合物名称：anthriscifolmine F

分子式：C$_{40}$H$_{49}$NO$_{12}$ 分子量（$M+1$）：736

植物来源：*Delphinium anthriscifolium* var. *savatieri* (Franchet) Munz 卵瓣还亮草

参考文献：Liu X Y，Chen Q H，Wang F P. 2009. New C$_{20}$-diterpenoid alkaloids from *Delphinium anthriscifolium* var. *savatieri*. Helvetica Chimica Acta，92（4）：745-752.

anthriscifolmine F 的 NMR 数据

位置	δ_C/ppm	δ_H/ppm（J/Hz）	位置	δ_C/ppm	δ_H/ppm（J/Hz）
1	69.4 d	5.83 d（4.0）	20	63.0 d	3.89 s
2	67.8 d	5.64 q（3.2）	21	33.8 q	2.32 s
3	29.5 t	2.25 dd（15.2，2.8）	1-OAc	169.6 s	
		1.70～1.80 m		21.3 q	2.03 s
4	43.8 s		2-OCO	165.1 s	
5	55.6 d	2.42 s	1′	129.9 s	
6	60.6 d	3.16 d（4.0）	2′，6′	129.6 d	7.91 d（8.0）
7	62.5 d	3.70 d（3.2）	3′，5′	128.6 d	7.44 t（8.0）
8	53.5 s		4′	133.4 d	7.57 t（8.0）
9	47.5 d	2.89 d（9.2）	11-OCOH	159.6 d	7.86 s
10	56.7 s		1″	176.2 s	
11	71.6 d	5.28 d（9.6）	2″	33.3 d	2.18～2.22 m
12	44.3 d	2.67 s	3″	18.2 q	0.75 d（7.2）
13	72.5 d	5.12 d（9.6）	4″	18.7 q	0.97 d（7.2）
14	37.4 d	2.91 d（9.2）	1‴	178.5 s	
15	67.9 d	5.69 s	2‴	41.6 d	2.47～2.53 m
16	141.3 s		3‴	26.6 t	1.70～1.80 m
17	116.2 t	5.09 s			1.50～1.57 m
		5.33 s	4‴	11.8 q	0.96 t（7.2）
18	26.3 q	1.12 s	5‴	16.8 q	1.23 d（7.2）
19	195.3 d	9.30 s			

注：溶剂 CDCl$_3$；^{13}C NMR：100 MHz；^{1}H NMR：400 MHz

化合物名称：anthriscifolmine G

分子式：C$_{37}$H$_{43}$NO$_{13}$　　　　　　　　分子量（$M+1$）：710

植物来源：*Delphinium anthriscifolium* var. *savatieri* (Franchet) Munz 卵瓣还亮草

参考文献：Liu X Y，Chen Q H，Wang F P. 2009. New C$_{20}$-diterpenoid alkaloids from *Delphinium anthriscifolium* var. *savatieri*. Helvetica Chimica Acta，92（4）: 745-752.

anthriscifolmine G 的 NMR 数据

位置	δ_C/ppm	δ_H/ppm（J/Hz）	位置	δ_C/ppm	δ_H/ppm（J/Hz）
1	69.1 d	5.81 d（3.6）	18	26.5 q	1.08 s
2	67.6 d	5.62 q（3.2）	19	197.2 d	9.36 s
3	29.2 t	2.29 dd（15.6，3.2）	20	63.4 d	3.89 s
		1.75 dd（15.6，3.2）	21	33.7 q	2.45 s
4	43.7 s		1-OAc	169.5 s	
5	57.0 d	2.24 s		21.3 q	2.04 s
6	59.4 d	3.26 d（3.6）	2-OCO	165.1 s	
7	68.6 d	5.39 d（3.6）	1'	129.8 s	
8	51.4 s		2'，6'	129.6 d	7.90 d（7.2）
9	46.4 d	2.48 d（9.6）	3'，5'	128.6 d	7.43 t（7.2）
10	56.7 s		4'	133.4 d	7.57 t（7.2）
11	75.5 d	5.07 d（9.6）	7-OAc	170.1 s	
12	40.8 d	2.81 s		21.1 q	2.17 s
13	74.0 d	4.93 d（9.6）	11-OCOH	159.9 d	7.87 s
14	42.5 d	2.68 d（8.4）	1"	176.9 s	
15	124.4 d	5.77 s	2"	71.9 s	
16	142.9 s		3"	26.6 q	1.03 s
17	62.4 t	4.21 s	4"	27.1 q	1.25 s

注：溶剂 CDCl$_3$；^{13}C NMR：100 MHz；^{1}H NMR：400 MHz

化合物名称：anthriscifolmine H

分子式：C$_{37}$H$_{43}$NO$_{12}$　　　　　　　　　**分子量**（$M+1$）：694

植物来源：*Delphinium anthriscifolium* var. *savatieri* (Franchet) Munz 卵瓣还亮草

参考文献：Liu X Y，Chen Q H，Wang F P. 2009. New C$_{20}$-diterpenoid alkaloids from *Delphinium anthriscifolium* var. *savatieri*. Helvetica Chimica Acta，92（4）：745-752.

anthriscifolmine H 的 NMR 数据

位置	δ_C/ppm	δ_H/ppm（J/Hz）	位置	δ_C/ppm	δ_H/ppm（J/Hz）
1	69.1 d	5.84 d（3.6）	18	26.3 q	1.08 s
2	67.9 d	5.63 q（3.2）	19	196.5 d	9.34 s
3	29.5 t	2.29 dd（15.6，3.2）	20	63.4 d	3.78 s
		1.75 dd（15.6，3.2）	21	33.9 q	2.43 s
4	43.6 s		1-OAc	169.7 s	
5	57.1 d	2.24 s		21.3 q	2.04 s
6	59.4 d	3.22 d（2.8）	2-OCO	165.1 s	
7	68.6 d	5.38 d（3.6）	1′	129.8 s	
8	51.2 s		2′, 6′	129.6 d	7.92 d（7.2）
9	46.2 d	2.45 d（9.6）	3′, 5′	128.6 d	7.45 t（7.2）
10	56.5 s		4′	133.4 d	7.58 t（7.2）
11	75.8 d	5.03 d（9.6）	7-OAc	170.1 s	
12	40.6 d	2.79 s		21.1 q	2.16 s
13	72.2 d	4.83 d（9.6）	11-OCOH	160.0 d	7.89 s
14	42.8 d	2.64 d（8.4）	1″	176.3 s	
15	124.1 d	5.76 s	2″	33.5 d	2.23～2.27 m
16	143.1 s		3″	18.3 q	0.80 d（7.2）
17	62.5 t	4.20 s	4″	18.6 q	0.97 d（7.2）

注：溶剂 CDCl$_3$；^{13}C NMR：100 MHz；^{1}H NMR：400 MHz

化合物名称：barbaline

分子式：C$_{34}$H$_{37}$NO$_{11}$　　　　　　　　分子量（$M+1$）：636

植物来源：*Delphinium barbeyi* Huth.

参考文献：Manners G D，Wong R Y，Benson M，et al. 1996. The characterization and absolute stereochemistry of barbaline，a diterpenoid alkaloid from *Delphinium barbeyi*. Phytochemistry，42（3）：875-879.

barbaline 的 NMR 数据

位置	δ_C/ppm	δ_H/ppm （J/Hz）	位置	δ_C/ppm	δ_H/ppm （J/Hz）
1	72.4 d	5.55 d （4.2）	17	113.9 t	5.06 br s （1.5）
2	66.6 d	6.09 t （4.2）			4.96 br t （1.5）
3	71.9 d	5.22 d （3.9）	18	23.3 q	1.16 s
4	49.2 s		19	196.4 d	9.69 br s
5	57.6 d	2.52 s	20	66.0 d	3.81 s
6	62.7 d	3.03 br d （4.0）	21	33.6 q	2.43 s
7	67.6 d	3.94 d （4.0）	2-OCO	164.9 s	
8	49.5 s		1′	129.2 s	
9	48.6 d	2.96 dd （4.0，9.5）	2′，6′	129.8 d	7.98 m
10	56.5 s		3′，5′	128.8 d	7.48～7.66 m
11	71.0 d	5.43 dd （2.0，9.5）	4′	133.7 d	
12	60.0 d	2.84 d （2.0）	1-OAc	169.2 s	
13	206.2 s			20.9 q	2.03 s
14	53.8 d	2.80 br d （4.0）	3-OAc	170.2 s	
15	30.1 t	2.93 dt （18.0，1.5）		20.6 q	1.96 s
		2.77 d （18.0）	11-OAc	170.6 s	
16	136.8 s			21.5 q	2.10 s

注：溶剂 CDCl$_3$；^{13}C NMR：100 MHz；^{1}H NMR：400 MHz

化合物名称：barbisine

分子式：C$_{32}$H$_{35}$NO$_9$　　　　　　**分子量**（$M+1$）：578

植物来源：*Delphinium barbeyi* Huth.

参考文献：Kulanthaivel P，Holt E M，Olsen J D，et al. 1990. Barbisine，a C$_{20}$-diterpenoid alkaloid from *Delphinium barbeyi*. Phytochemistry，29（1）：293-295.

barbisine 的 NMR 数据

位置	δ_C/ppm	δ_H/ppm（J/Hz）	位置	δ_C/ppm	δ_H/ppm（J/Hz）
1	68.8 d	5.17 d（3.1）	17	115.7 t	5.03 d（2.1）
2	68.4 d	5.30 q（3.1）			4.95 d（2.1）
3	29.6 t		18	26.1 q	1.11 s
4	43.9 s		19	196.6 d	9.23 s
5	59.3 d		20	67.2 d	3.62 s
6	61.7 d		21	34.9 q	2.45 s
7	74.5 d	5.05 s	1-OAc	170.0 s	
8	46.9 s			20.9 q	2.14 s
9	56.4 d	3.10 d（4.5）	7-OAc	170.0 s	
10	54.1 s			20.6 q	2.10 s
11	63.2 d	3.78 d（4.5）	2-OBz	165.3 s	
12	61.0 d			129.6 s	
13	208.8 s			129.6 d	
14	50.6 d			128.6 d	7.43～7.85 m
15	28.9 t			133.5 d	
16	135.5 s				

注：溶剂 CDCl$_3$

化合物名称：carmichaedine

分子式：C$_{32}$H$_{45}$NO$_8$　　　　　　　　　分子量（$M+1$）：572

植物来源：*Aconitum carmichaeli* Debx. 乌头

参考文献：Yu J，Yin T P，Wang J P，et al. 2017. A new C$_{20}$-diterpenoid alkaloid from the lateral roots of *Aconitum carmichaeli*. Natural Product Research，31（2）：228-232.

carmichaedine 的 NMR 数据

位置	δ_C/ppm	δ_H/ppm（J/Hz）	位置	δ_C/ppm	δ_H/ppm（J/Hz）
1	32.5 t	2.62 m	17	110.1 t	4.96 br s
		2.50 m			4.77 br s
2	69.0 d	5.13 m	18	25.9 q	1.03 s
3	34.4 t	2.26 dd（15.0，4.8）	19	198.3 d	9.32 s
		1.50 dd（15.0，4.8）	20	66.7 d	3.30 br s
4	44.4 s		21	33.5 q	2.32 s
5	60.4 d	1.98 br s	1′	177.0 s	
6	59.9 d	3.01 br s	2′	34.5 d	2.50 m
7	71.2 d	4.98 d（4.8）	3′	19.0 q	1.14 s
8	49.9 s		4′	19.1 q	1.15 s
9	52.8 d	2.42 d（9.0）	7-OAc	170.0 s	
10	54.0 s			21.0 q	2.07 s
11	74.9 d	4.26 d（9.0）	1‴	175.7 s	
12	47.8 d	2.52 m	2‴	41.1 d	2.32 d
13	73.9 d	5.11 t（2.4）	3‴	26.3 t	1.69 t
14	42.3 d	2.61 m			1.49 t
15	30.0 t	2.04 d（18.0）	4‴	11.5 q	0.90 t（8.0）
		2.33 d（18.0）	5‴	16.6 q	1.15 d（8.0）
16	143.0 s				

注：溶剂 CDCl$_3$；^{13}C NMR：150 MHz；^{1}H NMR：600 MHz

化合物名称：delgrandine

分子式：C$_{41}$H$_{43}$NO$_{12}$　　　　　　分子量（$M+1$）：742

植物来源：*Delphinium grandiflorum* L. 翠雀

参考文献：Deng Y P，Chen D H，Song W L. 1992. Alkaloidal constituents of *Delphinium grandiflorum* L. Acta Chimica Sinica，50（8）：822-826.

delgrandine 的 NMR 数据

位置	δ_C/ppm	δ_H/ppm（J/Hz）	位置	δ_C/ppm	δ_H/ppm（J/Hz）
1	72.0 d	6.00 d（3.5）	19	190.5 d	9.00 br s
2	66.2 d	6.05 dd（3.5，3.5）	20	64.6 d	3.92 s
3	71.8 d	5.15 d（3.5）	21	35.0 q	2.67 s
4	48.9 s		3×OAc	170.7 s	
5	59.4 d	2.05 s		170.0 s	
6	62.7 d	3.28 br s		169.3 s	
7	72.9 d	3.82 br s		21.6 q	1.88 s
8	49.9 s			21.2 q	2.02 s
9	52.4 d	2.40 d（9.3）		20.6 q	2.11 s
10	55.3 s		2×OBz	165.5 s	
11	74.6 d	5.52 d（9.3）		164.0 s	
12	45.9 d	2.58 br s		129.4 d	7.04 t（8.0）
13	73.7 d	5.35 d（9.3）		129.0 d	7.33 m
14	39.3 d	3.35 d（9.3）		128.3 d	7.54 m
15	29.4 t	2.20 d（19.0）		133.1 d	7.69 d（8.0）
		2.88 d（19.0）	OH		3.50 br s
16	141.5 s				
17	111.3 t	4.90 br s			
		5.05 br s			
18	22.9 q	1.11 s			

注：溶剂 CDCl$_3$

化合物名称：majusimine A

分子式：$C_{45}H_{47}NO_{15}$　　　　　　　分子量（$M+1$）：842

植物来源：*Delphinium majus* W. T. Wang　金沙翠雀花

参考文献：Chen F Z，Chen D L，Chen Q H，et al. 2009. Diterpenoid alkaloids from *Delphinium majus*. Journal of Natural Products，72（1）：18-23.

majusimine A 的 NMR 数据

位置	δ_C/ppm	δ_H/ppm（J/Hz）	位置	δ_C/ppm	δ_H/ppm（J/Hz）
1	71.8 d	6.01 d（3.6）	1-OAc	169.6 s	
2	66.1 d	6.08 t（3.6）		20.4 q	1.89 s
3	71.8 d	5.18 d（3.16）	3-OAc	169.4 s	
4	49.2 s			20.8 q	2.15 s
5	59.7 d	2.15（hidden）	7-OAc	170.1 s	
6	59.8 d	3.10 s		21.0 q	2.12 s
7	69.9 d	4.90 s	11-OAc	170.7 s	
8	51.5 s			21.0 q	2.05 s
9	48.9 d	2.72 d（9.6）	15-OAc	170.7 s	
10	55.8 s			21.0 q	2.11 s
11	73.4 d	5.61 d（9.6）	2-OCO	164.0 s	
12	44.5 d	2.68 d（2.0）	1'	129.0 s	
13	72.4 d	5.22 dd（10.0，2.0）	2'，6'	129.4 d	7.77 d（8）
14	37.1 d	3.24 dd（10.0，2.0）	3'，5'	128.3 d	7.08 t（8）
15	65.5 d	5.66 s	4'	133.3 d	7.34 t（8）
16	141.7 s		13-OCO	165.6 s	
17	118.7 t	5.32 s	1'	129.0 s	
		5.38 s	2'，6'	129.4 d	7.56 d（7.6）
18	23.3 q	1.14 s	3'，5'	128.3 d	7.29 t（7.6）
19	193.3 d	9.51 s	4'	133.3 d	7.52 t（7.6）
20	63.3 d	3.91 s			
21	34.0 q	2.50 s			

注：溶剂 $CDCl_3$；^{13}C NMR：100 MHz；^{1}H NMR：400 MHz

化合物名称：majusimine B

分子式：$C_{43}H_{45}NO_{14}$　　　　　　　　分子量（$M+1$）：800

植物来源：*Delphinium majus* W. T. Wang　金沙翠雀花

参考文献：Chen F Z，Chen D L，Chen Q H，et al. 2009. Diterpenoid alkaloids from *Delphinium majus*. Journal of Natural Products，72（1）：18-23.

majusimine B 的 NMR 数据

位置	δ_C/ppm	δ_H/ppm（J/Hz）	位置	δ_C/ppm	δ_H/ppm（J/Hz）
1	71.5 d	6.02 d（4）	20	63.3 d	3.91 s
2	67.6 d	6.08 t（4）	21	35.4 q	
3	71.8 d	5.17 t（4）	1-OAc	170.2 s	
4	49.0 s			20.5 q	
5	58.8 d		3-OAc	169.4 s	
6	62.5 d			21.1 q	
7	70.5 d	3.67 s	11-OAc	171.8 s	
8	53.2 s			21.3 q	
9	48.2 d		15-OAc	170.9 s	
10	55.1 s			21.4 q	
11	73.4 d	5.60 br d（9.6）	2-OCO	164.2 s	
12	44.5 d		1′	129.0 s	
13	72.5 d		2′, 6′	129.6 d	
14	37.2 d	5.24 dt（9.6, 2.4）	3′, 5′	128.5 d	
15	66.0 d	5.78 br s	4′	133.3 d	
16	141.3 s		13-OCO	165.7 s	
17	118.9 t	5.32 s	1′	129.0 s	
		5.38 s	2′, 6′	129.1 d	
18	22.6 q	1.14 s	3′, 5′	128.4 d	
19	193.0 d		4′	133.3 d	

注：溶剂 CDCl₃；¹³C NMR：100 MHz；¹H NMR：400 MHz

化合物名称：majusimine C

分子式：C$_{41}$H$_{43}$NO$_{13}$　　　　　　　分子量（$M+1$）：758

植物来源：*Delphinium majus* W. T. Wang　金沙翠雀花

参考文献：Chen F Z，Chen D L，Chen Q H，et al. 2009. Diterpenoid alkaloids from *Delphinium majus*. Journal of Natural Products，72（1）：18-23.

majusimine C 的 NMR 数据

位置	δ_C/ppm	δ_H/ppm（J/Hz）	位置	δ_C/ppm	δ_H/ppm（J/Hz）
1	73.1 d	6.44 d（4.0）	19	194.0 d	10.07 s
2	67.0 d	6.77 t（4.0）	20	64.9 d	4.40 s
3	73.1 d	5.62 d（4.0）	21	35.0 q	3.08 s
4	49.7 s		1-OAc	170.3 s	
5	60.0 d	2.36 s		20.3 q	1.88 s
6	63.1 d	3.65 s	3-OAc	170.3 s	
7	69.3 d	4.74 s		20.4 q	2.09 s
8	55.5 s		11-OAc	170.8 s	
9	48.8 d	3.23 d（10）		21.5 q	2.19 s
10	55.8 s		2-OCO	164.9 s	
11	74.3 d	6.33 d（10）	1'	129.0 s	
12	44.5 d	2.99 br s	2', 6'	129.4 d	7.98 d（8）
13	72.7 d	5.47 br d（10）	3', 5'	128.6 d	7.14 t（8）
14	37.0 d	3.68 d（10）	4'	133.7 d	7.29 t（8）
15	65.1 d	5.20 s	13-OCO	165.9 s	
16	143.7 s		1'	129.0 s	
17	114.7 t	5.34 s	2', 6'	129.9 d	8.06 d（7.6）
		5.39 s	3', 5'	128.9 d	7.40 t（7.6）
18	23.2 q	1.32 s	4'	133.3 d	7.48 t（7.6）

注：溶剂 C$_5$D$_5$N；^{13}C NMR：100 MHz；^{1}H NMR：400 MHz

化合物名称：majusimine D

分子式：$C_{34}H_{37}NO_{12}$　　　　　　　　分子量（$M+1$）：652

植物来源：*Delphinium majus* W. T. Wang　金沙翠雀花

参考文献：Chen F Z，Chen D L，Chen Q H，et al. 2009. Diterpenoid alkaloids from *Delphinium majus*. Journal of Natural Products，72（1）：18-23.

majusimine D 的 NMR 数据

位置	δ_C/ppm	δ_H/ppm（J/Hz）	位置	δ_C/ppm	δ_H/ppm（J/Hz）
1	73.6 d	6.20 t（4.0）	17	116.8 t	5.30 s
2	67.2 d	6.84 t（4.0）			5.36 s
3	73.0 d	5.63 d（4.0）	18	23.6 q	1.32 s
4	49.9 s		19	194.1 s	10.28 s
5	59.4 d	2.42 s	20	67.7 d	4.47 s
6	63.7 d	3.69 s	21	35.5 q	3.06 s
7	68.4 d	4.79 s	1-OAc	170.1 s	
8	55.6 s			20.7 q	2.09 s
9	49.7 d	3.69（hidden）	3-OAc	170.4 s	
10	56.2 s			20.4 q	1.94 s
11	71.2 d	6.40 d（5.2）	11-OAc	170.6 s	
12	60.0 d	3.42 s		21.3 q	2.07 s
13	208.2 s		2-OBz	165.4 s	
14	48.8 d	3.48 s	1'	129.5 s	
15	65.3 d	5.32 s	2', 6'	129.8 d	8.13 d（7.2）
16	144.4 s		3', 5'	129.1 d	7.40 t（7.2）
			4'	133.9 d	7.50 t（7.2）

注：溶剂 C_5D_5N；¹³C NMR：100 MHz；¹H NMR：400 MHz

化合物名称：rotundifosine D

分子式：C$_{43}$H$_{45}$NO$_{13}$　　　　　　　　分子量（$M+1$）：784

植物来源：*Aconitum rotundifolium* Kar. & Kir. 圆叶乌头

参考文献：Zhang J F，Li Y，Gao F，et al. 2019. Four new C$_{20}$-diterpenoid alkaloids from *Aconitum rotundifolium*. Journal of Asian Natural Products Research，21（7）：716-724.

rotundifosine D 的 NMR 数据

位置	δ_C/ppm	δ_H/ppm（J/Hz）	位置	δ_C/ppm	δ_H/ppm（J/Hz）
1	69.9 d	5.86 d（3.6）	20	63.7 d	3.90 s
2	66.7 d	5.78 q（3.6）	21	33.5 q	2.41 s
3	29.6 t	1.70 dd（16.2，3.6）	1-OAc	171.1 s	
		2.14~2.16 m		21.6 q	2.11 s
4	43.8 s		7-OAc	169.5 s	
5	56.8 d	2.22 s		21.2 q	2.07 s
6	59.6 d	3.08（overlapped）	11-OAc	169.8 s	
7	70.6 d	5.28 d（3.6）		21.6 q	2.01 s
8	50.9 s		15-OAc	170.0 s	
9	47.6 d	3.08（overlapped）		21.8 q	2.13 s
10	56.2 s		2-OBz	164.7 s	
11	73.1 d	5.69 d（9.6）	1′	128.4 s	
12	44.0 d	2.67 d（2.4）	2′，6′	129.5 d	7.53 d（7.8）
13	73.1 d	5.14 dt（9.6，2.4）	3′，5′	128.5 d	7.28 t（7.8）
14	40.5 d	2.95 dd（9.6，2.4）	4′	133.5 d	7.32 t（7.8）
15	71.1 d	5.68 s	13-OBz	166.0 s	
16	142.3 s		1′	129.6 s	
17	118.3 t	5.22 s	2′，6′	129.3 d	7.74 d（7.8）
		5.35 s	3′，5′	128.4 d	7.09 t（7.8）
18	26.5 q	1.01 s	4′	133.1 d	7.46 t（7.8）
19	196.6 d	9.20 s			

注：溶剂 CDCl$_3$；^{13}C NMR：150 MHz；^{1}H NMR：600 MHz

化合物名称：tangutisine A

分子式：C$_{41}$H$_{43}$NO$_{11}$　　　　　　　　分子量（M + 1）：726

植物来源：*Aconitum tanguticum* (Maxim.) Stapf 甘青乌头

参考文献：Li L，Zhao J F，Wang Y B，et al. 2004. A novel 19, 21-secohetisan diterpenoid alkaloid from *Aconitum tanguticum*. Helvetica Chimica Acta，87（4）：866-868.

tangutisine A 的 NMR 数据

位置	δ_C/ppm	δ_H/ppm（J/Hz）	位置	δ_C/ppm	δ_H/ppm（J/Hz）
1	31.9 t	2.98 dd（3.6，15.1）	19	197.8 d	9.37 s
		1.86 dd（3.6，15.1）	20	65.8 d	3.67 s
2	68.3 d	5.51 m	21	33.4 q	2.43 s
3	34.2 t	2.29 br d（15.5）	7-OAc	169.4 s	
		1.49 dd（3.2，15.5）		21.0 q	2.17 s
4	43.9 s		11-OAc	170.4 s	
5	59.1 d	2.04 s		21.4 q	2.09 s
6	60.1 d	3.05 d（3.3）	15-OAc	169.9 s	
7	70.5 d	5.28 d（3.6）		21.6 q	2.07 s
8	51.5 s		2-OBz	165.3 s	
9	49.1 d	3.01 br s	1′	128.9 s	
10	52.9 s		2′，6′	129.4 d	7.62 dd（1.1，7.3）
11	73.1 d	5.57 dd（9.0，2.6）	3′，5′	128.3 d	7.33（overlapped）
12	43.6 d	2.81 d（2.6）	4′	132.9 d	7.49 m
13	73.5 d	5.14 m	13-OBz	166.0 s	
14	40.5 d	2.91 dd（1.9，9.7）	1″	129.7 s	
15	71.1 d	5.68 s	2″，6″	129.4 d	7.75 dd（1.2，7.5）
16	142.9 s		3″，5″	128.3 d	7.08（overlapped）
17	117.8 t	5.36 s	4″	133.2 d	7.33（overlapped）
		5.23 s			
18	26.3 q	1.00 s			

注：溶剂 CDCl$_3$；^{13}C NMR：125 MHz；^{1}H NMR：500 MHz

化合物名称：tangutisine B

分子式：C$_{32}$H$_{35}$NO$_9$　　　　　　　分子量（$M+1$）：578

植物来源：*Aconitum tanguticum* (Maxim.) Stapf 甘青乌头

参考文献：Wang Y B，Huang R，Zhang H B，et al. 2005. Diterpenoid alkaloids from *Aconitum tanguticum*. Helvetica Chimica Acta，88（5）：1081-1084.

tangutisine B 的 NMR 数据

位置	δ_C/ppm	δ_H/ppm（J/Hz）	位置	δ_C/ppm	δ_H/ppm（J/Hz）
1	31.8 t	2.23 br d（14.5）	16	136.2 s	
		1.95 dd（3.6，15.0）	17	123.8 t	5.53 s
2	68.1 d	5.55 m			5.38 s
3	34.3 t	2.47 br s	18	26.2 q	1.05 s
		1.53 dd（3.2，15.5）	19	198.6 d	9.50 s
4	44.1 s		20	70.9 d	3.38 br s
5	58.3 d	2.08 s	21	33.7 q	2.40 s
6	61.1 d	3.18 d（3.3）	2-OCO	166.2 s	
7	69.6 d	5.30 d（3.5）	1′	130.1 s	
8	50.3 s		2′，6′	129.5 d	7.89 dd（1.1，7.2）
9	52.5 d	2.76 d（2.2）	3′，5′	128.6 d	7.44（overlapped）
10	50.3 s		4′	133.7 d	7.57 m
11	63.6 d	4.14 d（4.5）	7-OAc	169.5 s	
12	60.3 d	3.34 d（4.6）		21.5 q	2.13 s
13	205.3 s		15-OAc	169.4 s	
14	57.4 d	2.51 br d（2.3）		21.0 q	2.07 s
15	71.0 d	5.94 s			

注：溶剂 CDCl$_3$；^{13}C NMR：125 MHz；^{1}H NMR：500 MHz

化合物名称：tatsienenseine A

分子式：$C_{43}H_{45}NO_{13}$　　　　　　　分子量（$M+1$）：784

植物来源：*Delphinium tatsienense* Franch. 康定翠雀花

参考文献：Chen F Z，Chen Q Z，Liu X Y，et al. 2011. Diterpenoid alkaloids from *Delphinium tatsienense*. Helvetica Chimica Acta，94（5）：853-858.

tatsienenseine A 的 NMR 数据

位置	δ_C/ppm	δ_H/ppm（J/Hz）	位置	δ_C/ppm	δ_H/ppm（J/Hz）
1	69.8 d	5.85 d（4.0）	20	63.5 d	3.91 s
2	66.5 d	5.80 t（4.0）	21	33.3 q	2.43 s
3	65.1 d	5.27 d（4.0）	1-OAc	169.8 s	
4	51.8 s			21.6 q	2.00 s
5	56.6 d	2.21 s	3-OAc	169.6 s	
6	58.7 d	3.10 d（4.0）		21.3 q	2.12 s
7	29.5 t	1.71 dd（16.0，4.0）	11-OAc	170.7 s	
		21.5（overlapped）		20.9 q	2.09 s
8	43.8 s		15-OAc	170.7 s	
9	49.1 d	2.88 d（10.0）		20.9 q	2.09 s
10	56.1 s		2-OCO	164.5 s	
11	73.2 d	5.44 brd（9.6）	1′	129.0 s	
12	44.9 d	2.69 d（3.0）	2′，6′	129.4 d	7.76 d（7.6）
13	72.7 d	5.34 dt（9.6，3.0）	3′，5′	128.3 d	7.10 t（7.6）
14	39.0 d	3.23 dd（10.0，3.0）	4′	133.3 d	7.35 t（7.6）
15	66.0 d	5.78 s	13-OCO	165.7 s	
16	141.7 s		1′	129.0 s	
17	115.3 t	5.16 s	2′，6′	129.3 d	7.53 d（7.2）
		5.26 s	3′，5′	128.2 d	7.29 t（7.2）
18	26.2 q	1.02 s	4′	133.3 d	7.46 t（7.2）
19	196.0 d	9.23 s			

注：溶剂 CDCl_3；^{13}C NMR：100 MHz；^1H NMR：400 MHz

化合物名称：trifoliolasine D

分子式：C$_{43}$H$_{45}$NO$_{13}$　　　　　　　　分子量（$M+1$）：784

植物来源：*Delphinium trifoliolatum* Finet et Gagnep. 三小叶翠雀花

参考文献：Zhou X L，Chen D L，Chen Q H，et al. 2005. C$_{20}$-diterpenoid alkaloids from *Delphinium trifoliolatum*. Journal of Natural Products，68（7）：1076-1079.

trifoliolasine D 的 NMR 数据

位置	δ_C/ppm	δ_H/ppm （J/Hz）	位置	δ_C/ppm	δ_H/ppm （J/Hz）
1	69.7 d	5.86 d（4.0）	20	63.7 d	3.93 s
2	66.4 d	5.80 d（3.2）	21	33.5 q	2.48 s
3	29.6 t	1.72 dd（15.6，3.6）	1-OAc	169.7 s	
		2.05 t（15.6）		20.8 q	2.10 s
4	43.4 s		7-OAc	169.5 s	
5	56.4 d	2.23 s		20.7 q	2.01 s
6	59.0 d	3.15 d（3.6）	11-OAc	170.6 s	
7	65.0 d	5.28 d（3.6）		21.3 q	2.13 s
8	51.7 s		15-OAc	170.6 s	
9	49.0 d	2.90 dd（9.6，2.4）		21.2 q	2.10 s
10	56.0 s		2-OCO	165.6 s	
11	73.1 d	5.45 d（9.6）	1′	128.2 s	
12	44.9 d	2.69 d（2.0）	2′，6′	129.1 d	7.76 dd（8.0，1.2）
13	72.6 d	5.35 dt（10.0，2.0）	3′，5′	128.1 d	7.10 t（8.0）
14	39.1 d	3.25 dd（10.0，2.0）	4′	133.2 d	7.30 m
15	65.9 d	5.76 d（2.0）	13-OCO	164.5 s	
16	141.7 s		1′	128.9 s	
17	115.3 t	5.10 d（2.0）	2′，6′	129.3 d	7.55 dd（8.0，1.2）
		5.26 d（2.0）	3′，5′	128.2 d	7.29 t（8.0）
18	26.0 q	1.03 s	4′	132.9 d	7.47 m
19	186.4 d	9.05 br s			

注：溶剂 CDCl$_3$；^{13}C NMR：100 MHz；^{1}H NMR：400 MHz

化合物名称：trifoliolasine E

分子式：C$_{39}$H$_{41}$NO$_{11}$ 分子量（$M+1$）：700

植物来源：*Delphinium trifoliolatum* Finet et Gagnep. 三小叶翠雀花

参考文献：Zhou X L，Chen D L，Chen Q H，et al. 2005. C$_{20}$-diterpenoid alkaloids from *Delphinium trifoliolatum*. Journal of Natural Products，68（7）：1076-1079.

trifoliolasine E 的 NMR 数据

位置	δ_C/ppm	δ_H/ppm（J/Hz）	位置	δ_C/ppm	δ_H/ppm（J/Hz）
1	69.5 d	5.93 d（3.2）	19	184.5 d	8.93 br s
2	66.3 d	5.76 m	20	63.6 d	3.90 s
3	29.9 t	1.81 dd（16.0，4.0）	21	31.6 q	2.47 s
		2.01 s	1-OAc	169.7 s	
4	42.1 s			20.2 q	2.02 s
5	54.8 d	2.54 s	11-OAc	170.5 s	
6	61.5 d	3.18 d（4.0）		19.9 q	2.11 s
7	61.8 d	4.37 d（4.0）	2-OCO	165.4 s	
8	54.9 s		1′	128.2 s	
9	46.5 d	2.97 dd（9.2，2.0）	2′，6′	128.5 d	7.75 dd（8.4，1.2）
10	54.0 s		3′，5′	127.4 d	7.06 t（7.6）
11	73.2 d	5.35 dd（10.0，2.4）	4′	132.3 d	7.30 m
12	44.8 d	2.67 d（2.4）	13-OCO	164.1 s	
13	73.2 d	5.37 d（9.6）	1′	128.2 s	
14	38.2 d	3.26 dt（10.0，2.0）	2′，6′	128.6 d	7.53 m
15	64.1 d	4.58 t（2.0）	3′，5′	127.5 d	7.53 m
16	146.3 s		4′	132.5 d	7.51 m
17	112.4 t	5.26 d（2.4）			
		5.41 d（1.2）			
18	23.4 q	1.07 s			

注：溶剂 CDCl$_3$-CD$_3$OD；^{13}C NMR：100 MHz；^{1}H NMR：400 MHz

化合物名称：trifoliolasine F

分子式：$C_{39}H_{41}NO_{10}$　　　　　　分子量（$M+1$）：684

植物来源：*Delphinium trifoliolatum* Finet et Gagnep. 三小叶翠雀花

参考文献：Zhou X L，Chen D L，Chen Q H，et al. 2005. C₂₀-diterpenoid alkaloids from *Delphinium trifoliolatum*. Journal of Natural Products，68（7）：1076-1079.

trifoliolasine F 的 NMR 数据

位置	δ_C/ppm	δ_H/ppm（J/Hz）	位置	δ_C/ppm	δ_H/ppm（J/Hz）
1	70.2 d	5.91 d（3.6）	18	25.7 q	1.06 s
2	66.8 d	5.78 dd（6.4，3.6）	19	184.9 d	8.87 s
3	29.9 t	1.71 dd（16.0，3.6）	20	64.2 d	3.92 s
		2.01 m	21	34.8 q	2.61 s
4	43.6 s		1-OAc	169.6 s	
5	57.2 d	1.94 s		21.4 q	2.05 s
6	62.5 d	3.27 br s	11-OAc	170.9 s	
7	73.0 d	3.76 d（1.5）		21.2 q	1.99 s
8	49.8 s		2-OCO	165.8 s	
9	52.7 d	2.41 dd（9.6，2.0）	1′	129.3 s	
10	55.3 s		2′，6′	129.3 d	7.79 d（8.4）
11	74.8 d	5.49 d（9.6）	3′，5′	128.1 d	7.06 t（8.0）
12	45.9 d	2.56 d（2.4）	4′	132.9 d	7.26 m
13	73.8 d	5.32 dt（10.0，2.0）	13-OCO	164.5 s	
14	39.3 d	3.32 dd（9.6，2.0）	1′	129.1 s	
15	29.3 t	2.83 dt（18.0，1.0）	2′，6′	129.1 d	7.55 d（8.4）
		2.18 m	3′，5′	128.2 d	7.28 t（8.0）
16	141.8 s		4′	133.0 d	7.46 m
17	111.1 t	4.89 br s			
		5.04 br s			

注：溶剂 CDCl₃；¹³C NMR：100 MHz；¹H NMR：400 MHz

2.6　纳哌啉型（napelline type，C6）

化合物名称：1-acetylluciculine

分子式：$C_{24}H_{35}NO_4$　　　　　　　　分子量（$M+1$）：402

植物来源：*Aconitum yesoense* Nakai

参考文献：Takayama H，Tokita A，Ito M，et al. 1982. On the alkaloids of *Aconitum yesoense* Nakai. Yakugaku Zasshi，102（3）：245-257.

1-acetylluciculine 的 NMR 数据

位置	δ_C/ppm	δ_H/ppm （J/Hz）	位置	δ_C/ppm	δ_H/ppm （J/Hz）
1	74.5 d		13	47.8 d	
2	27.0 t		14	37.9 t	
3	30.1 t		15	77.5 d	
4	34.4 s		16	159.2 s	
5	47.8 d		17	108.6 t	
6	23.2 t		18	26.0 q	
7	44.7 d		19	57.4 t	
8	50.1 s		20	65.2 d	
9	36.9 d		21	50.8 t	
10	50.4 s		22	13.4 q	
11	28.6 t		1-OAc	171.2 s	
12	75.7 d			22.1 q	

注：溶剂 CDCl_3

化合物名称：1-epi-napelline

分子式：C$_{22}$H$_{33}$NO$_3$　　　　　　　　分子量（$M+1$）：360

植物来源：*Aconitum flavum* Hand.-Mazz. 伏毛铁棒锤

参考文献：Chen Z G，Lao A N，Wang H C，et al. 1987. Studies on the active principles from *Aconitum flavum* Hand.-Mazz. The structures of five new diterpenoid alkaloids. Heterocycles，26（6）：1455-1460.

1-epi-napelline 的 NMR 数据

位置	δ_C/ppm	δ_H/ppm（J/Hz）	位置	δ_C/ppm	δ_H/ppm（J/Hz）
1	77.0 d	3.89 dd（6.3，9.9）	14	38.5 t	1.00 dd（4.0，12.0）
2	31.2 t				1.90 d（12.0）
3	32.4 t		15	79.4 d	4.15 br s
4	35.3 s		16	160.0 s	
5	49.1 d		17	108.4 t	5.12 br s
6	24.1 t				5.15 br s
7	45.0 d		18	26.8 q	0.80 s
8	51.0 s		19	59.0 t	2.09 ABq（11.2）
9	38.1 d				2.37 ABq（11.2）
10	54.0 s		20	67.0 d	3.45 br s
11	29.7 t		21	52.1 t	
12	76.7 d	3.52 dd（7.0，9.5）	22	13.7 q	1.13 t（7.1）
13	50.6 d	2.38 d（3.7）			

注：溶剂 CD$_3$OD；^{13}C NMR：100 MHz；^{1}H NMR：400 MHz

化合物名称：3α-hydroxy-12-epi-napelline

分子式：C$_{22}$H$_{33}$NO$_4$　　　　　　分子量（$M+1$）：376

植物来源：*Aconitum brunneum* Hand.-Mazz. 褐紫乌头

参考文献：Gao L M，Wei X M，Jin X L，et al. 2004. A new diterpene alkaloid from *Aconitum brunneum* Hand.-Mazz. Heterocycles，63（5）：1181-1184.

3α-hydroxy-12-epi-napelline 的 NMR 数据

位置	δ$_C$/ppm	δ$_H$/ppm（J/Hz）	位置	δ$_C$/ppm	δ$_H$/ppm（J/Hz）
1	70.9 d	3.76 br s	13	44.6 d	2.81 dd（8.8，3.2）
2	44.2 t	1.86 m	14	33.2 t	1.13 dd（12.0，3.2）
		1.52 m			1.81 d（12.0）
3	68.0 d	3.78 br s	15	76.9 d	4.25 br s
4	33.0 s		16	154.6 s	
5	49.7 d	1.32 m	17	111.6 t	5.10 br s
6	23.1 t	2.40 d（8.0）			5.29 br s
		1.29 m	18	25.5 q	0.76 s
7	43.8 d	2.11 m	19	55.6 t	2.42 m
8	51.2 s				2.15 m
9	38.4 d	2.07 m	20	63.5 d	3.24 br s
10	54.2 s		21	50.3 t	2.48 m
11	30.1 t	2.40 m			2.58 m
		1.67 ddd（14.4，6.8，2.0）	22	12.6 q	1.17 t（7.2）
12	67.5 d	4.18 dt（8.8，2.0）			

注：溶剂 CDCl$_3$；^{13}C NMR：100 MHz；^{1}H NMR：400 MHz

化合物名称：12-acetyldehydrolucidusculine

分子式：$C_{26}H_{35}NO_5$　　　　　　　分子量（$M+1$）：442

植物来源：*Aconitum yesoense* var. *macroyesoense* (Nakai) Tamura

参考文献：Bando H，Wada K，Amiya T，et al. 1987. Studies on the *Aconitum* species. Ⅴ. Constituents of *Aconitum yesoense* var. *macroyesoense* (Nakai) Tamura. Heterocycles，26（10）：2623-2637.

12-acetyldehydrolucidusculine 的 NMR 数据

位置	δ_C/ppm	δ_H/ppm（J/Hz）	位置	δ_C/ppm	δ_H/ppm（J/Hz）
1	67.6 d		15	77.9 d	4.98 s
2	29.8 t		16	150.7 s	
3	24.5 t		17	111.8 t	5.29 s
4	37.8 s				5.45 s
5	45.9 d		18	19.0 q	0.81 s
6	23.9 t		19	92.8 d	
7	48.3 d		20	65.6 d	
8	49.3 s		21	48.3 t	
9	33.6 d		22	14.2 q	1.01 t（7.0）
10	51.8 s		12-OAc	170.4 s	
11	26.3 t			21.3 q	2.06 s
12	77.4 d		15-OAc	170.8 s	
13	43.3 d			21.5 q	2.14 s
14	28.6 t				

注：溶剂 CDCl₃

化合物名称：12-epi-15-*O*-acetyl-17-benzoyl-16-hydroxy-16,17-dihydronapelline

分子式：$C_{31}H_{41}NO_7$　　　　　　　　分子量（$M+1$）：540

植物来源：*Aconitum carmichaeli* Debx. 乌头

参考文献：Yu H J，Liang T T. 2012. A new alkaloid from the roots of *Aconitum carmichaeli* Debx. Journal of the Chinese Chemical Society，59（6）：693-695.

12-epi-15-*O*-acetyl-17-benzoyl-16-hydroxy-16,17-dihydronapelline 的 NMR 数据

位置	δ_C/ppm	δ_H/ppm（*J*/Hz）	位置	δ_C/ppm	δ_H/ppm（*J*/Hz）
1	70.7 d	4.14 dd（10.0，6.0）	15	86.1 d	4.95 s
2	31.2 t	1.79～1.82 m	16	77.6 s	
		2.29～2.32 m	17	69.5 t	4.55 d（12.0）
3	38.4 t	1.28～1.31 m			4.60 d（12.0）
		1.52～1.55 m	18	25.9 q	0.71 s
4	33.6 s		19	56.8 t	2.23 d（8.0）
5	52.6 d	1.40 d（7.0）			2.51 br s
6	23.2 t	1.23～1.28 m	20	66.8 d	3.71 br s
7	42.2 d	2.12 d（5.0）	21	50.9 t	2.40 br s
8	50.9 s				2.51 br s
9	51.5 d	1.76 d（9.5）	22	13.4 q	1.04 br s
10	42.9 s		15-OAc	21.4 q	2.02 s
11	20.2 t	1.50～1.52 m		171.9 s	
		2.11～2.14 m	17-OBz	166.4 s	
12	70.9 d	4.63 d（9.5）	1′	130.0 s	
13	45.4 d	1.87 s	2′，6′	129.6 d	8.00 d（7.5）
14	27.6 t	1.23～1.25 m	3′，5′	128.5 d	7.43 t（7.5）
		1.90～1.93 m	4′	133.1 s	7.54 t（7.0）

注：溶剂 CDCl₃；¹³C NMR：125 MHz；¹H NMR：500 MHz

化合物名称：12-epiacetyldehydroluciducidusculline

分子式：C$_{26}$H$_{35}$NO$_5$　　　　　分子量（$M+1$）：442

植物来源：*Aconitum pendulum* Busch 铁棒锤

参考文献：Zhang S M，Tan L Q，Ou Q Y. 1997. Diterpenoid alkaloids from *Aconitum pendulum*. Chinese Chemical Letters，8（11）：967-970.

12-epiacetyldehydroluciducidusculline 的 NMR 数据

位置	δ_C/ppm	δ_H/ppm（J/Hz）	位置	δ_C/ppm	δ_H/ppm（J/Hz）
1	67.4 d		15	77.9 d	5.45 d（2.0）
2	29.6 t		16	147.7 s	
3	24.5 t		17	112.6 t	
4	37.5 s		18	18.8 q	
5	45.6 d		19	92.6 d	
6	23.8 t		20	65.3 d	
7	48.1 d		21	48.1 t	4.85 d（2.0）
8	49.4 s				4.95 d（2.0）
9	34.9 d		22	14.0 q	
10	51.6 s		12-OAc	170.8 s	
11	26.8 t			21.5 q	
12	71.9 d	5.10 dd（8.8，4.0）	15-OAc	170.5 s	
13	40.0 d	2.95 dd（8.8，4.0）		21.1 q	
14	31.4 t				

化合物名称：12-epi-acetyldehydronapelline

分子式：C$_{24}$H$_{33}$NO$_4$　　　　　　　分子量（$M+1$）：400

植物来源：*Aconitum napellus* L. subsp. *castellanum*

参考文献：De la Fuente G，Reina M，Valencia E，et al. 1988. The diterpenoid alkaloids from *Aconitum napellus*. Heterocycles，27（5）：1109-1113.

12-epi-acetyldehydronapelline 的 NMR 数据

位置	δ_C/ppm	δ_H/ppm（J/Hz）	位置	δ_C/ppm	δ_H/ppm（J/Hz）
1	67.9 d	4.01 d（4.9）	14	31.6 t	
2	29.8 t		15	77.2 d	4.24 br s
3	24.5 t		16	153.9 s	
4	38.0 s		17	111.8 t	4.95 br s
5	49.0 d				5.22 br s
6	24.2 t		18	19.1 q	0.82 s
7	46.1 d		19	93.2 d	3.68 s
8	50.9 s		20	66.0 d	2.73 br s
9	33.8 d		21	48.5 t	2.67 dq（7.2）
10	52.1 s				2.68 dq（7.2）
11	27.1 t		22	14.4 q	1.01 t（7）
12	72.3 d	5.11 dd（8.5，6.1）	12-OAc	170.8 s	
13	40.2 d	3.02 dd（8.6，5.5）		21.5 q	1.99 s

注：溶剂 CDCl$_3$

化合物名称：12-epi-dehydronapelline

分子式：$C_{22}H_{31}NO_3$　　　　　　分子量（$M+1$）：358

植物来源：*Aconitum napellus* L. subsp. *castellanum*

参考文献：De la Fuente G，Reina M，Valencia E，et al. 1988. The diterpenoid alkaloids from *Aconitum napellus*. Heterocycles，27（5）：1109-1113.

12-epi-dehydronapelline 的 NMR 数据

位置	δ_C/ppm	δ_H/ppm（J/Hz）	位置	δ_C/ppm	δ_H/ppm（J/Hz）
1	67.9 d		13	42.6 d	2.80 dd（8.7，4.5）
2	30.0 t		14	31.9 t	
3	24.8 t		15	77.3 d	4.27 br s
4	37.9 s		16	154.0 s	
5	48.9 d		17	112.6 t	5.20 br s
6	24.2 t				5.39 br s
7	46.0 d		18	19.1 q	0.81 s
8	50.9 s		19	93.1 d	
9	33.3 d		20	66.1 d	2.73 d（1.7）
10	52.1 s		21	48.5 t	2.66 dq（7.1）
11	30.9 t				2.67 dq（7.1）
12	67.5 d	4.12 dd（8.5，4.0）	22	14.4 q	1.00 t（7.0）

注：溶剂 CDCl₃

化合物名称：12-epinapelline *N*-oxide

分子式：$C_{22}H_{33}NO_4$　　　　　　　　分子量（*M* + 1）：376

植物来源：*Aconitum baicalense*

参考文献：Zhapova T，Semevnov A A. 1993. 12-Epinapelline and its *N*-oxide from *Aconitum baicalense*. Khimiya Prirodnykh Soedinenii，29（6）：888-892.

12-epinapelline *N*-oxide 的 NMR 数据

位置	δ_C/ppm	δ_H/ppm（*J*/Hz）	位置	δ_C/ppm	δ_H/ppm（*J*/Hz）
1	67.2 d	3.86 t（7.1）	12	66.6 d	4.18 dd（8.7，6.0）
2	30.5 t	2.45 m	13	43.8 d	2.80 dd（8.7，4.1）
		1.95 m	14	34.9 t	1.72 d（1.2）
3	32.6 t	1.95 m			1.13 dd（12.0，4.1）
		1.30 m	15	76.4 d	4.20 br d（2.4）
4	35.2 s		16	153.6 s	
5	46.6 d	1.50 br d（7.9）	17	112.7 t	5.33 br s
6	22.8 t	2.71 dd（7.9，14.0）			5.15 br d（2.4）
		1.30 m	18	26.5 q	0.82 s
7	46.3 d	2.02 d（5.3）	19	74.8 t	3.28 d（13.8）
8	49.8 s				3.10 d（13.8）
9	39.0 d	2.08 dd（6.5，13.0）	20	80.3 d	3.75 br s
10	54.2 s		21	67.2 t	3.24 m
11	28.9 t	2.25 ddd（15.0，12.9，6.0）			3.10 m
		1.70 dd（15.0，6.5）	22	7.8 q	1.39 t（7.1）

注：CDCl₃；¹³C NMR：125 MHz；¹H NMR：500 MHz

化合物名称：12-epi-napelline

分子式：C₂₂H₃₃NO₃　　　　　　　　　分子量（$M+1$）：360

植物来源：*Aconitum carmichaeli* Debx. 乌头

参考文献：Yu H J，Liang T T. 2012. A new alkaloid from the roots of *Aconitum carmichaeli* Debx. Journal of the Chinese Chemical Society，59（6）：693-695.

12-epi-napelline 的 NMR 数据

位置	δ_C/ppm	δ_H/ppm（J/Hz）	位置	δ_C/ppm	δ_H/ppm（J/Hz）
1	69.9 d	3.89 t（7.0）	12	67.1 d	4.16～4.50 m
2	31.6 t	1.93～1.99 m	13	43.8 d	2.77 dd（9.0，4.0）
		1.82～1.84 m	14	32.6 t	1.07 dd（12.0，4.0）
3	30.9 t	1.32～1.36 m			1.72 d（12.0）
		1.59～1.64 m	15	77.0 d	4.19 d（9.0）
4	33.7 s		16	155.0 s	
5	48.5 d	1.32～1.36 m	17	111.5 t	5.10 s
6	23.5 t	1.32～1.36 m			5.31 s
		2.30～2.35 m	18	26.4 q	0.74 s
7	43.8 d	2.04 d（5.0）	19	58.3 t	2.20 d（11.0）
8	51.1 s				2.40 d（11.0）
9	36.9 d	1.80 dd（13.0，6.5）	20	66.3 d	3.26 s
10	52.5 s		21	50.8 t	2.36～2.42 m
11	29.6 t	1.92 d（5.0）			2.48～2.54 m
		2.07～2.14 m	22	13.5 q	1.02 t（7.0）

注：¹³C NMR：100 MHz，溶剂 CD₃OD；¹H NMR：400 MHz，溶剂 CDCl₃

化合物名称：15-acetylsongorine

分子式：$C_{24}H_{33}NO_4$ 分子量（$M+1$）：400

植物来源：*Aconitum szechenyianum* Gay. 铁棒锤

参考文献：Fan Z C，Zhang Z Q. 2008. Molecular and crystal structure of 15-acetylsongorine and songoramine isolated from *Acontium szechenyianum* Gay. Structural Chemistry，19（3）：413-419.

15-acetylsongorine 的 NMR 数据

位置	δ_C/ppm	δ_H/ppm（J/Hz）	位置	δ_C/ppm	δ_H/ppm（J/Hz）
1	70.2 d		13	54.0 d	
2	32.1 t		14	32.1 t	
3	37.4 t		15	76.8 d	
4	34.2 s		16	145.3 s	
5	49.3 d		17	112.6 t	
6	23.5 t		18	26.0 q	
7	43.4 d		19	57.2 t	
8	49.9 s		20	65.8 d	
9	36.5 d		21	50.9 t	
10	52.2 s		22	13.6 q	
11	37.9 t		15-OAc	170.6 s	
12	209.4 s			21.5 q	

注：溶剂 CDCl₃；¹³C NMR：74 MHz

化合物名称：15-acetylsongoramine

分子式：C$_{24}$H$_{31}$NO$_4$　　　　　分子量（$M+1$）：398

植物来源：*Aconitum carmichaeli* Debx. 乌头

参考文献：Gao F，Li Y Y，Wang D，et al. 2012. Diterpenoid alkaloids from the Chinese traditional herbal "Fuzi" and their cytotoxic activity. Molecules，17（12）：5187-5194.

15-acetylsongoramine 的 NMR 数据

位置	δ_C/ppm	δ_H/ppm（J/Hz）	位置	δ_C/ppm	δ_H/ppm（J/Hz）
1	67.6 d		14	37.2 t	
2	29.6 t		15	76.0 d	
3	24.4 t		16	144.2 s	
4	37.8 s		17	113.0 t	4.95 s
5	48.0 d				5.26 s
6	23.8 t		18	18.8 q	0.84 s
7	46.0 d		19	92.7 d	
8	49.2 s		20	65.9 d	
9	32.7 d		21	48.2 t	
10	51.5 s		22	14.1 q	1.02 t（7.2）
11	31.5 t		15-OAc	170.5 s	
12	208.1 s			21.4 q	2.14 s
13	53.4 d				

注：溶剂 CDCl$_3$；^{13}C NMR：100 MHz；^{1}H NMR：400 MHz

化合物名称：16, 17-dihydro-12β, 16β-epoxynapelline

分子式：C$_{22}$H$_{33}$NO$_3$ 分子量（$M+1$）：360

植物来源：*Aconitum nagarum* var. *lasiandrum* W. T. Wang 宣威乌头

参考文献：Zhang F, Peng S L, Liao X, et al. 2005. Three new diterpene alkaloids from the roots of *Aconitum nagarum* var. *lasiandrum*. Planta Medica，71（11）：1073-1076.

16, 17-dihydro-12β, 16β-epoxynapelline 的 NMR 数据

位置	δ_C/ppm	δ_H/ppm（J/Hz）	位置	δ_C/ppm	δ_H/ppm（J/Hz）
1	70.9 d	3.88 dd（8，7）	12	77.4 d	4.82 dd（8，4）
2	32.1 t	2.22 m	13	38.5 d	2.72 dd（8，4）
		1.91 m	14	28.7 t	1.77 d（13）
3	38.0 t	1.61 dt（13，4）			1.06 m
		1.33 m	15	79.7 d	3.51 s
4	33.8 s		16	89.2 s	
5	51.3 d	1.35 d（8）	17	21.8 q	1.38 s
6	22.5 t	1.29 dd（13，5）	18	25.9 q	0.74 s
		2.56 dd（13，8）	19	57.3 t	2.47 d（11）
7	43.4 d	2.07 d（5）			2.18 m
8	49.2 s		20	66.4 d	3.42 br s
9	38.1 d	1.94 d（7）	21	50.9 t	2.51 m
10	51.4 s				2.38 m
11	26.0 t	2.11 m	22	13.6 q	1.04 t（7）
		1.86 m			

注：溶剂 CDCl$_3$；^{13}C NMR：150 MHz；^{1}H NMR：600 MHz

化合物名称：aconicarmichinium A

分子式：$C_{22}H_{32}NO_3$　　　　　　　分子量（M^+）：358

植物来源：*Aconitum soongaricum* var. *pubescens* 毛序准噶尔乌头

参考文献：Kamil W，Zhao B，Bobakulov K M，et al. 2017. Diterpene alkaloids from *Aconitum soongaricum* var. *pubescens*. Chemistry of Natural Compounds，53（2）：403-405.

aconicarmichinium A 的 NMR 数据

位置	δ_C/ppm	δ_H/ppm（J/Hz）	位置	δ_C/ppm	δ_H/ppm（J/Hz）
1	68.9 d	4.04 m	12	69.2 d	4.18 m
2	31.8 t	2.01 m	13	44.9 d	2.82 dd（8.4，4.2）
		1.31 m	14	33.1 t	1.29 m
3	35.5 t	1.97 m			1.83 d（12.0）
		1.74 ddd（13.2，13.2，4.2）	15	77.1 d	4.24 t（2.4）
4	47.1 s		16	153.4 s	
5	45.1 d	1.71 d（8.4）	17	113.2 t	5.18 d（1.8）
6	26.4 t	1.42 ddd（13.8，4.8，1.8）			5.33 br s
		2.95 dd（13.8，8.4）	18	21.4 q	1.35 s
7	52.2 d	2.50 d（4.8）	19	184.8 d	8.50 s
8	52.3 s		20	71.0 d	4.45 s
9	40.6 d	2.16 dd（12.0，7.2）	21	58.3 t	4.13 m
10	54.7 s				4.02 m
11	30.4 t	1.60 ddd（15.0，7.2，1.8）	22	14.3 q	1.56 t（7.2）
		2.48 ddd（15.0，12.0，6.6）			

注：溶剂 CD₃OD；¹³C NMR：150 MHz；¹H NMR：600 MHz

化合物名称：aconicarmichinium B

分子式：$C_{22}H_{30}NO_3$ 分子量（M^+）：356

植物来源：*Aconitum soongaricum* var. *pubescens* 毛序准噶尔乌头

参考文献：Kamil W，Zhao B，Bobakulov K M，et al. 2017. Diterpene alkaloids from *Aconitum soongaricum* var. *pubescens*. Chemistry of Natural Compounds，53（2）：403-405.

aconicarmichinium B 的 NMR 数据

位置	δ_C/ppm	δ_H/ppm（J/Hz）	位置	δ_C/ppm	δ_H/ppm（J/Hz）
1	68.8 d	4.04 m	12	211.4 s	
2	32.2 t	2.03 m	13	55.1 d	3.10 m
		1.26 m	14	32.1 t	1.66 dd（12.6，4.2）
3	36.0 t	1.95 m			2.26 d（12.6）
		1.75 m	15	76.9 d	4.37 t（2.4）
4	47.3 s		16	150.9 s	
5	45.0 d	1.72 dd（7.2，1.8）	17	112.8 t	5.21 t（1.2）
6	25.8 t	1.47 ddd（13.8，4.8，1.8）			5.24 dd（2.4，1.2）
		3.12 dd（13.8，7.2）	18	21.1 q	1.32 s
7	51.7 d	2.65 d（4.8）	19	185.3 d	8.50 s
8	51.4 s		20	70.7 d	4.58 s
9	37.9 d	2.18 dd（10.4，7.2）	21	58.4 t	4.13 m
10	53.9 s				4.03 m
11	38.3 t	2.33 dd（17.4，7.2）	22	14.4 q	1.55 t（7.2）
		3.54 dd（17.4，10.8）			

注：溶剂 CD₃OD；¹³C NMR：150 MHz；¹H NMR：600 MHz

化合物名称：chuanfunine

分子式：C$_{22}$H$_{35}$NO$_5$　　　　　　分子量（$M+1$）：394

植物来源：*Aconitum carmichaeli* Debx. 乌头

参考文献：Wei X Y，Chen S Y，Zhou J. 1990. Chuanfunine — A new water-soluble diterpenoid alkaloid from *Aconitum carmichaeli* Debx. Chinese Journal of Botany，2（1）：57-63.

chuanfunine 的 NMR 数据

位置	δ_C/ppm	δ_H/ppm（J/Hz）	位置	δ_C/ppm	δ_H/ppm（J/Hz）
1	68.04 d	4.72 dd（11，7）	13	43.52 d	2.47 d（5）
2	30.17 t	2.92 m	14	28.78 t	1.95 m
		2.15 m			1.30 m
3	37.46 t	1.48 m	15	85.40 d	4.52 s
		1.26 m	16	80.00 s	
4	34.80 s		17	69.11 t	4.79 d（12）
5	52.97 d	2.69 d（9）			4.62 d（12）
6	70.35 d	5.28 d（9）	18	25.50 q	0.73 s
7	46.11 d	2.26 br s	19	55.00 t	3.42 d（13）
8	43.19 s				2.80 d（13）
9	50.84 d	1.65 d（8）	20	68.80 d	4.61 br s
10	53.16 s		21	54.30 t	3.16 m
11	23.78 t	3.76 m			3.40 m
		1.61 m	22	10.50 q	1.56 t（7）
12	21.04 t	2.41 m			
		1.51 m			

注：溶剂 CDCl$_3$；^{13}C NMR：100 MHz；^{1}H NMR：400 MHz

化合物名称：dehydrolucidusculine

分子式：$C_{24}H_{33}NO_4$　　　　　分子量（$M+1$）：400

植物来源：*Aconitum yesoense* var. *macroyesoense* (Nakai) Tamura

参考文献：Wada K，Bando H，Amiya T. 1985. Two new C₂₀-diterpenoid alkaloids from *Aconitum yesoense* var. *macroyesoense* (Nakai) Tamura，structures of dehydrolucidusculine and *N*-deethyldehydrolucidusculine. Heterocycles，23（10）：2473-2477.

dehydrolucidusculine 的 NMR 数据

位置	δ_C/ppm	δ_H/ppm（J/Hz）	位置	δ_C/ppm	δ_H/ppm（J/Hz）
1	67.6 d		14	30.2 t	
2	29.7 t		15	77.7 d	5.49 br s
3	24.5 t		16	151.7 s	
4	37.7 s		17	110.4 t	4.92 s
5	45.8 d				5.12 s
6	23.8 t		18	18.9 q	0.81 s
7	48.3 d		19	92.8 d	
8	49.4 s		20	65.6 d	
9	33.7 d		21	48.3 t	
10	51.7 s		22	14.1 q	1.01 t（7.0）
11	28.1 t		15-OAc	170.7 s	
12	76.1 d			21.5 q	2.13 s
13	46.8 d				

注：溶剂 CDCl₃

化合物名称：dehydronapelline

分子式：$C_{22}H_{31}NO_3$　　　　　　分子量（$M+1$）：358

植物来源：*Aconitum flavum* Hand.-Mazz. 伏毛铁棒锤

参考文献：Chen Z G，Lao A N，Wang H C，et al. 1987. Studies on the active principles from *Aconitum flavum* Hand.-Mazz. The structures of five new diterpenoid alkaloids. Heterocycles，26（6）：1455-1460.

dehydronapelline 的 NMR 数据

位置	δ_C/ppm	δ_H/ppm（*J*/Hz）	位置	δ_C/ppm	δ_H/ppm（*J*/Hz）
1	67.9 d	4.03 d（5.3）	13	48.8 d	2.45 d（4.5）
2	29.9 t		14	30.4 t	1.14 dd（4.3，11.9）
3	24.4 t				1.85 d（11.9）
4	37.8 s		15	77.5 d	4.21 dt（2.3，7.6）
5	32.5 d		16	157.7 s	
6	24.0 t		17	109.5 t	5.16 br d（1.5）
7	46.7 d		18	19.0 q	0.80 s
8	50.4 s		19	93.1 d	3.68 s
9	45.9 d		20	66.0 d	2.80 br s
10	51.9 s		21	48.8 t	
11	27.8 t		22	14.3 q	1.00 t（6.8）
12	76.4 d	3.65 m			

注：溶剂 CDCl_3；^{13}C NMR：100 MHz；^{1}H NMR：400 MHz

化合物名称：finetianine

分子式：C$_{21}$H$_{29}$NO$_3$　　　　　　　分子量（$M+1$）：344

植物来源：*Aconitum finetianum* Hand.-Mazz. 赣皖乌头

参考文献：田如美，程脯民，陈葆仁，等. 1987. 赣皖乌头生物碱的研究 II. 江西兴国产赣皖乌头中其他生物碱的分离和鉴定. 化学学报，45（8）：776-779.

finetianine 的 NMR 数据

位置	δ_C/ppm	δ_H/ppm（J/Hz）
1	71.61 d	3.88 m
2	32.45 t	
3	32.45 t	
4	35.30 s	
5	50.64 d	
6	23.57 t	
7	44.22 d	
8	53.33 s	
9	36.93 d	
10	50.42 s	
11	39.43 t	
12	213.23 s	
13	55.12 d	
14	39.18 t	
15	77.88 d	4.34 br s
16	151.68 s	
17	111.65 t	5.22 br s（2H）
18	26.37 q	0.76 s
19	60.57 t	
20	68.15 d	
21	44.32 q	2.34 s

注：^{13}C NMR：溶剂 CD$_3$OD；^{1}H NMR：溶剂 CD$_3$OD-CDCl$_3$

化合物名称：flavadine

分子式：$C_{24}H_{35}NO_5$　　　　　　分子量（$M+1$）：418

植物来源：*Aconitum flavum* Hand.-Mazz. 伏毛铁棒锤

参考文献：Chen Z G，Lao A N，Wang H C，et al. 1988. Structures of flavamine and flavadine from *Aconitum flavum*. Planta Medica，29（8）：318-320.

flavadine 的 NMR 数据

位置	δ_C/ppm	δ_H/ppm（J/Hz）	位置	δ_C/ppm	δ_H/ppm（J/Hz）
1	68.0 d	4.07 t（6.8）	13	48.4 d	2.85 d（4.0）
2	29.9 t	2.06 m	14	35.2 t	2.20 d（11.9）
		2.85 m			1.21 dd（11.8，4.1）
3	31.1 t	1.25 m	15	77.8 d	5.82 t（2.2）
		2.05 m	16	154.3 s	
4	36.4 s		17	110.8 t	5.15 m
5	47.2 d	1.53 d（7.6）	18	26.3 q	0.71 s
6	23.5 t	1.43 dd（14.1，5.1）	19	74.8 t	3.22 ABq（13.6）
		1.92 dd（14.1，6.9）			3.38 ABq（13.6）
7	47.2 d	2.04 d（5.1）	20	81.1 d	4.05 s
8	49.6 s		21	68.0 t	3.12 m
9	40.7 d	2.06 m			3.31 m
10	55.2 s		22	7.9 q	1.40 t（7.0）
11	29.9 t	2.55 m	15-OAc	172.3 s	
		2.41 m		21.3 q	2.24 s
12	76.4 d	4.02 dd（9.6，6.9）			

注：¹³C NMR：100 MHz，溶剂 CD₃OD；¹H NMR：400 MHz，溶剂 C₅D₅N

化合物名称：flavamine

分子式：C$_{22}$H$_{33}$NO$_4$　　　　　　分子量（$M+1$）：376

植物来源：*Aconitum flavum* Hand.-Mazz. 伏毛铁棒锤

参考文献：Chen Z G，Lao A N，Wang H C，et al. 1988. Structures of flavamine and flavadine from *Aconitum flavum*. Planta Medica，29（8）：318-320.

flavamine 的 NMR 数据

位置	δ_C/ppm	δ_H/ppm（J/Hz）	位置	δ_C/ppm	δ_H/ppm（J/Hz）
1	68.1 d	4.15 t（6.4）	13	48.5 d	2.91 d（3.9）
2	30.1 t	1.99 m	14	35.3 t	2.18 d（11.9）
		2.74 m			1.19 dd（12.0，4.5）
3	31.3 t	1.23 m	15	77.6 d	4.55 br d（7.9）
		2.25 m	16	158.9 s	
4	36.2 s		17	109.3 t	5.27 m
5	47.6 d	1.63 d（7.5）			5.51 m
6	22.9 t	1.43 dd（13.6，4.9）	18	26.5 q	0.69 s
		3.40 dd（13.6，8.0）	19	75.3 t	3.11 ABq（13.2）
7	47.3 d	2.12 d（5.0）			3.20 ABq（13.2）
8	49.8 s		20	81.5 d	4.11 s
9	39.1 d	2.25 m	21	67.9 t	3.11 m
10	55.5 s				3.24 m
11	29.6 t	2.57 m	22	7.8 q	1.40 t（7.0）
		2.47 m	15-OH		6.61 d（7.9）
12	76.7 d	4.07 dd（10.2，6.6）			

注：^{13}C NMR：100 MHz，溶剂 CD$_3$OD；^{1}H NMR：400 MHz，溶剂 C$_5$D$_5$N

化合物名称：karakomine

分子式：$C_{22}H_{33}NO_3$　　　　　　　分子量（$M+1$）：360

植物来源：*Aconitum karakolicum* Rapaics　多根乌头

参考文献：Huang B S，Wang H C，Lao A N. 1991. Studies on the alkaloids from *Aconitum karakolicum* Rap. Heterocycles，32（12）：2429-2432.

karakomine 的 NMR 数据

位置	δ_C/ppm	δ_H/ppm（J/Hz）	位置	δ_C/ppm	δ_H/ppm（J/Hz）
1	69.0 d	3.89 dd（5.9，6.6）	12	67.5 d	4.43 dd（7.5，8.1）
2	31.5 t	1.84 m	13	40.4 d	2.17 dd（4.4，8.1）
		1.95 m	14	30.0 t	1.48 dd（4.4，12.5）
3	35.0 t	1.36 m			1.79 dd（2.2，12.5）
		1.63 m	15	221.9 s	
4	33.4 s		16	38.9 d	2.89 dp（2.2，7.3）
5	47.7 d	1.33 d（8.1）	17	16.4 q	1.07 d（7.3）
6	22.7 t	1.47 dd（4.4，14.7）	18	26.3 q	0.78 s
		2.79 dd（8.1，14.7）	19	58.1 t	2.24 ABq（10.3）
7	39.7 d	2.22 brd（4.4）			2.40 ABq（10.3）
8	54.0 s		20	66.0 d	3.23 br s
9	43.0 d	1.69 m	21	50.9 t	2.43 m
10	52.6 s				2.54 m
11	30.6 t	1.68 m	22	13.6 q	1.07 t（7.3）
		2.40 m			

注：^{13}C NMR：100 MHz；^{1}H NMR：400 MHz

化合物名称：liangshanine

分子式：$C_{23}H_{35}NO_3$　　　　　　分子量（$M+1$）：374

植物来源：*Aconitum liangshanicum* W. T. Wang 凉山乌头

参考文献：Takayama H，Wu F E，Eda H，et al. 1991. Five new napelline-type diterpene alkaloids from *Aconitum liangshanicum*. Chemical & Pharmaceutical Bulletin，39（6）：1644-1646.

liangshanine 的 NMR 数据

位置	δ_C/ppm	δ_H/ppm（J/Hz）	位置	δ_C/ppm	δ_H/ppm（J/Hz）
1	80.7 d		13	44.4 d	
2	25.8 t		14	32.6 t	
3	38.1 t		15	77.0 d	4.18 br s
4	34.5 s		16	155.4 s	
5	50.7 d		17	111.1 t	5.09 t
6	23.3 t				5.31 d（0.8）
7	44.6 d		18	26.0 q	0.73 s
8	51.4 s		19	57.0 t	
9	38.2 d		20	66.3 d	
10	51.4 s		21	51.2 t	
11	28.8 t		22	13.5 q	1.04 t（6.8）
12	67.4 d	4.16 dd（4.4，9.1）	1-OMe	55.6 q	3.31 s

注：溶剂 CDCl_3

化合物名称：liangshanone

分子式：C$_{23}$H$_{33}$NO$_3$　　　　　　　分子量（M＋1）：372

植物来源：*Aconitum liangshanicum* W. T. Wang 凉山乌头

参考文献：Takayama H，Wu F E，Eda H，et al. 1991. Five new napelline-type diterpene alkaloids from *Aconitum liangshanicum*. Chemical & Pharmaceutical Bulletin，39（6）：1644-1646.

liangshanone 的 NMR 数据

位置	δ_C/ppm	δ_H/ppm（J/Hz）	位置	δ_C/ppm	δ_H/ppm（J/Hz）
1	80.4 d		13	54.1 d	
2	25.8 t		14	31.7 t	
3	37.9 t		15	77.3 d	4.34 br s
4	34.3 s		16	151.3 s	
5	50.4 d		17	111.4 t	5.20 s
6	22.9 t				5.29 dd（1.2，2.6）
7	44.1 d		18	26.0 q	0.75 s
8	49.8 s		19	56.9 t	
9	35.9 d		20	66.4 d	
10	51.3 s		21	51.1 t	
11	38.0 t		22	13.6 q	1.06 t（6.9）
12	210.7 s		1-OMe	55.5 q	3.28 s

注：溶剂 CDCl$_3$

化合物名称：napelline

分子式：C$_{22}$H$_{33}$NO$_3$　　　　　　分子量（$M+1$）：360

植物来源：*Aconitum karakolicum* Rapaics 多根乌头

参考文献：谢海辉，魏孝义，韦璧瑜. 1997. 多根乌头生物碱成分的研究. 热带亚热带植物学报，5（3）：57-59.

napelline 的 NMR 数据

位置	δ_C/ppm	δ_H/ppm（J/Hz）
1	70.5 d	
2	31.9 t	
3	32.4 t	
4	34.7 s	
5	49.4 d	
6	23.6 t	
7	45.0 d	
8	50.3 s	
9	38.2 d	
10	53.5 s	
11	29.4 t	
12	76.2 d	
13	49.9 d	
14	38.4 t	
15	77.8 d	
16	160.8 s	
17	107.4 t	
18	26.4 q	
19	57.7 t	
20	66.2 d	
21	51.6 t	
22	13.3 q	

注：溶剂 CD$_3$OD；^{13}C NMR：100 MHz

化合物名称：*N*-deethyldehydrolucidusculine

分子式：C$_{22}$H$_{29}$NO$_4$　　　　　　　　分子量（$M+1$）：372

植物来源：*Aconitum yesoense* var. *macroyesoense* (Nakai) Tamura

参考文献：Wada K，Bando H，Amiya T. 1985. Two new C$_{20}$-diterpenoid alkaloids from *Aconitum yesoense* var. *macroyesoense* (Nakai) Tamura，structures of dehydrolucidusculine and *N*-deethyldehydrolucidusculine. Heterocycles，23（10）：2473-2477.

N-deethyldehydrolucidusculine 的 NMR 数据

位置	δ_C/ppm	δ_H/ppm（J/Hz）
1	67.8 d	4.15 d（4.8）
2	29.6 t	
3	23.7 t	
4	37.8 s	
5	45.6 d	
6	23.5 t	
7	48.1 d	
8	49.4 s	
9	34.0 d	
10	50.6 s	
11	28.1 t	
12	76.1 d	
13	46.8 d	
14	30.2 t	
15	77.7 d	
16	151.6 s	
17	110.5 t	4.93 s
		5.10 s
18	19.0 q	0.86 s
19	87.8 d	3.87 s
20	57.5 d	
15-OAc	170.6 s	
	21.5 q	2.14 s

注：溶剂 CDCl$_3$

化合物名称：*N*-deethyl-*N*-methyl-12-epi-napelline

分子式：C$_{21}$H$_{31}$NO$_3$　　　　　　分子量（*M*＋1）：346

植物来源：*Aconitum nagarum* var. *lasiandrum* W. T. Wang 宣威乌头

参考文献：Zhang F，Peng S L，Liao X，et al. 2005. Three new diterpene alkaloids from the roots of *Aconitum nagarum* var. *lasiandrum*. Planta Medica，71（11）：1073-1076.

N-deethyl-N-methyl-12-epi-napelline 的 NMR 数据

位置	δ_C/ppm	δ_H/ppm （*J*/Hz）	位置	δ_C/ppm	δ_H/ppm （*J*/Hz）
1	70.0 d	3.91 dd （8，6）	12	67.0 d	4.19 dd （9，6）
2	31.6 t	1.99 m	13	43.9 d	2.80 dd （9，4）
		1.87 m	14	32.6 t	1.75 d （12）
3	36.3 t	1.66 m			1.09 dd （12，4）
		1.33 m	15	77.0 d	4.23 br s
4	33.8 s		16	155.1 s	
5	48.2 d	1.35 br s	17	111.4 t	5.34 br s
6	23.5 t	1.36 m			5.12 br s
		2.32 dd （13，8）	18	26.2 q	0.76 s
7	43.2 d	2.11 d （5）	19	60.4 t	2.38 d （11）
8	51.0 s				2.26 d （11）
9	37.2 d	1.84 m	20	67.7 d	3.19 br s
10	52.6 s		21	44.0 q	2.29 s
11	29.5 t	2.16 dd （14，5）			
		1.62 m			

注：溶剂 CDCl$_3$；^{13}C NMR：150 MHz；^{1}H NMR：600 MHz

化合物名称：puberuline A

分子式：C₂₂H₂₉NO₄　　　　　　**分子量**（*M*＋1）：372

植物来源：*Aconitum barbatum* var. *puberulum* Ledeb. Fl. Ross. 牛扁

参考文献：Sun L M，Huang H L，Li W H，et al. 2009. Alkaloids from *Aconitum barbatum* var. *puberulum*. Helvetica Chimica Acta，92（6）：1126-1133.

puberuline A 的 NMR 数据

位置	δ_C/ppm	δ_H/ppm（*J*/Hz）	位置	δ_C/ppm	δ_H/ppm（*J*/Hz）
1	74.0 d	4.86 dd（8.8，6.4）	11	28.7 t	1.26（overlapped）
2	27.9 t	1.23～1.27 m			1.35（overlapped）
		1.77～1.81 m	12	74.8 d	3.20 dd（8.0，2.4）
3	33.2 t	1.43～1.45 m	13	49.2 d	2.24 d（3.6）
		1.26～1.29 m	14	30.1 t	0.94（overlapped）
4	45.4 s				1.85 d（8.7）
5	46.3 d	1.27～1.29 m	15	76.3 d	3.90 br s
6	24.8 t	1.02 dd（12.3，5.4）	16	159.4 s	
		2.65 dd（12.3，6.9）	17	108.2 t	4.96 br s
7	50.6 d	1.94～1.96 m	18	21.7 q	1.01 s
8	50.2 s		19	169.1 d	7.12 s
9	38.9 d	1.54 dd（9.9，4.2）	20	66.2 d	4.24 br s
10	49.5 s		1-OAc	170.7 s	
				22.3 q	1.96 s

注：溶剂 C₂D₆SO；¹³C NMR：75 MHz；¹H NMR：300 MHz

化合物名称：puberuline B

分子式：$C_{22}H_{29}NO_5$　　　　　　分子量（$M+1$）：388

植物来源：*Aconitum barbatum* var. *puberulum* Ledeb. Fl. Ross. 牛扁

参考文献：Sun L M，Huang H L，Li W H，et al. 2009. Alkaloids from *Aconitum barbatum* var. *puberulum*. Helvetica Chimica Acta，92（6）：1126-1133.

puberuline B 的 NMR 数据

位置	δ_C/ppm	δ_H/ppm（J/Hz）	位置	δ_C/ppm	δ_H/ppm（J/Hz）
1	72.5 d	4.92（overlapped）	12	74.1 d	3.19 dd（6.8，8.4）
2	27.0 t	1.39（overlapped）	13	47.6 d	2.47 br s
		1.84 br s	14	27.4 t	0.97（overlapped）
3	34.5 t	1.42 br s			1.71 d（12.4）
		1.28～1.30 m	15	75.5 d	3.91 s
4	40.2 s		16	158.3 s	
5	47.6 d	1.40（overlapped）	17	107.8 t	4.96 br s
6	24.9 t	1.10 d（8.0）	18	21.3 q	0.92 s
		2.75 dd（8.0，12.4）	19	174.7 d	
7	50.6 d	1.88 br s	20	58.2 d	3.65 br s
8	48.8 s		1-OAc	170.0 s	
9	36.8 d	1.58（overlapped）		21.6 q	1.98 s
10	48.6 s		NH		7.58 br s
11	29.2 t	1.28（overlapped）			
		1.56（overlapped）			

注：溶剂 C_2D_6SO；^{13}C NMR：100 MHz；^1H NMR：400 MHz

化合物名称：racemulotine

分子式：$C_{35}H_{37}NO_7$　　　　　　　　分子量（M+1）：584

植物来源：*Aconitum racemulosum* Franch var. *pengzhounense* 彭州岩乌头

参考文献：Peng C S，Jian X X，Wang F P. 2001. Diterpenoid alkaloids from *Aconitum racemulosum* Franch var. *pengzhounense*. Journal of Asian Natural Products Research，3（1）：49-54.

racemulotine 的 NMR 数据

位置	δ_C/ppm	δ_H/ppm（J/Hz）	位置	δ_C/ppm	δ_H/ppm（J/Hz）
1	30.4 t	3.48 d（16.8）	16	142.8 s	
		2.18 dd（17.2，5.2）	17	109.3 t	4.85 br s
2	67.5 d	5.56 br s			4.97 br s
3	34.7 t	1.99 d（16.2）	18	21.1 q	1.07 s
		1.76 dd（16.2，4.4）	19	102.4 d	5.45 s
4	39.5 s		20	68.2 d	3.71 br s
5	55.1 d	2.39 br s	21	35.3 q	2.97 s
6	65.8 d	4.00 m	6-OCO	164.1 s	
7	56.8 d	2.39 s	1′	142.7 s	
8	50.3 s		2′，6′	127.5 d	7.36 dd（8.4，1.2）
9	49.1 d	2.57 d（2.8）	3′，5′	129.0 d	7.25 t（7.6）
10	48.3 s		4′	132.4 d	7.44 ddt（7.6，7.6，1.2）
11	73.8 d	5.31 dt（10.2，2.0）	11-OCO	164.1 s	
12	72.5 d	4.36 d（9.2）	1″	142.7 s	
13	44.0 d	3.13 dd（9.8，1.8）	2″，6″	127.8 d	7.66 dd（8.4，1.2）
14	72.5 d	3.71 s	3″，5″	128.5 d	6.94 t（7.6）
15	28.7 t	2.19 br d（17.2）	4″	132.7 d	7.19 ddt（7.6，7.6，1.2）
		2.74 br d（18.0）			

注：溶剂 CDCl₃；¹³C NMR：100 MHz；¹H NMR：400 MHz

化合物名称：songoramine

分子式：$C_{22}H_{29}NO_3$ 分子量（$M+1$）：356

植物来源：*Aconitum carmichaelii* Debx. 乌头

参考文献：Gao F，Li Y Y，Wang D，et al. 2012. Diterpenoid alkaloids from the Chinese traditional herbal "Fuzi" and their cytotoxic activity. Molecules，17（12）：5187-5194.

songoramine 的 NMR 数据

位置	δ_C/ppm	δ_H/ppm （J/Hz）
1	67.6 d	3.99 d （7.2）
2	29.6 t	
3	24.2 t	
4	37.7 s	
5	48.4 d	
6	23.9 t	
7	45.9 d	
8	50.1 s	
9	31.3 d	
10	51.6 s	
11	31.1 t	
12	208.6 s	
13	53.0 d	
14	37.3 t	
15	76.9 d	4.41 m
16	149.9 s	
17	111.9 t	5.21 d （1.6）
		5.33 d （1.6）
18	18.8 q	0.85 s
19	92.8 d	3.72 s
20	66.1 d	
21	48.4 t	
22	14.4 q	1.04 t （7.2）

注：溶剂 CDCl$_3$；^{13}C NMR：100 MHz；^{1}H NMR：400 MHz

化合物名称：songorine

分子式：$C_{22}H_{31}NO_3$　　　　　　分子量（$M+1$）：358

植物来源：*Aconitum nagarum* var. *heterotrichum* Fletcher et Lauener　小白撑

参考文献：丁立生，吴凤锷，陈耀祖. 1994. 小白撑根部二萜生物碱研究. 天然产物研究与开发，6（3）：50-54.

songorine 的 NMR 数据

位置	δ_C/ppm	δ_H/ppm（J/Hz）	位置	δ_C/ppm	δ_H/ppm（J/Hz）
1	70.0 d	3.80 t（8）	13	53.8 d	
2	31.4 t		14	37.3 t	
3	31.7 t		15	77.1 d	4.35 br d（7）
4	34.5 s		16	150.8 s	
5	48.8 d		17	111.6 t	5.16 br s
6	23.2 t				5.25 br d
7	43.7 d		18	25.4 q	0.75 s
8	52.7 s		19	57.3 t	
9	35.8 d		20	65.8 d	
10	49.8 s		21	52.6 t	
11	38.0 t		22	12.6 q	1.09 t（7）
12	210.6 s				

注：溶剂 $CDCl_3$；^{13}C NMR：20 MHz；^{1}H NMR：80 MHz

化合物名称：subdesculine

分子式：C$_{24}$H$_{33}$NO$_4$ 分子量（$M+1$）：400

植物来源：*Aconitum japonicum* Thunb.

参考文献：Bando H，Wada K，Amiya T，et al. 1988. Structures of secojesaconitine and subdesculine，two new diterpenoid alkaloids from *Aconitum japonicum* Thunb. Chemical & Pharmaceutical Bulletin，36（4）：1604-1606.

subdesculine 的 NMR 数据

位置	δ_C/ppm	δ_H/ppm（J/Hz）	位置	δ_C/ppm	δ_H/ppm（J/Hz）
1	67.7 d	4.04 d（4.9）	14	28.1 t	
2	29.7 t		15	77.2 d	4.24 br s
3	24.4 t		16	156.5 s	
4	37.7 s		17	110.5 t	5.23 s
5	45.9 d				5.34 s
6	23.9 t		18	18.9 q	0.81 s
7	48.7 d		19	92.9 d	3.69 s
8	50.2 s		20	65.9 d	
9	32.2 d		21	48.3 t	
10	51.8 s		22	14.2 q	1.02 t（7.1）
11	26.3 t		12-OAc	170.4 s	
12	76.8 d	4.59 dd（8.0，6.0）		21.3 q	2.04 s
13	43.0 d				

注：溶剂 CDCl$_3$

化合物名称：turpelline

分子式：C$_{22}$H$_{33}$NO$_4$　　　　　　分子量（$M+1$）：376

植物来源：*Aconitum turczaninowii*

参考文献：Batbayar N，Batsuren D，Semenov A A，et al. 1993. Alkaloids of Mongolian flora. Ⅴ. Turpelline，a new alkaloid from *Aconitum turczaninowii*. Khimiya Prirodnykh Soedinenii，29（5）：740-743.

turpelline 的 NMR 数据

位置	δ_C/ppm	δ_H/ppm（J/Hz）	位置	δ_C/ppm	δ_H/ppm（J/Hz）
1	68.9 d	4.58 dd（7.1，12.2）	12	82.7 d	3.90 br d（7.5）
2	30.22 t	2.01 m	13	46.8 d	2.81 br d（4.4）
		2.9 m	14	37.2 t	1.05 dd（12.1，4.4）
3	31.2 t	1.16 m			2.09 d（12.1）
		1.36 m	15	77.4 d	4.45 t（2.4）
4	36.8 s		16	158.6 s	
5	48.4 d	1.56 br d（7.9）	17	109.8 t	5.32 br s
6	23.6 t	1.34 dd（4.5，13.5）			5.16 d（2.0）
		3.23 dd（8.3，13.5）	18	25.6 q	0.62 s
7	45.8 d	2.23 d（5.0）	19	59.2 t	2.45 br d（13.5）
8	55.2 s				2.90 m
9	46.8 d	2.31 d（10.3）	20	66.8 d	3.98 br s
10	55.5 s		21	51.5 t	2.86 m
11	73.5 d	4.82 dd（7.8，10.3）	22	10.7 q	1.37 t（7.4）

注：溶剂 CD$_3$OD-C$_5$D$_5$N；^{13}C NMR：125 MHz；^{1}H NMR：500 MHz

化合物名称：luciculine

分子式：C$_{22}$H$_{33}$NO$_3$　　　　　　　分子量（$M+1$）：360

植物来源：*Aconitum yesoense* Nakai

参考文献：Takayama H，Tokita A，Ito M，et al. 1982. On the alkaloids of *Aconitum yesoense* Nakai. Yakugaku Zasshi，102（3）：245-257.

luciculine 的 NMR 数据

位置	δ_C/ppm	δ_H/ppm（J/Hz）
1	70.5 d	3.92 t（7）
2	31.9 t	
3	32.4 t	
4	34.7 s	
5	49.4 d	
6	23.6 t	
7	45.0 d	
8	50.3 s	
9	38.2 d	
10	53.5 s	
11	29.4 t	
12	76.2 d	3.55 m
13	49.9 d	
14	38.4 t	
15	77.8 d	4.18 br s
16	160.8 s	
17	107.4 t	5.12（2H）
18	26.4 q	
19	57.7 t	
20	66.2 d	
21	51.6 t	
22	13.3 q	1.05 t（7）

注：溶剂 C$_5$D$_5$N

化合物名称：lucidusculine

分子式：C$_{24}$H$_{35}$NO$_4$　　　　　　　分子量（$M+1$）：402

植物来源：*Aconitum yesoense* Nakai

参考文献：Takayama H，Tokita A，Ito M，et al. 1982. On the alkaloids of *Aconitum yesoense* Nakai. Yakugaku Zasshi，102（3）：245-257.

lucidusculine 的 NMR 数据

位置	δ_C/ppm	δ_H/ppm（J/Hz）	位置	δ_C/ppm	δ_H/ppm（J/Hz）
1	69.9 d	3.92 t（7）	14	36.5 t	
2	31.6 t		15	77.5 d	5.28 s
3	30.5 t		16	153.1 s	
4	34.0 s		17	109.5 t	4.91 s
5	47.7 d				5.10 s
6	23.7 t		18	26.4 q	0.76 s
7	43.7 d		19	57.9 t	
8	49.6 s		20	65.7 d	
9	37.7 d		21	50.8 t	
10	52.5 s		22	13.4 q	1.04 t（7）
11	29.1 t		15-OAc	170.6 s	
12	75.5 d	3.64 m		21.6 q	2.08 s
13	48.8 d				

注：溶剂 CDCl$_3$

2.7　kusnezoline 型（C7）

化合物名称：guan fu base J

分子式：C$_{22}$H$_{29}$NO$_5$　　　　　　　　　　**分子量**（$M+1$）：388

植物来源：*Aconitum coreanum* (Levl.) Rapaics　黄花乌头

参考文献：Xing B N，Jin S S，Wang H，et al. 2014. New diterpenoid alkaloids from *Aconitum coreanum* and their anti-arrhythmic effects on cardiac sodium current. Fitoterapia，94：120-126.

guan fu base J 的 NMR 数据

位置	δ_C/ppm	δ_H/ppm（J/Hz）	位置	δ_C/ppm	δ_H/ppm（J/Hz）
1	28.2 t	1.56 dd（15.0，4.2）	12	35.5 t	1.74 d（12.9）
		2.39 d（15.0）			1.94 dt（12.9，3.7）
2	69.1 d	5.20 t（2.2）	13	73.9 d	3.83 dd（3.5，1.8）
3	37.1 t	1.59 dd（16.8，4.7）	14	74.0 s	
		1.90 d（16.8）	15	37.9 t	1.44 d（12.9）
4	37.1 s				1.54 d（12.9）
5	57.1 d	1.57 m	16	69.7 s	
6	63.2 d	3.20 m	17	28.1 q	1.16 s
7	32.6 t	1.29 m	18	29.4 q	1.01 s
		1.99 dd（13.8，2.5）	19	63.8 t	2.61 d（12.1）
8	39.7 s				2.88 d（12.1）
9	51.9 d	1.66 d（3.2）	20	72.3 d	3.15 s
10	43.8 s		2-OAc	169.8 s	
11	93.2 d	4.94 d（3.1）		21.6 d	2.05 s

注：溶剂 CDCl$_3$；^{13}C NMR：125 MHz；^{1}H NMR：500 MHz

化合物名称：guan fu base K

分子式：C$_{20}$H$_{27}$NO$_4$　　　　　　分子量（$M+1$）：346

植物来源：*Aconitum coreanum* (Levl.) Rapaics　黄花乌头

参考文献：杨春华，刘静涵，相秉仁，等. 2002. 黄花乌头中一个 C$_{20}$ 二萜生物碱的结构分析. 中草药，33（3）：201-203.

guan fu base K 的 NMR 数据

位置	δ_C/ppm	δ_H/ppm（J/Hz）	位置	δ_C/ppm	δ_H/ppm（J/Hz）
1	31.3 t	1.40	11	93.7 d	4.80
		2.17	12	36.1 t	1.73
2	65.7 d	4.02			1.63
3	38.5 t	1.40	13	74.1 d	3.65
		1.34	14	74.4 s	
4	37.6 s		15	40.5 t	1.70
5	57.7 d	1.47			1.42
6	63.8 d	3.10	16	79.0 s	
7	33.0 t	1.20	17	28.9 q	1.04
		1.79	18	30.0 q	0.90
8	70.0 s		19	63.6 t	3.17
9	52.4 d	1.54			2.42
10	44.4 s		20	72.3 d	3.40

注：溶剂 CDCl$_3$-C$_2$D$_6$SO；^{13}C NMR：75 MHz；^{1}H NMR：300 MHz

化合物名称：kusnesoline

分子式：C$_{20}$H$_{27}$NO$_3$　　　　　**分子量**（$M+1$）：330

植物来源：*Delphinium omeiense* W. T. Wang 峨眉翠雀花

参考文献：郑曦孜，王锋鹏. 2002. 峨眉翠雀花中生物碱成分的研究. 天然产物研究与开发，14（1）：13-16.

kusnesoline 的 NMR 数据

位置	δ_C/ppm	δ_H/ppm（J/Hz）
1	38.1 t	
2	66.5 d	4.24 m
3	41.2 t	
4	36.7 s	
5	58.6 d	
6	64.3 d	3.23 s
7	31.5 t	
8	37.8 s	
9	53.0 d	
10	46.7 s	
11	94.1 d	5.00 d（3.3）
12	38.5 t	
13	70.7 d	4.07 m
14	50.9 d	
15	39.8 t	
16	69.6 s	
17	28.5 q	1.18 s
18	29.4 q	0.98 s
19	63.9 t	
20	71.1 d	3.60 s

注：溶剂 CDCl$_3$；^{13}C NMR：50 MHz；^{1}H NMR：200 MHz

化合物名称：omeieline

分子式：C$_{20}$H$_{27}$NO$_3$　　　　　　**分子量**（$M+1$）：330

植物来源：*Delphinium omeiense* W. T. Wang　峨眉翠雀花

参考文献：陈东林，李正邦，彭崇胜，等. 2003. 两个特殊骨架的 C$_{20}$-二萜生物碱的全部 ^{1}H（^{13}C）核磁共振信号指定. 有机化学，23（5）：674-677.

omeieline 的 NMR 数据

位置	δ_C/ppm	δ_H/ppm（J/Hz）	位置	δ_C/ppm	δ_H/ppm（J/Hz）
1	32.1 t	1.54～1.66 m	11	68.2 d	4.12 br s
		2.34 br d（14.4）	12	38.4 t	1.37 d（12.8）
2	66.5 d	4.26 t（2.4）			2.12 dt（13.6，4.0）
3	39.0 t	1.50～1.62 m	13	94.5 d	5.02 d（3.2）
		1.87 d（15.2）	14	50.9 d	2.06 br s
4	36.7 s		15	41.0 t	1.42～1.58 m（hidden）
5	58.4 d	1.50～1.64 m			1.58～1.70 m（hidden）
6	64.5 d	3.24～3.44 m	16	69.3 s	
7	37.7 t	1.47～1.65 m	17	28.3 q	1.18 s
		1.74 dd（13.6，3.6）	18	29.4 q	1.00 s
8	37.8 s		19	63.5 t	2.54 ABq（12.0）
9	52.8 d	1.48～1.60 m			3.31 ABq（12.0）
10	46.9 s		20	68.5 d	3.60 s

注：溶剂 CDCl$_3$；^{13}C NMR：100 MHz；^{1}H NMR：400 MHz

2.8　racemulosine 型（C8）

化合物名称：anthoroidine C

分子式：C$_{24}$H$_{33}$NO$_5$　　　　分子量（$M+1$）：416

植物来源：*Aconitum anthoroideum* DC. 拟黄花乌头

参考文献：Huang S，Zhang J F，Chen L，et al. 2020. Diterpenoid alkaloids from *Aconitum anthoroideum* with protection against MPP$^+$-induced apoptosis of SH-SY5Y cells and acetylcholinesterase inhibitory activity. Phytochemistry，178：112459.

anthoroidine C 的 NMR 数据

位置	δ_C/ppm	δ_H/ppm（J/Hz）	位置	δ_C/ppm	δ_H/ppm（J/Hz）
1	75.3 d	3.88 d（9.6）	14	48.2 d	2.53 m
2	49.5 t	1.64 d（13.8）	15	29.4 t	1.79 m
		2.24 m			2.23 m
3	141.9 d	5.61 dd（18.0，11.4）	16	28.1 t	1.27 m
4	47.3 s				2.45 m
5	53.7 d	1.94 d（7.2）	17	178.6 s	
6	24.8 t	1.43 dd（15.0，7.2）	18	113.1 t	4.88 d（18.0）
		1.78 m			4.96 d（18.0）
7	42.8 d	3.28 d（7.2）	19	55.5 t	2.31 d（10.8）
8	88.5 s				2.57 m
9	44.7 d	2.66 dd（6.6，4.8）	20	62.4 d	2.98 s
10	46.0 d	2.19 m	21	48.1 t	2.52 m
11	57.3 s				2.54 m
12	34.4 t	1.75 m	22	13.3 q	1.11 t（7.2）
		1.95 m	8-OAc	22.5 q	1.88 s
13	32.6 d	2.47 m		170.0 s	

注：溶剂 CDCl$_3$；^{13}C NMR：150 MHz；^{1}H NMR：600 MHz

化合物名称：anthoroidine D

分子式：$C_{30}H_{43}NO_{10}$　　　　　　分子量（M＋1）：578

植物来源：*Aconitum anthoroideum* DC. 拟黄花乌头

参考文献：Huang S，Zhang J F，Chen L，et al. 2020. Diterpenoid alkaloids from *Aconitum anthoroideum* with protection against MPP$^+$-induced apoptosis of SH-SY5Y cells and acetylcholinesterase inhibitory activity. Phytochemistry，178：112459.

anthoroidine D 的 NMR 数据

位置	δ_C/ppm	δ_H/ppm（J/Hz）	位置	δ_C/ppm	δ_H/ppm（J/Hz）
1	75.3 d	3.85 d（9.6）	16	28.1 t	1.28 m
2	49.5 t	1.64 d（13.8）			2.43 m
		2.53 m	17	171.9 s	
3	141.8 d	5.62 dd（18.0，11.4）	18	113.1 t	4.88 d（18.0）
4	47.2 s				4.97 d（18.0）
5	53.5 d	1.93（overlapped）	19	55.4 t	2.30 d（10.8）
6	24.8 t	1.41 m			2.59 m
		1.75 m	20	62.4 d	2.97 s
7	42.8 d	3.21 d（6.6）	21	48.1 t	2.52 m
8	88.4 s				2.55 m
9	44.5 d	2.66 t（6.0）	22	13.3 q	1.12 t（7.2）
10	45.8 d	2.18 m	8-OAc	170.9 s	
11	57.2 s			22.7 q	1.93 s
12	34.2 t	1.76 m	1′	94.1 d	5.58 d（7.8）
		1.93 m	2′	76.8 d	3.53 m
13	32.8 d	2.49 m	3′	76.6 d	3.46 m
14	48.1 d	2.63 m	4′	72.9 d	3.48 m
15	29.0 t	1.86 m	5′	69.9 d	3.56 m
		2.15 m	6′	61.7 t	3.79 br s
					3.48（overlapped）

注：溶剂 CDCl₃；¹³C NMR：150 MHz；¹H NMR：600 MHz

化合物名称：anthoroidine E

分子式：C$_{23}$H$_{33}$NO$_4$ **分子量**（*M*+1）：388

植物来源：*Aconitum anthoroideum* DC. 拟黄花乌头

参考文献：Huang S，Zhang J F，Chen L，et al. 2020. Diterpenoid alkaloids from *Aconitum anthoroideum* with protection against MPP$^+$-induced apoptosis of SH-SY5Y cells and acetylcholinesterase inhibitory activity. Phytochemistry，178：112459.

anthoroidine E 的 NMR 数据

位置	δ_C/ppm	δ_H/ppm（*J*/Hz）	位置	δ_C/ppm	δ_H/ppm（*J*/Hz）
1	75.3 d	3.88 d（9.6）	14	50.8 d	2.73 m
2	49.5 t	1.66 d（13.8）	15	26.3 t	1.82 m
		2.27 m			2.26 m
3	141.8 d	5.65 dd（18.0，11.4）	16	26.7 t	1.26 m
4	57.4 s				2.38 m
5	53.4 d	1.95 d（7.8）	17	174.0 s	
6	23.9 t	1.42 dd（15.0，7.2）	18	113.1 t	4.91 d（18.0）
		1.81 dd（15.0，7.2）			5.00 d（18.0）
7	41.1 d	2.53 d（7.2）	19	55.6 t	2.36 m
8	82.4 s				2.63 d（10.8）
9	42.6 d	2.34 m	20	62.5 d	2.96 s
10	46.2 d	2.17 m	21	48.1 t	2.54 m
11	57.4 s				2.57 m
12	33.3 t	1.76 m	22	13.3 q	1.14 t（7.2）
		2.34（overlapped）	8-OMe	48.6 q	3.22 s
13	35.6 d	2.71 m			

注：溶剂 CDCl$_3$；^{13}C NMR：150 MHz；^{1}H NMR：600 MHz

化合物名称：racemulosine

分子式：$C_{22}H_{32}N_2O_3$　　　　　　分子量（$M+1$）：373

植物来源：*Aconitum racemulosum* Franch var. *pengzhounense* 彭州岩乌头

参考文献：Wang F P，Peng C S，Yu K B. 2000. Racemulosine，a novel skeletal C₂₀-diterpenoid alkaloid from *Aconitum racemulosum* Franch var. *pengzhouense*. Tetrahedron，56（38）：7443-7446.

racemulosine 的 NMR 数据

位置	δ_C/ppm	δ_H/ppm（J/Hz）	位置	δ_C/ppm	δ_H/ppm（J/Hz）
1	76.0 d	3.86 d（8.8）	13	35.9 d	2.54 m
2	49.9 t	1.63 m	14	51.3 d	2.66 t（4.0）
		2.24 dd（14.4，9.6）	15	32.5 t	1.72 m
3	142.3 d	5.63 dd（17.6，11.2）	16	34.6 t	1.70 m
4	58.0 s				2.10 m
5	54.1 d	1.93 t（7.8）	17	179.5 s	
6	25.5 t	1.50 m	18	113.2 t	4.90 dd（17.2，11.2）
		2.00 m			4.95 dd（11.0，1.2）
7	47.6 d	2.10 m	19	56.0 t	2.37 ABq（10.8）
8	76.0 s				2.61 ABq（10.8）
9	44.7 d	2.38 m	20	63.1 d	3.00 br s
10	46.6 d	2.08 m	21	48.3 t	2.58 q（7.0）
11	47.8 s		22	13.4 q	1.11 t（7.2）
12	27.4 t	1.30 m			
		2.15 m			

注：溶剂 CDCl₃-CD₃OD；¹³C NMR：100 MHz；¹H NMR：400 MHz

2.9 arcutine 型（C9）

化合物名称：aconicarmicharcutinium A trifluoroacetate

分子式：C$_{22}$H$_{32}$NO$_3$ 　　　　分子量（M^+）：358

植物来源：*Aconitum carmichaelii* Debx. 乌头

参考文献：Meng X H，Jiang Z B，Guo Q L，et al. 2017. A minor arcutine-type C$_{20}$-diterpenoid alkaloid iminium constituent of "fuzi". Chinese Chemical Letters，28（3）：588-592.

aconicarmicharcutinium A trifluoroacetate 的 NMR 数据

位置	δ_C/ppm	δ_H/ppm（J/Hz）	位置	δ_C/ppm	δ_H/ppm（J/Hz）
1	39.9 t	1.89 br t（13.2）	12	35.7 d	2.42 br s
		1.49 m	13	29.6 t	2.07 dd（13.2，12.0）
2	17.9 t	1.86 m			1.69 dd（12.0，6.0）
		1.51 m	14	36.8 d	2.85 dd（13.2，6.0）
3	38.2 t	1.70 m	15	73.6 d	3.87 br s
		1.50 m	16	154.0 s	
4	41.4 s		17	112.0 t	5.10 d（1.8）
5	61.7 s				5.10 d（1.8）
6	23.5 t	2.60 dt（4.8，12.6）	18	18.8 q	1.23 s
		1.48 m	19	70.2 t	3.89 d（13.2）
7	26.3 t	2.13 dt（4.8，12.6）			3.81 d（13.2）
		1.26 m	20	203.7 s	
8	42.6 s		21	53.7 t	3.88 m
9	43.7 d	2.30 dt（12.0，1.8）			3.84 m
10	72.9 s		22	58.1 t	3.88 m
11	27.5 t	2.07 br d（12.0）			3.84 m
		1.89 br d（12.0）			

注：溶剂 CDCl$_3$；^{13}C NMR：150 MHz；^{1}H NMR：600 MHz

化合物名称：arcutine

分子式：C$_{25}$H$_{35}$NO$_3$　　　　　　　分子量（$M+1$）：398

植物来源：*Aconitum arcuatum* Maxim.　弯枝乌头

参考文献：Saidkhodzhaeva S A，Bessonova I A，Abdullaev N D. 2002. Arcutinine，a new alkaloid from *Aconitum arcuatum*. Chemistry of Natural Compounds，37（5）：466-469.

arcutine 的 NMR 数据

位置	δ_C/ppm	δ_H/ppm（J/Hz）	位置	δ_C/ppm	δ_H/ppm（J/Hz）
1	33.34 t		14	37.47 d	
2	20.56 t		15	74.08 d	
3	31.24 t		16	150.80 s	
4	39.63 s		17	110.38 t	
5	58.90 s		18	23.50 q	
6	17.05 t		19	73.83 t	
7	28.89 t		20	185.63 s	
8	41.34 s		1′	175.80 s	
9	43.97 d		2′	41.83 d	
10	75.33 s		3′	27.26 t	
11	26.27 t		4′	12.10 q	
12	35.83 d		5′	17.22 q	
13	32.55 t				

注：溶剂 CDCl$_3$

化合物名称：arcutinine

分子式：C$_{24}$H$_{33}$NO$_3$　　　　　　　分子量（$M+1$）：384

植物来源：*Aconitum arcuatum* Maxim. 弯枝乌头

参考文献：Saidkhodzhaeva S A，Bessonova I A，Abdullaev N D，et al. 2001. Arcutinine，a new alkaloid from *Aconitum arcuatum*. Chemistry of Natural Compounds，37（5）：466-469.

arcutinine 的 NMR 数据

位置	δ_C/ppm	δ_H/ppm（J/Hz）	位置	δ_C/ppm	δ_H/ppm（J/Hz）
1	33.52 t		13	32.70 t	
2	20.60 t		14	37.47 d	
3	31.24 t		15	74.08 d	
4	39.63 s		16	150.80 s	
5	58.90 s		17	110.57 t	
6	17.05 t		18	23.63 q	
7	28.99 t		19	73.83 t	
8	41.34 s		20	185.63 s	
9	43.97 d		1′	175.80 s	
10	75.33 s		2′	34.77 d	
11	26.27 t		3′	19.58 q	
12	35.83 d		4′	19.58 q	

注：溶剂 CDCl$_3$

2.10　tricalysiamide 型（C10）

化合物名称：tricalysiamide A

分子式：C$_{20}$H$_{27}$NO$_3$　　　　　　　　分子量（$M+1$）：330

植物来源：*Tricalysia dubia* (Lindl.) Ohwi　狗骨柴

参考文献：Nishimura K，Hitotsuyanagi Y，Sugeta N，et al. 2007. Tricalysiamides A-D，diterpenoid alkaloids from *Tricalysia dubia*. Journal of Natural Products，70（5）：758-762.

tricalysiamide A 的 NMR 数据

位置	δ_C/ppm	δ_H/ppm（J/Hz）	位置	δ_C/ppm	δ_H/ppm（J/Hz）
1	40.7 t	2.35 dd（17.5，6.7）	12	26.4 t	1.89 m
		1.84 m			1.49 m
2	106.3 d	5.48 d（6.7）	13	45.9 d	2.46 d（3.0）
3	139.5 s		14	37.7 t	2.05 dd（11.6，4.5）
4	152.9 s				1.94 d（11.6）
5	45.4 d	2.21 dt（11.8，2.3）	15	53.7 t	1.85 d（13.6）
6	22.0 t	1.71 m			1.72 d（13.6）
		1.44 m	16	81.5 s	
7	40.2 t	1.66 dt（13.0，3.0）	17	66.4 t	4.15 dd（10.9，5.3）
		1.56 td（13.0，3.6）			4.07 dd（10.9，5.3）
8	44.4 s		18	116.3 d	5.98 s
9	53.0 d	1.26 d（8.7）	19	173.0 s	
10	42.2 s		20	15.5 q	0.93 s
11	18.9 t	1.71 m	NH		10.83 s
		1.48 m	16-OH		5.22 s
			17-OH		6.13 t（5.3）

注：溶剂 C$_5$D$_5$N；^{13}C NMR：125 MHz；^{1}H NMR：500 MHz

化合物名称：tricalysiamide B

分子式：$C_{20}H_{29}NO_3$　　　　分子量（$M+1$）：332

植物来源：*Tricalysia dubia* (Lindl.) Ohwi 狗骨柴

参考文献：Nishimura K，Hitotsuyanagi Y，Sugeta N，et al. 2007. Tricalysiamides A-D，diterpenoid alkaloids from *Tricalysia dubia*. Journal of Natural Products，70（5）：758-762.

tricalysiamide B 的 NMR 数据

位置	δ_C/ppm	δ_H/ppm（J/Hz）	位置	δ_C/ppm	δ_H/ppm（J/Hz）
1	36.8 t	1.68 m	12	26.4 t	1.87 m
		0.97 td（13.7，3.7）			1.47 m
2	30.7 t	2.14 m	13	45.9 d	2.45 d（2.9）
		1.47 m	14	38.2 t	2.05 dd（11.4，4.1）
3	58.9 d	3.90 dd（10.9，7.2）			1.96 d（11.4）
4	167.3 s		15	53.9 t	1.85 d（14.3）
5	49.0 d	1.88 m			1.73 dd（14.3，1.3）
6	22.3 t	1.51 m	16	81.6 s	
		1.46 m	17	66.4 t	4.15 dd（10.9，5.2）
7	40.5 t	1.64 m			4.06 dd（10.9，5.2）
		1.53 m	18	117.8 d	5.83 s
8	44.6 s		19	174.6 s	
9	53.6 d	1.15 d（8.8）	20	14.9 q	0.71 s
10	43.0 s		NH		8.87 s
11	19.5 t	1.71 m	16-OH		5.22 s
		1.49 m	17-OH		6.12 t（5.2）

注：溶剂 C_5D_5N；¹³C NMR：125 MHz；¹H NMR：500 MHz

化合物名称：tricalysiamide C

分子式：C$_{21}$H$_{31}$NO$_4$　　　　　　分子量（$M+1$）：362

植物来源：*Tricalysia dubia* (Lindl.) Ohwi　狗骨柴

参考文献：Nishimura K，Hitotsuyanagi Y，Sugeta N，et al. 2007. Tricalysiamides A-D, diterpenoid alkaloids from *Tricalysia dubia*. Journal of Natural Products，70（5）：758-762.

tricalysiamide C 的 NMR 数据

位置	δ_C/ppm	δ_H/ppm（J/Hz）	位置	δ_C/ppm	δ_H/ppm（J/Hz）
1	35.6 t	1.62 m	12	26.4 t	1.89 m
		1.38 td（13.6，4.0）			1.48 m
2	35.0 t	2.33 dt（13.6，2.4）	13	45.9 d	2.47 d（2.9）
		1.82 m	14	38.1 t	2.07 m
3	90.1 s				1.98 d（11.4）
4	165.1 s		15	53.9 t	1.87 d（14.2）
5	46.5 d	2.08 m			1.76 d（14.2）
6	22.0 t	1.56 m	16	81.6 s	
		1.44 m	17	66.4 t	4.15 dd（10.9，5.3）
7	40.5 t	1.66 m			4.06 dd（10.9，5.3）
		1.57 d（9.1）	18	119.9 d	5.93 s
8	44.7 s		19	172.6 s	
9	53.7 d	1.25 d（8.7）	20	14.7 q	0.77 s
10	43.4 s		3-OMe	48.9 q	3.09 s
11	19.5 t	1.72 m	NH		9.29 s
		1.49 m	16-OH		5.19 s
			17-OH		6.14 t（5.3）

注：溶剂 C$_5$D$_5$N；^{13}C NMR：125 MHz；^{1}H NMR：500 MHz

化合物名称：tricalysiamide D

分子式：C$_{20}$H$_{31}$NO$_4$　　　　　　　**分子量**（$M+1$）：350

植物来源：*Tricalysia dubia* (Lindl.) Ohwi 狗骨柴

参考文献：Nishimura K，Hitotsuyanagi Y，Sugeta N，et al. 2007. Tricalysiamides A-D，diterpenoid alkaloids from *Tricalysia dubia*. Journal of Natural Products，70（5）：758-762.

tricalysiamide D 的 NMR 数据

位置	δ_C/ppm	δ_H/ppm（J/Hz）	位置	δ_C/ppm	δ_H/ppm（J/Hz）
1	36.0 t	1.76 m	14	38.3 t	2.05 dd（10.9，3.3）
		1.08 m			2.00 d（10.9）
2	32.0 t	2.36 m	15	53.9 t	1.84 d（14.0）
		2.33 m			1.72 d（14.0）
3	87.6 s		16	81.7 s	
4	45.8 d	2.24 dd（11.7，6.6）	17	66.5 t	4.15 dd（10.7，4.5）
5	49.5 d	0.97 t（12.1）			4.06 dd（10.7，4.5）
6	24.3 t	1.42 m	18	36.4 t	3.21 dd（16.4，6.5）
		1.22 td（11.9，3.1）			2.35 m
7	41.3 t	1.61 m	19	178.5 s	
		1.36 m	20	14.3 q	1.04 s
8	44.7 s		NH		9.16 s
9	53.4 d	0.93 d（7.2）	3-OH		7.35 s
10	37.9 s		16-OH		5.17 s
11	19.0 t	1.70 m	17-OH		6.15 t（4.5）
		1.56 m			
12	26.6 t	1.90 m			
		1.49 m			
13	45.9 d	2.47 s			

注：溶剂 C$_5$D$_5$N；^{13}C NMR：125 MHz；^{1}H NMR：500 MHz

2.11　阿诺特啉型（anopterine type，C11）

化合物名称：anopterimine

分子式：C$_{25}$H$_{33}$NO$_3$　　　　　　　　分子量（$M+1$）：396

植物来源：*Anopterus macleayanus*

参考文献：Hart N K，Johns S R，Lamberton J A，et al. 1976. New alkaloids of the ent-kaurene type from *Anopterus* species. Ⅱ. The structure of the minor alkaloids. Australian Journal of Chemistry，29（6）：1319-1327.

anopterimine 的 NMR 数据

位置	δ_C/ppm	δ_H/ppm（J/Hz）	位置	δ_C/ppm	δ_H/ppm（J/Hz）
1	40.5 t		14	53.2 d	
2	21.6 t		15	36.5 t	
3	36.5 t		16	149.7 s	
4	40.5 s		17	107.7 t	4.77 br s
5	44.8 d				5.02 br s
6	24.4 t		18	23.8 q	1.03 s
7	34.1 t		19	168.5 d	7.42 br s
8	53.2 s		20	63.2 d	4.61 br s
9	58.7 d				6.87 bq
10	51.4 s		4′	—	1.74 d（7.0）
11	71.0 d	4.37 dd（4，6）	5′	—	1.82 br s
12	76.2 d	5.11 dd（3，6）	3′	—	3.87 q
13	54.6 d	3.17 m			

注：溶剂 CDCl$_3$

化合物名称：anopterimine *N*-oxide

分子式：C$_{25}$H$_{33}$NO$_4$　　　　　　　　**分子量**（*M* + 1）：412

植物来源：*Anopterus macleayanus*

参考文献：Hart N K，Johns S R，Lamberton J A，et al. 1976. New alkaloids of the ent-kaurene type from *Anopterus* species. Ⅱ. The structure of the minor alkaloids. Australian Journal of Chemistry，29（6）：1319-1327.

anopterimine *N*-oxide 的 NMR 数据

位置	δ_C/ppm	δ_H/ppm（*J*/Hz）	位置	δ_C/ppm	δ_H/ppm（*J*/Hz）
1	40.1 t		13	53.4 d	3.17 m
2	21.3 t		14	51.8 d	
3	37.8 t		15	36.0 t	
4	41.5 s		16	148.4 s	
5	45.6 d		17	108.4 t	4.78 br s
6	23.7 t				5.03 br s
7	33.6 t		18	24.3 q	1.08 s
8	50.7 s		19	143.8 d	6.89 m
9	57.9 d		20	70.4 d	4.94 br s
10	50.3 s		3′	—	6.89 m
11	70.4 d	4.38 dd（4，6）	4′	—	1.80 bd（7.0）
12	75.6 d	5.13 dd（3，6）	5′	—	1.85 br s

注：溶剂 CDCl$_3$

化合物名称：anopterine

分子式：C$_{31}$H$_{43}$NO$_7$ 分子量（$M+1$）：542

植物来源：*Anopterus macleayanus*

参考文献：Hart N K，Johns S R，Lamberton J A，et al. 1976. New alkaloids of the ent-kaurene type from *Anopterus* species (Escalloniaceae). Ⅰ. The structure and reactions of anopterine. Australian Journal of Chemistry，29（6）：1295-1318.

anopterine 的 NMR 数据

位置	δ_C/ppm	δ_H/ppm（J/Hz）	位置	δ_C/ppm	δ_H/ppm（J/Hz）
1	46.1 t		12	70.3 d	
2	71.4 d		13	54.3 d	2.90 m
3	42.9 t		14	53.3 d	
4	36.6 s		15	36.6 t	
5	78.5 s		16	148.8 s	
6	66.2 d	3.49 m	17	108.3 t	
7	39.8 t		18	24.4 q	1.15 s
8	51.7 s		19	61.8 t	2.60 d（11）
9	57.0 d		20	65.6 d	3.97 s
10	49.2 s		21	42.9 q	2.24 s
11	73.0 d				

注：溶剂 CDCl$_3$

化合物名称：anopteryl alcohol

分子式：$C_{21}H_{31}NO_5$　　　　　　分子量（$M+1$）：378

植物来源：*Anopterus macleayanus*

参考文献：Hart N K，Johns S R，Lamberton J A，et al. 1976. New alkaloids of the ent-kaurene type from *Anopterus* species (Escalloniaceae). Ⅰ. The structure and reactions of anopterine. Australian Journal of Chemistry，29（6）：1295-1318.

anopteryl alcohol 的 NMR 数据

位置	δ_C/ppm	δ_H/ppm（J/Hz）
1	46.5 t	
2	71.5 d	
3	42.8 t	
4	37.4 s	
5	80.4 s	
6	66.6 d	
7	40.9 t	
8	56.9 s	
9	57.3 d	
10	—	
11	75.5 d	
12	71.8 d	
13	57.3 d	2.90 m
14	55.3 d	
15	37.4 t	
16	152.1 s	
17	107.4 t	4.81 br s
		4.96 br s
18	24.9 q	1.09 s
19	62.4 t	3.52 d（1，11）
20	66.3 d	3.62 s
21	42.2 q	2.27 s

注：溶剂 CDCl₃

化合物名称：*O*, *O*, *O*, *O*-tetraacetylanopteryl alcohol

分子式：C$_{29}$H$_{39}$NO$_9$　　　　　　　分子量（*M* + 1）：546

植物来源：*Anopterus macleayanus*

参考文献：Hart N K，Johns S R，Lamberton J A，et al. 1976. New alkaloids of the ent-kaurene type from *Anopterus* species (Escalloniaceae). Ⅰ. The structure and reactions of anopterine. Australian Journal of Chemistry，29（6）：1295-1318.

O, *O*, *O*, *O*-tetraacetylanopteryl alcohol 的 NMR 数据

位置	δ_C/ppm	δ_H/ppm （*J*/Hz）
1	43.6 t	
2	76.2 d	
3	42.2 t	
4	37.1 s	
5	77.9 s	
6	70.1 d	
7	39.4 t	
8	51.5 s	
9	58.8 d	
10	48.8 s	
11	72.4 d	
12	70.1 d	
13	52.5 d	
14	51.2 d	
15	32.8 t	
16	148.6 s	
17	108.6 t	
18	25.0 q	
19	62.8 t	
20	64.4 d	
21	41.6 q	

注：溶剂 CDCl$_3$

2.12　维特钦型（veatchine type，C12）

化合物名称：cuauchichicine

分子式：$C_{22}H_{33}NO_2$　　　　　　分子量（$M+1$）：344

植物来源：*Garrya ovata* var. *lindheimeri* Torr.

参考文献：Pelletier S W，Mody N V，Desai H K. 1981. Structures of cuauchichicine，garryfoline，lindheimerine，and ovatine. Chemical correlation of cuauchichicine with (−)-"*β*"-dihydrokaurene. Journal of Organic Chemistry，46（9）：1840-1846.

cuauchichicine 的 NMR 数据

位置	δ_C/ppm	δ_H/ppm（J/Hz）
1	41.6 t	
2	18.4 t	
3	38.4 t	
4	34.0 s	
5	52.4 d	
6	17.9 t	
7	32.6 t	
8	52.0 s	
9	47.7 d	
10	40.5 s	
11	22.7 t	
12	22.4 t	
13	33.7 d	
14	34.7 t	
15	224.7 s	
16	49.5 d	1.11 s
17	10.0 q	
18	25.5 q	0.81 s
19	56.7 t	
20	92.7 d	4.29 br s
21	50.5 t	2.65 br s（2H）
22	64.5 t	

注：溶剂 CDCl₃

化合物名称：garryine

分子式：C$_{22}$H$_{33}$NO$_2$　　　　　　　　　分子量（$M+1$）：344

植物来源：*Aconitum heterophyllum* Wall.

参考文献：Pelletier S W，Mody N V. 1977. The conformational analysis of the E and F rings of atisine，veatchine，and related alkaloids. The existence of C$_{20}$ epimers. Journal of the American Chemical Society，99（1）：284-286.

garryine 的 NMR 数据

位置	δ_C/ppm	δ_H/ppm（J/Hz）
1	40.6 t	
2	20.6 t	
3	40.6 t	
4	40.3 s	
5	50.6 d	
6	18.2 t	
7	33.8 t	
8	47.4 s	
9	49.1 d	
10	35.9 s	
11	22.3 t	
12	32.4 t	
13	41.7 d	
14	36.8 t	
15	82.7 d	
16	159.6 s	
17	108.5 t	
18	24.4 q	
19	98.2 d	
20	51.1 t	
21	54.8 t	
22	58.7 t	

注：溶剂 CDCl$_3$；^{13}C NMR：25 MHz

化合物名称：isogarryfoline

分子式：C$_{22}$H$_{33}$NO$_2$　　　　　　　**分子量**（$M+1$）：344

植物来源：*Aconitum heterophyllum* Wall.

参考文献：Pelletier S W，Mody N V，Desai H K. 1981. Structures of cuauchichicine，garryfoline，lindheimerine，and ovatine. Chemical correlation of cuauchichicine with (−)-"β"-dihydrokaurene. Journal of Organic Chemistry，46（9）：1840-1846.

isogarryfoline 的 NMR 数据

位置	δ_C/ppm	δ_H/ppm （J/Hz）
1	40.7 t	
2	21.3 t	
3	40.5 t	
4	39.9 s	
5	48.7 d	
6	18.2 t	
7	37.2 t	
8	45.5 s	
9	42.8 d	
10	36.1 s	
11	22.4 t	
12	33.0 t	
13	39.7 d	
14	37.6 t	
15	82.6 d	
16	158.1 s	
17	105.2 t	
18	24.5 q	
19	98.6 d	
20	51.3 t	
21	54.9 t	
22	58.7 t	

注：溶剂 CDCl$_3$

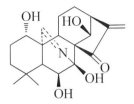

化合物名称：kaurine B

分子式：C$_{20}$H$_{27}$NO$_5$　　　　　分子量（$M+1$）：362

植物来源：*Isodon rubescens* (Hemsl.) Hara　冬凌草

参考文献：Liu X，Yang J，Wang W G，et al. 2015. Diterpene alkaloids with an aza-ent-kaurane skeleton from *Isodon rubescens*. Journal of Natural Products，78（2）：196-210.

kaurine B 的 NMR 数据

位置	δ_C/ppm	δ_H/ppm（J/Hz）	位置	δ_C/ppm	δ_H/ppm（J/Hz）
1	71.2 d	3.77（overlapped）	12	31.2 t	2.26 m
2	31.8 t	1.89（overlapped）			1.45 m
		2.04（overlapped）	13	44.0 d	3.12 d（9.7）
3	39.5 t	1.31（overlapped）	14	73.4 d	4.83 s
		1.30（overlapped）	15	210.8 s	
4	33.6 s		16	153.6 s	
5	57.2 d	1.33（overlapped）	17	119.7 t	6.28 s
6	75.3 d	3.75（overlapped）			5.47 s
7	94.0 s		18	31.0 q	1.19 s
8	63.6 s		19	23.7 q	0.72 s
9	55.5 d	1.89（overlapped）	20	169.3 d	8.80 s
10	48.4 s		1-OH		6.64 d（4.3）
11	24.2 t	1.91（overlapped）	6-OH		7.00 d（10.9）
		2.06（overlapped）	7-OH		9.27 s
			14-OH		7.34 s

注：溶剂 C$_5$D$_5$N；^{13}C NMR：150 MHz；^{1}H NMR：600 MHz

化合物名称：lindheimerine

分子式：C$_{22}$H$_{31}$NO$_2$　　　　　　　分子量（$M+1$）：342

植物来源：*Garrya ovata* var. *lindheimeri* Torr.

参考文献：Pelletier S W，Mody N V，Desai H K. 1981. Structures of cuauchichicine，garryfoline，lindheimerine，and ovatine. Chemical correlation of cuauchichicine with (−)-"β"-dihydrokaurene. Journal of Organic Chemistry，46（9）：1840-1846.

lindheimerine 的 NMR 数据

位置	δ_C/ppm	δ_H/ppm（J/Hz）
1	42.2 t	
2	18.0 t	
3	36.5 t	
4	33.0 s	
5	47.0 d	
6	20.5 t	
7	35.2 t	
8	45.6 s	
9	43.6 d	
10	45.2 s	
11	21.3 t	
12	34.0 t	
13	40.7 d	
14	34.8 t	
15	81.6 d	
16	153.8 s	
17	106.8 t	4.98 br d
		5.28 br d
18	26.2 q	
19	59.7 t	
20	167.1 d	0.8 s
15-OAc	171.3 s	
	21.2 q	2.18 s

注：溶剂 CDCl$_3$

化合物名称：ovatine

分子式：C$_{24}$H$_{35}$NO$_3$ 分子量（$M+1$）：386

植物来源：*Garrya ovata* var. *lindheimeri* Torr.

参考文献：Pelletier S W，Mody N V，Desai H K. 1981. Structures of cuauchichicine，garryfoline，lindheimerine，and ovatine. Chemical correlation of cuauchichicine with (−)-"β"-dihydrokaurene. Journal of Organic Chemistry，46（9）：1840-1846.

ovatine 的 NMR 数据

位置	δ_C/ppm(A)	δ_C/ppm(B)	δ_H/ppm（J/Hz）	位置	δ_C/ppm(A)	δ_C/ppm(B)	δ_H/ppm（J/Hz）
1	41.9 t	41.6 t		14	37.6 t	37.6 t	
2	18.2 t	19.5 t		15	82.1 d	82.4 d	
3	37.6 t	37.6 t		16	154.5 s	154.9 s	
4	34.2 s	34.1 s		17	105.7 t	105.5 t	4.88 br d
5	52.2 d	53.2 d					5.14 br d
6	18.5 t	17.2 t		18	26.0 q	26.6 q	1.05 s
7	35.3 t	35.1 t		19	56.6 t	56.1 t	3.98 br s
8	45.7 s	46.0 s		20	93.2 d	94.4 d	2.60 br s
9	45.4 d	44.8 d		21	50.5 t	49.5 t	
10	40.8 s	40.3 s		22	64.6 t	59.0 t	
11	22.8 t	21.9 t		15-OAc	171.7 s	171.7 s	
12	32.2 t	30.9 t			21.3 q	20.4 q	2.15 s
13	40.6 d	40.2 d					

注：溶剂 CDCl$_3$；A 和 B 为差向异构体

化合物名称：veatchine

分子式：C$_{22}$H$_{33}$NO$_2$　　　　　　　　**分子量**（$M+1$）：344

植物来源：*Aconitum heterophyllum* Wall.

参考文献：Pelletier S W，Mody N V. 1977. The conformational analysis of the E and F rings of atisine，veatchine，and related alkaloids. The existence of C$_{20}$ epimers. Journal of the American Chemical Society，99（1）：284-286.

veatchine 的 NMR 数据

位置	δ_C/ppm(A)	δ_C/ppm(B)	δ_H/ppm（J/Hz）
1	41.7 t	41.3 t	
2	18.6 t	19.2 t	
3	37.1 t	37.1 t	
4	34.1 s	34.1 s	
5	52.8 d	52.3 d	
6	18.6 t	17.4 t	
7	33.9 t	33.9 t	
8	47.3 s	47.5 s	
9	51.6 d	51.1 d	
10	40.6 s	40.3 s	
11	22.7 t	21.8 t	
12	31.2 t	30.3 t	
13	42.4 d	42.4 d	
14	35.1 t	35.1 t	
15	82.8 d	84.3 d	
16	160.7 s	161.2 s	
17	107.4 t	107.8 t	
18	25.9 q	26.4 q	
19	56.4 t	55.9 t	
20	92.6 d	93.3 d	
21	50.2 t	49.8 t	
22	64.3 t	58.8 t	

注：溶剂 CDCl$_3$；^{13}C NMR：25 MHz；A 和 B 为差向异构体

2.13　重排 C$_{20}$-二萜生物碱

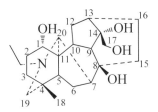

化合物名称：aconicarchamine A

分子式：C$_{22}$H$_{35}$NO$_4$　　　　　　　　分子量（$M+1$）：378

植物来源：*Acontium carmichaelii* Debx. 乌头

参考文献：Shen Y，Zuo A X，Jiang Z Y，et al. 2011. Two new C$_{20}$-diterpenoid alkaloids from *Aconitum carmichaelii*. Helvetica Chimica Acta，94（1）：122-126.

aconicarchamine A 的 NMR 数据

位置	δ_C/ppm	δ_H/ppm（J/Hz）	位置	δ_C/ppm	δ_H/ppm（J/Hz）
1	72.3 d	3.69 d（5.3）	13	35.7 d	2.04 d（9.5）
2	29.5 t	1.53～1.59 m	14	82.7 s	
		1.59～1.66 m	15	33.1 t	1.95 dd（9.5，3.5）
3	31.0 t	1.44～2.01 m			1.70～1.75 m
		1.66～1.71 m	16	32.7 t	1.64～1.69 m
4	32.8 s				1.77～1.84 m
5	46.2 d	1.91 d（7.3）	17	66.5 t	3.42 d（11.5）
6	24.9 t	1.81 dd（14.2，7.2）			3.45 d（11.5）
		2.14 dd（14.2，7.2）	18	27.5 q	0.84 s
7	44.0 d	1.75 d（6.8）	19	60.3 t	2.03 d（11.0）
8	78.4 s				2.23 d（11.0）
9	48.8 d	1.98 d（7.2）	20	63.1 d	3.03 s
10	46.7 d	1.58 dd（7.2，7.0）	21	48.1 t	2.48～2.56 m
11	48.7 s				2.37～2.44 m
12	35.4 t	1.44～1.51 m	22	13.0 q	1.08 t（7.0）
		2.20～2.27 m			

注：溶剂 CDCl$_3$；^{13}C NMR：100 MHz；^{1}H NMR：400 MHz

化合物名称：ajabicine

分子式：C$_{22}$H$_{33}$NO$_2$　　　　　　　**分子量**（$M+1$）：344

植物来源：*Delphinium ajacis* 飞燕草

参考文献：Joshi B S，Puar M S，Desai H K，et al. 1993. The structure of ajabicine，a novel diterpenoid alkaloid from *Delphinium ajacis*. Tetrahedron Letters，34（9）：1441-1444.

ajabicine 的 NMR 数据

位置	δ_C/ppm	δ_H/ppm（J/Hz）	位置	δ_C/ppm	δ_H/ppm（J/Hz）
1	73.3 d	3.96 dd（2.9，4.2）	13	38.8 d	2.51 m
2	30.8 t	1.87 m	14	156.6 s	
		1.74 m	15	33.3 t	2.16 m
3	32.7 t	1.78 m			1.60 m
		1.44 m	16	33.5 t	1.96 m
4	33.3 s				1.84 m
5	47.1 d	1.55 d（7.7）	17	103.2 t	5.00 d（1.9）
6	26.3 t	2.22 dd（14.5，7.7）			4.89 d（1.9）
		1.66 dd（14.5，8.0）	18	27.5 q	0.80 s
7	46.7 d	2.33 d（8.0）	19	60.2 t	2.20 AB（11.0）
8	80.8 s				1.98 AB（11.0）
9	51.8 d	2.63 d（7.3）	20	62.8 d	3.38 s
10	48.5 d	2.00 m	21	48.6 t	2.46 dq（12.2，7.0）
11	49.8 s				2.32 dq（12.2，7.0）
12	35.8 t	2.17 m	22	13.3 q	1.03 t（7.0）

注：溶剂 C$_5$D$_5$N；^{13}C NMR：100 MHz；^{1}H NMR：400 MHz

2.14　C$_{20}$-二萜生物碱新骨架化合物

化合物名称：aconicarmisulfonine A

分子式：C$_{22}$H$_{29}$NO$_6$S　　　　　　　分子量（$M+1$）：436

植物来源：*Aconitum carmichaelii* Debx. 乌头

参考文献：Guo Q L，Xia H，Shi G N，et al. 2018. Aconicarmisulfonine A，a sulfonated C$_{20}$-diterpenoid alkaloid from the lateral roots of *Aconitum carmichaelii*. Organic Letters，20（3）：816-819.

aconicarmisulfonine A 的 NMR 数据

位置	δ_C/ppm	δ_H/ppm （J/Hz）	位置	δ_C/ppm	δ_H/ppm （J/Hz）
1	69.3 d	4.09 dd （11.4，6.6）	12	210.8 s	
2	33.1 t	2.15 m	13	60.7 d	3.47 m
		1.60 m	14	33.8 t	2.88 ddd （13.8，3.6，3.0）
3	37.7 t	1.71 m			2.56 brd （13.8）
		1.47 ddd （11.8，11.8，4.2）	15	158.6 d	8.11 br s
4	37.7 s		16	191.6 s	
5	49.0 d	1.80 brd （7.8）	17	141.6 s	
6	25.4 t	2.33 dd （16.2，7.8）	18	26.9 q	0.97 s
		1.92 dd （16.2，5.4）	19	59.5 t	3.46 d （13.8）
7	46.1 d	2.80 d （5.4）			3.04 d （13.8）
8	44.5 s		20	66.8 d	4.35 br s
9	51.4 d	2.25 dd （10.8，7.2）	21	57.2 t	3.37 q （7.2）
10	54.9 s		22	12.4 q	1.42 t （7.2）
11	44.1 t	3.81 dd （15.0，10.8）			
		2.74 dd （15.0，7.2）			

注：溶剂 D$_2$O；^{13}C NMR：150 MHz；^{1}H NMR：600 MHz

化合物名称：anthriscifolsine A

分子式：C$_{29}$H$_{31}$NO$_7$　　　　　　　　分子量（$M+1$）：506

植物来源：*Delphinium anthriscifolium* var. *majus* Pamp. 大花还亮草

参考文献：Shan L H，Zhang J F，Gao F，et al. 2017. Diterpenoid alkaloids from *Delphinium anthriscifolium* var. *majus*. Scientific Reports，7：6063.

anthriscifolsine A 的 NMR 数据

位置	δ_C/ppm	δ_H/ppm（J/Hz）	位置	δ_C/ppm	δ_H/ppm（J/Hz）
1	33.2 t	1.98 d（13.8）	14	58.5 d	2.56 br s
		2.31 dd（4.8，15.6）	15	36.3 t	2.76 d（19.8）
2	67.3 d	5.59 m			2.47 d（19.8）
3	74.3 d	5.18 d（4.8）	16	158.5 s	
4	47.6 s		17	24.6 q	1.97 s
5	54.9 d	1.95 br s	18	18.8 q	1.10 s
6	61.1 d	3.77 br s	19	88.4 d	5.20 s
7	33.5 t	1.88 br d（13.8）	20	63.9 d	4.36 br s
		2.28 br d（13.8）	2-AcO	169.8 s	
8	44.4 s			21.6 q	2.29 s
9	59.1 d	2.43 br s	3-OBz	165.5 s	
10	47.1 s		1'	129.8 s	
11	201.0 d	9.84 br s	2'，6'	129.7 d	7.89 d（7.8）
12	124.6 d	5.93 s	3'，5'	128.4 d	7.32 t（7.8）
13	196.1 s		4'	133.2 d	7.51 t（7.8）

注：溶剂 CDCl$_3$；^{13}C NMR：150 MHz；^{1}H NMR：600 MHz

化合物名称：kaurine A

分子式：C$_{20}$H$_{27}$NO$_5$　　　　　　　　**分子量**（$M+1$）：362

植物来源：*Isodon rubescens* (Hemsl.) Hara 冬凌草

参考文献：Liu X，Yang J，Wang W G，et al. 2015. Diterpene alkaloids with an aza-ent-kaurane skeleton from *Isodon rubescens* (Hemsl.) Hara. Journal of Natural Products，78（2）：196-210.

kaurine A 的 NMR 数据

位置	δ_C/ppm	δ_H/ppm（J/Hz）	位置	δ_C/ppm	δ_H/ppm（J/Hz）
1	70.2 d	3.90 br s	12	28.5 t	1.89 d（13.9）
2	30.9 t	1.98（overlapped）			2.05（overlapped）
		2.01（overlapped）	13	33.0 d	2.78 br s
3	39.1 t	1.34 dt（14.0，4.0）	14	32.5 t	2.29（overlapped）
		1.26 td（14.0，3.2）			2.27（overlapped）
4	33.7 s		15	165.6 s	
5	62.5 d	1.60 s	16	141.1 s	
6	74.1 d	4.01 s	17	127.9 t	6.52 s
7	94.9 s				5.42 s
8	33.2 d	3.47 br dt（9.8，9.6）	18	30.8 q	1.03 s
9	50.0 d	2.85 d（9.6）	19	24.6 q	0.68 s
10	49.0 s		20	168.9 d	8.85 s
11	78.6 d	5.67 s	1-OH		6.89 d（3.4）
			6-OH		6.95 s

注：溶剂 C$_5$D$_5$N；^{13}C NMR：150 MHz；^{1}H NMR：600 MHz

化合物名称：vilmoridine

分子式：$C_{22}H_{29}NO_6$ 分子量（$M+1$）：404

植物来源：*Aconitum vilmorinianum* Kom. 黄草乌

参考文献：Ding L S，Wu F E，Chen Y Z. 1994. A new skeleton diterpenoid alkaloid from *Aconitum vilmorinianum*. Acta Chimica Sinica，52（9）：932-936.

vilmoridine 的 NMR 数据

位置	δ_C/ppm	δ_H/ppm（J/Hz）	位置	δ_C/ppm	δ_H/ppm（J/Hz）
1	35.4 t		13	—	
2	66.6 d	4.20 m	14	55.7 d	
3	44.3 t		15	46.2 t	
4	33.9 t	1.18 s	16	140.0 t	
5	62.7 d		17	111.4 t	4.82 br s
6	175.3 s				4.96 br s
7	174.9 s		18	29.6 q	
8	53.5 s		19	62.4 t	
9	45.5 d		20	70.3 d	
10	47.3 s		21	40.0 q	2.72 d（3）
11	23.5 t		COOMe	52.9 q	3.86 s
12	53.1 d		COOH		16.5 br s

注：溶剂 $CDCl_3$；^{13}C NMR：100 MHz；^1H NMR：400 MHz

第3章　双二萜生物碱核磁数据

化合物名称：anthoroidine B

分子式：$C_{40}H_{52}N_2O_4$　　　　　　分子量（$M+1$）：625

植物来源：*Aconitum anthoroideum* DC. 拟黄花乌头

参考文献：Huang S，Zhang J F，Chen L，et al. 2020. Diterpenoid alkaloids from Aconitum anthoroideum with protection against MPP[+]-induced apoptosis of SH-SY5Y cells and acetylcholinesterase inhibitory activity. Phytochemistry，178：112459.

anthoroidine B 的 NMR 数据

位置	δ_C/ppm	δ_H/ppm（J/Hz）
1	29.2 t	1.51 m
		1.73 m
2	21.9 t	1.20 m
		1.53（overlapped）
3	31.6 t	1.24 m
		1.78 m
4	46.4 s	
5	73.0 s	
6	32.6 t	1.46 m
		1.69（overlapped）
7	32.3 t	1.69（overlapped）
		1.98 m
8	45.0 s	
9	48.3 d	1.63（overlapped）
10	46.5 s	
11	28.8 t	1.36 m
		1.63（overlapped）

位置	δ_C/ppm	δ_H/ppm（J/Hz）
12	35.6 d	2.34 br s
13	44.3 t	1.49 m
		1.81 m
14	45.7 d	1.53（overlapped）
15	128.4 d	5.28 d（0.8）
16	151.6 s	
17	33.2 t	2.27 m
18	19.3 q	1.05 s
19	172.8 d	7.38 d（3.2）
20	81.4 d	3.48 br s
1′	34.0 t	1.79（overlapped）
		2.74 d（15.2）
2′	67.8 d	4.14（overlapped）
3′	40.4 t	1.51 m
		1.79（overlapped）
4′	37.8 s	
5′	59.6 d	1.60（overlapped）
6′	71.0 d	3.65 s
7′	40.6 t	1.71 m
		1.80 m
8′	40.5 s	
9′	59.6 d	1.60（overlapped）
10′	46.4 s	
11′	92.9 d	4.98 s
12′	121.2 d	5.65 d（6.4）
13′	70.9 d	4.14（overlapped）
14′	48.8 d	1.75 m
15′	37.4 t	1.88 d（19.2）
		2.23 d（19.2）
16′	145.8 s	
17′	35.5 t	2.16 m
18′	30.0 q	0.99 s
19′	64.3 t	2.46 d（11.2）
		3.34 d（11.2）
20′	66.4 d	3.30 m

注：溶剂 CD$_3$OD；^{13}C NMR：200 MHz；^{1}H NMR：800 MHz

化合物名称：bulleyanine A

分子式：$C_{44}H_{62}N_2O_4$　　　　　　　　分子量（$M+1$）：683

植物来源：*Aconitum bulleyanum* Diels 滇西乌头

参考文献：Duan X Y，Zhao D K，Shen Y. 2018. Two new bis-C_{20}-diterpenoid alkaloids with anti-inflammation activity from *Aconitum bulleyanum*. Journal of Asian Natural Products Research，21（4）：323-330.

bulleyanine A 的 NMR 数据

位置	δ_C/ppm	δ_H/ppm（J/Hz）
1	69.3 d	4.09 t（4.6）
2	24.9 t	1.41～1.46 m
		1.62～1.67 m
3	38.0 t	1.41～1.46 m
		1.65～1.69 m
4	37.8 s	
5	51.9 d	1.09～1.14 m
6	25.9 t	1.53～1.56 m
		1.75～1.78 m
7	34.0 d	2.05～2.08 m
8	49.9 s	
9	55.5 d	2.35～2.38 m
10	47.1 s	
11	29.7 t	1.38～1.42 m
		1.56～1.60 m
12	34.4 d	1.92～1.96 m
13	31.9 t	1.24～1.28 m
		1.64～1.68 m
14	31.0 t	1.50～1.55 m
		1.90～1.92 m
15	135.4 d	6.47 s
16	140.9 s	
17	72.6 t	3.89 AB（12.8）
		3.93 AB（12.8）
18	18.8 q	0.80 s

续表

位置	δ_C/ppm	δ_H/ppm（J/Hz）
19	92.7 d	3.68 s
20	69.0 d	3.10 br s
21	48.7 t	2.55～2.58 m
		2.63～2.66 m
22	14.2 q	1.02 t（7.2）
1′	71.4 d	4.03 t（4.4）
2′	24.4 t	1.62～1.66 m
		1.90～1.94 m
3′	47.5 t	1.22～1.26 m
		1.90～1.94 m
4′	35.8 s	
5′	49.2 d	1.58～1.64 m
6′	19.4 t	1.49～1.54 m（2H）
7′	25.8 t	0.89～0.94 m
		1.17～1.22 m
8′	46.4 s	
9′	46.5 d	2.18～2.22 m
10′	36.9 s	
11′	48.5 t	1.50～1.55 m
		1.64～1.69 m
12′	36.0 d	2.32～2.36 m
13′	28.2 t	1.22～1.26 m
		1.60～1.64 m
14′	30.8 t	1.15～1.18 m
		1.71～1.74 m
15′	76.4 d	3.70 br s
16′	157.2 s	
17′	108.9 t	5.01 br s
		5.07 br s
18′	26.1 q	0.96 s
19′	94.2 d	4.78 s
20′	58.6 t	2.32 AB（10.4）
		2.81 AB（10.4）
21′	55.9 t	2.81～2.86 m
		3.02～3.06 m
22′	68.1 t	3.45～3.49 m
		3.52～3.56 m

注：溶剂 CDCl$_3$

化合物名称：bulleyanine B

分子式：$C_{44}H_{64}N_2O_3$　　　　　　　　分子量（$M+1$）：669

植物来源：*Aconitum bulleyanum* Diels 滇西乌头

参考文献：Duan X Y，Zhao D K，Shen Y. 2018. Two new bis-C_{20}-diterpenoid alkaloids with anti-inflammation activity from *Aconitum bulleyanum*. Journal of Asian Natural Products Research，21（4）：323-330.

bulleyanine B 的 NMR 数据

位置	δ_C/ppm	δ_H/ppm（J/Hz）
1	71.4 d	4.02 t（4.4）
2	24.8 t	1.62～1.66 m
		1.90～1.94 m
3	47.5 t	1.16～1.20 m
		1.90～1.94 m
4	33.7 s	
5	49.2 d	1.58～1.62 m
6	19.5 t	1.45～1.50 m（2H）
7	25.9 t	0.91～0.95 m
		1.19～1.24 m
8	45.1 s	
9	40.3 d	2.15～2.18 m
10	37.0 s	
11	28.2 t	1.38～1.43 m
		1.56～1.61 m
12	34.4 d	1.96～1.99 m
13	31.3 t	1.24～1.28 m
		1.64～1.68 m
14	31.0 t	1.57～1.62 m
		1.94～1.99 m
15	136.3 d	6.50 s
16	140.9 s	
17	72.7 t	3.88 AB（12.0）
		3.94 AB（12.0）
18	26.1 q	0.96 s
19	94.3 d	4.77 s

位置	δ_C/ppm	δ_H/ppm（J/Hz）
20	58.6 t	2.33 AB（9.6）
		2.82 AB（9.6）
21	50.9 t	2.32～2.36 m
		2.52～2.56 m
22	14.4 q	1.04 t（7.2）
1′	40.3 t	2.46～2.50 m
2′	22.2 t	1.48～1.52 m
		1.66～1.70 m
3′	23.4 t	1.48～1.52 m
		1.68～1.72 m
4′	35.8 s	
5′	54.4 d	1.07～1.12 m
6′	25.9 t	1.49～1.52 m
		1.70～1.73 m
7′	34.0 d	2.03～2.08 m
8′	47.1 s	
9′	58.5 d	2.38～2.42 m
10′	45.7 s	
11′	48.7 t	1.48～1.52 m
		1.64～1.68 m
12′	36.0 d	2.34～2.38 m
13′	27.2 t	1.18～1.22 m
		1.62～1.66 m
14′	29.7 t	1.14～1.18 m
		1.72～1.76 m
15′	76.4 d	3.70 br s
16′	157.3 s	
17′	108.8 t	5.00 br s
		5.06 br s
18′	26.6 q	0.69 s
19′	57.3 t	2.16～2.19 m
		2.52～2.55 m
20′	71.4 d	3.95 br s
21′	56.0 t	2.83～2.87 m
		2.99～3.03 m
22′	67.9 t	3.45～3.48 m
		3.52～3.55 m

注：溶剂 CDCl$_3$

化合物名称：navicularine A

分子式：$C_{40}H_{50}N_2O_4$　　　　　　　　分子量（$M+1$）：623

植物来源：*Aconitum naviculare* (Bruhl.) Stapf 船盔乌头

参考文献：He J B，Luan J，Lv X M，et al. 2017. Navicularines A—C: new diterpenoid alkaloids from *Aconitum naviculare* and their cytotoxic activities. Fitoterapia，120：142-145.

navicularine A 的 NMR 数据

位置	δ_C/ppm	δ_H/ppm（J/Hz）
1	45.1 t	4.18 br d（15.5）
		2.80 d（7.0）
2	212.2 s	
3	50.5 t	2.42 d（15.5）
		2.26 d（15.5）
4	42.6 s	
5	61.0 d	1.95 m
6	65.8 d	3.24 br s
7	32.2 t	1.86 m
		1.65 m
8	46.0 s	
9	54.1 d	2.20 d（9.0）
10	55.7 s	
11	82.2 d	4.01 d（11.0）
12	48.2 d	2.80 d（7.5）
13	71.1 d	3.50 br s
14	52.8 d	2.42 m
15	34.2 t	2.16 m
		1.96 m
16	148.5 s	

位置	δ$_C$/ppm	δ$_H$/ppm（J/Hz）
17	107.0 t	4.90 br s
		4.68 br s
18	28.6 q	0.99 s
19	65.5 t	2.67 d（15.5）
		2.29 d（15.5）
20	70.9 d	4.41 d（11.0）
1′	28.8 t	2.06 m
		1.51 m
2′	21.6 t	1.53 m
		1.36 m
3′	31.2 t	2.03 m
		1.22 br d（11.5）
4′	45.5 s	
5′	71.8 d	1.22 brd（11.5）
6′	36.7 t	1.80 m
		1.60 m
7′	28.0 t	1.64 m
		1.46 m
8′	44.2 s	
9′	47.6 d	2.01 m
10′	45.0 s	
11′	43.6 t	1.95 m
		1.63 m
12′	32.2 d	2.60 br s
13′	31.8 t	2.21 m
		1.75 m
14′	45.1 d	1.82 m
15′	130.4 d	5.67 s
16′	148.1 d	4.20 br d（15.5）
17′	70.3 d	3.96 br d（15.5）
18′	19.5 q	1.12 s
19′	169.3 d	7.56 s
20′	80.9 d	3.70 br s

注：溶剂 C$_5$D$_5$N；^{13}C NMR：100 MHz；^{1}H NMR：400 MHz

化合物名称：navicularine B

分子式：C$_{47}$H$_{56}$N$_2$O$_5$　　　　　　　　分子量（$M+1$）：729

植物来源：*Aconitum naviculare* (Bruhl.) Stapf 船盔乌头

参考文献：He J B，Luan J，Lv X M，et al. 2017. Navicularines A—C：new diterpenoid alkaloids from *Aconitum naviculare* and their cytotoxic activities. Fitoterapia，120：142-145.

navicularine B 的 NMR 数据

位置	δ_C/ppm	δ_H/ppm（J/Hz）
1	30.9 t	3.86 br d（18.0）
		2.10 m
2	71.8 d	5.62 br s
3	37.4 t	2.03 m
		1.65 m
4	37.0 s	
5	61.9 d	1.61 m
6	65.0 d	3.24 br s
7	32.0 t	1.87 m
		1.67 m
8	46.0 s	
9	54.5 d	2.04 m
10	51.1 s	
11	82.8 d	4.03 d（8.8）
12	48.7 d	2.76 br s
13	71.2 d	4.37 d（11.0）
14	53.2 d	2.47 d（11.5）
15	34.6 t	2.15（overlapped）
		1.92（overlapped）
16	148.8 s	
17	106.8 t	4.86 s
		4.65 s
18	29.7 q	0.95 s
19	64.6 t	3.24 m
		2.64 d（14.5）

位置	δ_C/ppm	δ_H/ppm（J/Hz）
20	68.8 d	4.42 br s
1′	28.8 t	2.07 m
		1.53 m
2′	21.6 t	1.53 m
		1.36 m
3′	31.2 t	2.03 m
4′	45.5 s	
5′	71.9 d	1.22 br d（11.5）
6′	37.0 t	1.81 m
		1.57 m
7′	28.1 t	1.67 m
		1.47 m
8′	44.2 s	
9′	47.6 d	2.05 m
10′	44.2 s	
11′	43.7 t	1.97 m
		1.62 m
12′	32.3 d	2.59 br s
13′	31.9 t	2.62 d（14.5）
		1.80 m
14′	45.2 d	1.85 m
15′	130.4 d	5.72 s
16′	148.1 d	4.18 d（15.5）
17′	70.4 d	3.98 d（15.5）
18′	19.6 q	1.13 s
19′	169.3 d	7.57 s
20′	81.0 d	3.73 br s
1″	166.2 s	
2″	131.9 s	
3″	129.9 d	8.29 d（9.5）
4″	128.8 d	7.17 t（9.5）
5″	132.9 d	7.32 t（9.5）
6″	128.8 d	7.17 t（9.5）
7″	129.9 d	8.29 d（9.5）

注：溶剂 C$_5$D$_5$N；^{13}C NMR：100 MHz；^{1}H NMR：400 MHz

化合物名称：staphidine

分子式：C$_{42}$H$_{58}$N$_2$O　　　　　　　　分子量（$M+1$）：607

植物来源：*Delphinium staphisagria*

参考文献：Pelletier S W，Mody N V，Djarmati Z，et al. 1976. The structures of staphidine，staphinine，and staphimine，three novel bis-diterpene alkaloids from *Delphinium staphisagria*. Tetrahedron Letters，14：1055-1058.

staphidine 的 NMR 数据

位置	δ_C/ppm	δ_H/ppm（J/Hz）	位置	δ_C/ppm	δ_H/ppm（J/Hz）
4	34.2 s		8′	41.6 s	
8	37.6 s		9′	127.7 s	
10	45.5 s		10′	135.8 s	
16	73.6 s		11′	112.7 d	5.85
18		0.91 s	15′	77.6 d	
19	60.4 t		16′	29.3 s	
20	77.0 d		18′		0.91 s
N—CH$_3$	43.5 q	2.21 s	19′	62.4 t	
4′	34.4 s		20′	64.5 t	
5′	135.6 s		N—CH$_3$′	46.3 q	2.13 s

注：溶剂 CDCl$_3$

化合物名称：staphimine

分子式：$C_{41}H_{54}N_2O$　　　　　　　　分子量（$M+1$）：591

植物来源：*Delphinium staphisagria*

参考文献：Pelletier S W，Mody N V，Djarmati Z. 1976. The structures of staphigine and staphirine. Two novel bisditerpene alkaloids from *Delphinium staphisagria*. Journal of Organic Chemistry，41（18）：3042-3044.

staphimine 的 NMR 数据

位置	δ_C/ppm	δ_H/ppm（J/Hz）	位置	δ_C/ppm	δ_H/ppm（J/Hz）
4	41.5 s		9′	127.9 s	
8	38.3 s		10′	135.7 s	
10	43.7 s		11′	113.3 d	5.85
16	73.8 s		15′	77.9 d	
18		1.00 s	16′	29.4 s	
19	167.6 s		18′		0.94 s
20	75.8 d		19′	62.3 t	
4′	34.5 s		20′	64.4 t	
5′	135.7 s		N—CH₃′	46.4 q	2.13 s
8′	41.6 s				

注：溶剂 $CDCl_3$

化合物名称：staphirine

分子式：$C_{42}H_{56}N_2O_2$　　　　　　　分子量（$M+1$）：621

植物来源：*Delphinium staphisagria*

参考文献：Pelletier S W，Mody N V，Djarmati Z. 1976. The structures of staphigine and staphirine. Two novel bisditerpene alkaloids from *Delphinium staphisagria*. Journal of Organic Chemistry，41（18）：3042-3044.

staphirine 的 NMR 数据

位置	δ_C/ppm	δ_H/ppm（J/Hz）	位置	δ_C/ppm	δ_H/ppm（J/Hz）
4	44.7 s		8'	41.9 s	
8	38.7 s		9'	128.1 s	
10	44.3 s		10'	136.4 s	
16	73.5 s		11'	113.1 d	5.85
18		1.12 s	15'	78.1 d	
19	175.0 s		16'	29.4 s	
20	77.0 d		18'		0.94 s
N—CH₃	46.9 q	2.92 s	19'	62.7 t	
4'	34.5 s		20'	64.8 t	
5'	136.1 s		N—CH₃'	46.6 q	2.13 s

注：溶剂 CDCl₃

化合物名称：staphisine

分子式：$C_{43}H_{60}N_2O_2$　　　　　分子量（$M+1$）：637

植物来源：*Delphinium staphisagria*

参考文献：Pelletier S W，Mody N V，Djarmati Z. 1976. The structures of staphigine and staphirine. Two novel bisditerpene alkaloids from *Delphinium staphisagria*. Journal of Organic Chemistry，41（18）：3042-3044.

staphisine 的 NMR 数据

位置	δ_C/ppm	δ_H/ppm（J/Hz）	位置	δ_C/ppm	δ_H/ppm（J/Hz）
4	34.2 s		5′	135.6 s	
8	37.4 s		8′	41.8 s	
10	46.0 s		9′	127.6 s	
13	89.4 d		10′	135.6 s	
16	72.2 s		11′	112.9 d	5.85
18		0.91 s	15′	78.1 d	
19	60.7 t		16′	29.5 s	
20	74.4 d		18′		0.91 s
N—CH₃	43.9 q	2.27 s	19′	62.5 t	
OMe	57.8 q	3.30 s	20′	64.7 t	
4′	34.5 s		N—CH₃′	46.6 q	2.13 s

注：溶剂 CDCl₃

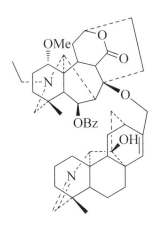

化合物名称：tangirine

分子式：C$_{49}$H$_{62}$N$_2$O$_7$　　　　　　　　分子量（$M+1$）：791

植物来源：*Aconitum tanguticum* (Maxim.) Stapf 甘青乌头

参考文献：Joshi B S，Bai Y L，Chen D H，et al. 1993. Tangirine，a novel dimeric alkaloid from *Aconitum tanguticum* (Maxim.) Stapf，W. T. Wang. Tetrahedron Letters，34（47）：7525-7528.

tangirine 的 NMR 数据

位置	δ_C/ppm	δ_H/ppm（J/Hz）
1	82.3 d	3.18 m
2	26.7 t	2.13 m
3	36.3 t	1.22 m
		1.59 m
4	34.7 s	
5	55.9 d	1.58 br s
6	74.0 d	5.64 d（7.2）
7	44.7 d	2.95 d（7.2）
8	78.7 s	
9	48.2 d	4.19 d（8.0）
10	43.0 d	2.45 m
11	48.8 s	
12	29.2 t	2.13 m
		3.15 m
13	75.1 d	4.73 dd（5.5）
14	173.2 s	
15	31.2 t	1.82 m
		2.04 m
16	29.7 t	1.83 m
		2.40 m

位置	δ_C/ppm	δ_H/ppm（J/Hz）
17	62.9 d	3.60 br s
18	25.9 q	0.86 s
19	57.4 t	2.19 d（12.0）
		2.65 d（12.0）
21	48.8 t	2.52 AB（7.2）
22	13.5 q	1.08 t（7.2）
1-OMe	55.0 q	3.29 s
6-OCO	166.6 s	
1″	130.8 s	
2″，6″	130.2 d	8.05 dd（7.0，1.4）
3″，5″	128.2 d	7.43 t（7.1）
4″	132.3 d	7.53 t（7.1）
1′	30.5 t	1.42 m
2′	27.4 t	1.07 m
		1.32 m
3′	30.6 t	1.22 m
4′	45.0 s	
5′	44.3 d	1.18 br s
6′	20.6 t	1.48 m
7′	31.5 t	1.36 m
		1.48 m
8′	43.1 s	
9′	46.4 d	0.87 m
10′	44.9 s	
11′	28.4 t	1.43 m
		1.50 m
12′	31.5 d	2.00 m
13′	42.8 t	1.05 m
		1.52 m
14′	72.5 s	1.05 m
		1.52 m
15′	127.8 d	4.98 br s
16′	146.0 s	
17′	60.4 t	3.82 AB（12.0）
18′	19.0 q	1.00 s
19′	169.2 d	7.32 d（2.5）
20′	80.3 d	3.30 br s

注：溶剂 CDCl$_3$

化合物名称：trichocarpine A

分子式：$C_{43}H_{58}N_2O_7$　　　　　　　分子量（$M+1$）：715

植物来源：*Aconitum tanguticum* var. *trichocarpum* Hand.-Mazz. 毛果甘青乌头

参考文献：Lin L，Chen D L，Liu X Y，et al. 2009. Bis-diterpenoid alkaloids from *Aconitum tanguticum* var. *trichocarpum*. Natural Product Communications，4（7）：897-901.

trichocarpine A 的 NMR 数据

位置	δ_C/ppm	δ_H/ppm （J/Hz）
1	72.4 d	3.78 m
2	27.5 t	1.50～1.54（hidden）
3	31.3 t	1.77 m
4	33.1 s	
5	51.4 d	1.62 br s
6	72.2 d	5.40 d（7.6）
7	44.7 d	2.80 d（7.2）
8	79.4 s	
9	48.0 d	3.84 d（7.2）
10	40.2 d	2.35（hidden）
11	49.6 s	
12	30.4 t	2.33（hidden）
		2.23 m
13	74.3 d	4.77 m
14	172.3 s	
15	31.1 t	2.01 m
		1.74（hidden）

续表

位置	δ$_C$/ppm	δ$_H$/ppm（J/Hz）
16	30.6 t	2.44（hidden）
		1.82 m
17	64.1 d	3.37 br s
18	27.2 q	0.92 s
19	61.5 t	2.43 ABq（12.0）
		2.08 ABq（12.0）
21	48.4 t	2.47 m
22	13.0 q	1.07 t（7.2）
6-OAc	170.2 s	
	21.7 q	1.94 s
1′	31.7 t	1.67 m
2′	28.4 t	1.43～1.47（hidden）
3′	29.6 t	1.20 m
4′	44.8 s	
5′	44.5 d	1.57（hidden）
6′	20.6 t	1.45～1.50（hidden）
7′	31.3 t	1.60（hidden）
		1.50（hidden）
8′	43.5 s	
9′	47.1 d	1.53（hidden）
10′	45.3 s	
11′	29.6 t	1.70 m
		1.58（hidden）
12′	31.9 d	2.20 m
13′	43.3 t	1.72（hidden）
		1.43（hidden）
14′	72.5 s	
15′	127.9 d	5.46 br s
16′	147.3 s	
17′	60.5 t	3.86 s
18′	18.9 q	0.98 s
19′	169.3 d	7.34 br s
20′	80.4 d	3.45 br s

注：^{13}C NMR：100 MHz，溶剂 CD$_3$OD-CDCl$_3$；^{1}H NMR：400 MHz，溶剂 CDCl$_3$

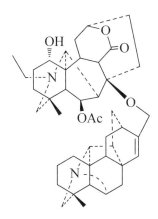

化合物名称：trichocarpidine

分子式：$C_{43}H_{58}N_2O_6$　　　　　　　　分子量（$M+1$）：699

植物来源：*Aconitum tanguticum* var. *trichocarpum* Hand.-Mazz. 毛果甘青乌头

参考文献：Zhang Z T，Chen D L，Chen Q H，et al. 2013. Bis-diterpenoid alkaloids from *Aconitum tanguticum* var. *trichocarpum*. Helvetica Chimica Acta，96（4）：710-719.

trichocarpidine 的 NMR 数据

位置	δ_C/ppm	δ_H/ppm（J/Hz）
1	29.5 t	1.57～1.65 m
2	19.5 t	1.00～1.07 m
3	34.0 t	1.44～1.52 m
4	37.8 s	
5	61.7 d	2.22～2.30 m
6	65.3 d	3.20 s
7	33.2 t	0.98～1.04 m
8	44.6 s	
9	31.5 d	1.62～1.70 m
10	49.8 s	
11	29.4 t	1.70～1.80 m
12	50.1 d	1.33～1.43 m
13	31.6 t	1.82～1.87 m
		2.00～2.06 m
14	48.5 d	1.70～1.78 m
15	126.9 d	5.67 s
16	145.1 s	

位置	δ_C/ppm	δ_H/ppm（J/Hz）
17	61.3 t	3.79~3.86 m
18	27.2 q	1.01 s
19	62.8 t	2.35~2.42 m
		2.45~2.52 m
20	73.9 d	2.48~2.54 m
6'-OAc	170.9 s	
	21.7 q	1.95 s
1'	72.4 d	3.86 t（5.6）
2'	27.6 t	1.70~1.78 m
		2.23~2.33 m
3'	31.3 t	0.98~1.02 m
		1.80~1.86 m
4'	33.1 s	
5'	51.3 d	1.60~1.66 m
6'	72.0 d	5.45 d（7.2）
7'	44.5 d	2.83 d（7.2）
8'	79.2 s	
9'	48.0 d	3.85~3.90 m
10'	40.1 d	2.34~2.40 m
11'	49.4 s	
12'	30.4 t	1.02~1.10 m
		2.35~2.43 m
13'	74.2 d	4.82 t（8.0）
14'	172.3 s	
15'	34.2 t	1.84~1.92 m
		2.03~2.08 m
16'	30.6 t	2.40~2.46 m
		2.44~2.50 m
17'	64.2 d	3.41 s
18'	28.8 q	0.97 s
19'	61.5 t	2.42~2.50 m
20'	48.4 t	2.44~2.52 m
21'	13.0 q	1.12 t（7.2）

注：溶剂 CDCl$_3$；^{13}C NMR：100 MHz；^{1}H NMR：400 MHz

化合物名称：trichocarpinine A

分子式：$C_{47}H_{62}N_2O_7$　　　　　　分子量（$M+1$）：767

植物来源：*Aconitum tanguticum* var. *trichocarpum* Hand.-Mazz. 毛果甘青乌头

参考文献：Zhang Z T，Chen D L，Chen Q H，et al. 2013. Bis-diterpenoid alkaloids from *Aconitum tanguticum* var. *trichocarpum*. Helvetica Chimica Acta，96（4）：710-719.

trichocarpinine A 的 NMR 数据

位置	δ_C/ppm	δ_H/ppm（J/Hz）
1	31.5 t	1.66～1.74 m
		3.02 br d（16.4）
2	69.7 d	5.13 br s
3	28.3 t	1.54～1.58 m
		1.79～1.83 m
4	37.4 s	
5	59.8 d	1.56～1.62 m
6	63.0 d	3.10 s
7	31.8 t	1.30～1.36 m
8	44.9 s	
9	52.5 d	2.00～2.06 m
10	46.0 s	
11	81.0 d	3.76 s
12	44.6 d	2.84 s
13	80.8 d	4.93 s
14	78.6 s	
15	30.9 t	1.99～2.02 m
		2.14 br s
16	143.8 s	

位置	δ_C/ppm	δ_H/ppm （J/Hz）
17	109.2 t	4.72 s
		4.93 s
18	29.5 q	0.96 s
19	62.6 t	2.51 ABq （11.6）
		2.83 ABq （11.6）
20	69.5 d	3.43 s
1″	175.7 s	
2″	41.3 d	2.24~2.29 m
3″	26.2 t	1.59~1.64 m
4″	11.5 q	0.85 t （7.2）
5″	16.5 q	1.13 d （7.2）
13-OAc	169.9 s	
	21.1 q	1.96 s
1′	30.8 t	1.50~1.56 m
		1.74~1.80 m
2′	20.5 t	1.50~1.60 m
3′	30.5 t	1.22~1.29 m
4′	44.7 s	
5′	72.4 s	
6′	36.7 t	1.56~1.62 m
		1.80~1.88 m
7′	27.5 t	1.39~1.44 m
		1.50~1.57 m
8′	43.6 s	
9′	46.9 d	1.60~1.66 m
10′	45.2 s	
11′	43.1 t	1.34~1.42 m
		1.78~1.84 m
12′	31.6 d	2.09 br s
13′	30.9 t	1.50~1.56 m
		1.76~1.82 m
14′	44.2 d	1.60~1.66 m
15′	129.9 d	5.43 s
16′	147.2 s	
17′	69.9 t	3.74 ABq （12.4）
		3.92 ABq （12.4）
18′	18.9 q	1.00 s
19′	169.5 d	7.36 s
20′	80.2 d	3.49 s

注：溶剂 CDCl$_3$；^{13}C NMR：100 MHz；^{1}H NMR：400 MHz

化合物名称：trichocarpinine B

分子式：$C_{47}H_{62}N_2O_6$　　　　　　分子量（$M+1$）：751

植物来源：*Aconitum tanguticum* var. *trichocarpum* Hand.-Mazz. 毛果甘青乌头

参考文献：Zhang Z T，Chen D L，Chen Q H，et al. 2013. Bis-diterpenoid alkaloids from *Aconitum tanguticum* var. *trichocarpum*. Helvetica Chimica Acta，96（4）：710-719.

trichocarpinine B 的 NMR 数据

位置	δ_C/ppm	δ_H/ppm（J/Hz）
1	31.5 t	1.66～1.74 m
		3.08 br d（16.4）
2	69.8 d	5.18 br s
3	28.2 t	1.50～1.58 m
		1.70～1.80 m
4	36.5 s	
5	61.3 d	1.54～1.62 m
6	64.1 d	3.23 s
7	36.1 t	1.47～1.53 m
		1.60～1.68 m
8	43.7 s	
9	54.0 d	1.97～2.05 m
10	50.3 s	
11	81.3 d	3.80 s
12	43.1 d	2.75 d（2.4）
13	73.5 d	5.06 dd（9.6，2.4）
14	49.9 d	2.20～2.28 m
15	33.9 t	1.99～2.02 m
		2.09 br s

位置	δ_C/ppm	δ_H/ppm（J/Hz）
16	144.7 s	
17	108.8 t	4.73 s
		4.94 s
18	29.4 q	0.99 s
19	63.2 t	2.52 ABq（12.4）
		2.93 ABq（12.4）
20	68.5 d	3.54 s
1″	175.7 s	
2″	41.3 d	2.20～2.28 m
3″	26.2 t	1.59～1.65 m
4″	11.5 q	0.89 t（7.2）
5″	16.5 q	1.17 d（6.8）
13-OAc	170.3 s	
	21.3 q	1.98 s
1′	30.8 t	1.79～1.84 m
		1.84～1.88 m
2′	20.5 t	1.50～1.60 m
3′	30.5 t	1.65～1.74 m
4′	44.8 s	
5′	72.2 s	
6′	36.7 t	1.62～1.68 m
		1.80～1.86 m
7′	27.5 t	1.43～1.50 m
		1.50～1.57 m
8′	43.6 s	
9′	46.9 d	1.60～1.65 m
10′	45.2 s	
11′	43.1 t	1.40～1.50 m
		1.84～1.90 m
12′	31.6 d	2.01 br s
13′	30.6 t	1.50～1.56 m
		1.76～1.82 m
14′	44.2 d	1.57～1.63 m
15′	129.7 d	5.48 s
16′	147.3 s	
17′	69.9 t	3.78 ABq（12.0）
		3.94 ABq（12.0）
18′	18.9 q	1.04 s
19′	169.5 d	7.41 s
20′	80.2 d	3.54 s

注：溶剂 CDCl$_3$；^{13}C NMR：100 MHz；^{1}H NMR：400 MHz

化合物名称：trichocarpinine C

分子式：$C_{46}H_{60}N_2O_7$　　　　　　分子量（$M+1$）：753

植物来源：*Aconitum tanguticum* var. *trichocarpum* Hand.-Mazz. 毛果甘青乌头

参考文献：Zhang Z T，Chen D L，Chen Q H，et al. 2013. Bis-diterpenoid alkaloids from *Aconitum tanguticum* var. *trichocarpum*. Helvetica Chimica Acta，96（4）：710-719.

trichocarpinine C 的 NMR 数据

位置	δ_C/ppm	δ_H/ppm（J/Hz）
1	31.5 t	1.69～1.78 m
		3.05 br d（16.0）
2	69.7 d	5.17 br s
3	28.3 t	1.53～1.56 m
		1.79～1.83 m
4	37.4 s	
5	59.8 d	1.58～1.62 m
6	63.0 d	3.13 s
7	31.8 t	1.28～1.32 m
8	44.9 s	
9	52.5 d	2.03～2.05 m
10	46.0 s	
11	81.0 d	3.77 s
12	44.6 d	2.87 s
13	80.8 d	4.96 s
14	78.6 s	
15	30.9 t	2.03～2.05 m
		2.12 br s
16	143.8 s	

续表

位置	δ_C/ppm	δ_H/ppm（J/Hz）
17	109.2 t	4.75 s
		4.96 s
18	29.5 q	1.00 s
19	62.6 t	2.54 ABq（12.4）
		2.89 ABq（12.4）
20	69.5 d	3.46 s
1″	176.0 s	
2″	34.2 d	2.49 q（6.8）
3″	18.6 q	1.15 d（6.8）
4″	19.3 q	1.19 d（6.8）
13-OAc	169.9 s	
	21.3 q	1.96 s
1′	30.8 t	1.53～1.56 m
		1.68～1.77 m
2′	20.5 t	1.58～1.62 m
3′	30.5 t	1.25～1.29 m
4′	44.7 s	
5′	72.4 s	
6′	36.7 t	1.59～1.64 m
		1.84～1.88 m
7′	27.5 t	1.41～1.49 m
		1.50～1.57 m
8′	43.6 s	
9′	46.9 d	1.62～1.66 m
10′	45.2 s	
11′	43.1 t	1.35～1.38 m
		1.81～1.83 m
12′	31.6 d	2.12 br s
13′	30.9 t	1.53～1.56 m
		1.77～1.81 m
14′	44.2 d	1.60～1.65 m
15′	129.9 d	5.46 s
16′	147.2 s	
17′	69.9 t	3.77 ABq（12.0）
		3.93 ABq（12.0）
18′	18.9 q	1.04 s
19′	169.5 d	7.40 s
20′	80.2 d	3.53 s

注：溶剂 CDCl$_3$；^{13}C NMR：100 MHz；^{1}H NMR：400 MHz

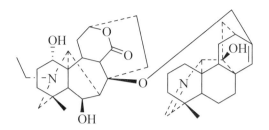

化合物名称：trichocarpine B

分子式：$C_{41}H_{56}N_2O_6$　　　　　　分子量（$M+1$）：673

植物来源：*Aconitum tanguticum* var. *trichocarpum* Hand.-Mazz. 毛果甘青乌头

参考文献：Lin L，Chen D L，Liu X Y，et al. 2009. Bis-diterpenoid alkaloids from *Aconitum tanguticum* var. *trichocarpum*. Natural Product Communications，4（7）：897-901.

trichocarpine B 的 NMR 数据

位置	δ_C/ppm	δ_H/ppm（J/Hz）
1	72.8 d	3.78 m
2	27.6 t	1.64（hidden）
		1.57（hidden）
3	30.8 t	1.74～1.78（hidden）
4	32.9 s	
5	53.4 d	1.61（hidden）
6	72.4 d	4.46 d（7.2）
7	46.0 d	2.70 d（7.2）
8	82.1 s	
9	48.3 d	4.13 d（7.2）
10	40.5 d	2.39 m
11	49.7 s	
12	29.8 t	2.00 m
		1.85 m
13	74.3 d	4.84 m
14	172.6 s	
15	31.6 t	1.94 m
		1.75（hidden）
16	29.8 t	2.25 m
		1.92 m

位置	δ_C/ppm	δ_H/ppm（J/Hz）
17	64.0 d	3.40 br s
18	27.5 q	1.07 s
19	62.2 t	2.42 ABq（13.2）
		1.99 ABq（13.2）
21	48.5 t	2.51 m
22	13.0 q	1.11 t（7.2）
1′	30.6 t	1.68 m
2′	28.3 t	1.64（hidden）
		1.52（hidden）
3′	30.3 t	1.26～1.30（hidden）
4′	44.9 s	
5′	44.2 d	1.62（hidden）
6′	20.6 t	1.51～1.55（hidden）
7′	31.7 t	1.66（hidden）
		1.56（hidden）
8′	43.6 s	
9′	46.9 d	1.61（hidden）
10′	45.2 s	
11′	29.4 t	1.74（hidden）
		1.62（hidden）
12′	32.0 d	2.39 m
13'	43.3 t	1.90 m
		1.86 m
14′	72.4 s	
15′	130.5 d	5.56 br s
16′	146.2 s	
17′	61.7 t	4.11 s
		4.08 s
18′	18.9 q	1.03 s
19′	169.5 d	7.39 br s
20′	80.3 d	3.50 br s

注：溶剂 CDCl$_3$；^{13}C NMR：100 MHz；^{1}H NMR：400 MHz

化合物名称：trichocarpinine

分子式：$C_{45}H_{60}N_2O_6$　　　　　　　分子量（$M+1$）：725

植物来源：*Aconitum tanguticum* var. *trichocarpum* Hand.-Mazz. 毛果甘青乌头

参考文献：Lin L，Chen D L，Liu X Y，et al. 2010. Trichocarpinine，a novel hetidine-hetisine type bisditerpenoid alkaloid from *Aconitum tanguticum* var. *trichocarpum*. Helvetica Chimica Acta，93：118-122.

trichocarpinine 的 NMR 数据

位置	δ_C/ppm	δ_H/ppm（J/Hz）
1	31.6 t	2.91 br d（16.0）
2	68.7 d	1.80（hidden）
3	28.4 t	5.16～5.20 m
		1.57（hidden）
4	37.6 s	
5	60.1 d	1.51 s
6	63.0 d	3.14 br s
7	31.3 t	1.63（hidden）
		1.80～1.86 m
8	44.2 s	
9	52.2 d	2.01 d（9.2）
10	46.2 s	
11	82.1 d	3.88 d（8.8）
12	48.6 d	2.62 d（2.4）
13	79.8 d	3.99 br s
14	80.1 s	
15	31.0 t	2.07～2.12 m
16	144.7 s	
17	108.1 t	4.88 s
		4.70 s
18	29.7 q	1.01 s

位置	δ_C/ppm	δ_H/ppm（J/Hz）
19	62.9 t	2.95 ABq（12.0）
		2.55 ABq（12.0）
20	68.8 d	3.68 br s
1′	30.8 t	1.90～1.95 m
		1.70（hidden）
2′	20.6 t	1.50（hidden）
3′	30.6 t	1.25～1.30 m
4′	44.9 s	
5′	72.4 s	
6′	36.9 t	1.74～1.80 m
		1.64（hidden）
7′	27.7 t	1.39（hidden）
8′	43.8 s	
9′	47.0 d	1.60（hidden）
10′	45.3 s	
11′	43.2 t	1.85（hidden）
		1.46（hidden）
12′	31.8 d	2.43～2.47 m
13′	21.9 t	1.34～1.39 m
14′	44.3 d	1.62（hidden）
15′	130.9 d	5.49 br s
16′	146.7 s	
17′	70.3 t	4.05 ABq（12.4）
		3.90 ABq（12.4）
18′	19.0 q	1.05 s
19′	169.5 d	7.40 d（2.8）
20′	80.4 d	3.54 br s
1″	175.7 s	
2″	41.5 d	2.32～2.38 m
3″	26.5 t	1.72～1.78 m
4″	11.6 q	0.90 t（7.2）
5″	16.6 q	1.16 d（7.2）

注：溶剂 $CDCl_3$；^{13}C NMR：100 MHz；^{1}H NMR：400 MHz

化合物名称：piepunine

分子式：C$_{44}$H$_{64}$N$_2$O$_4$　　　　　　分子量（*M*+1）：685

植物来源：*Aconitum piepunense* Hand.-Mazz. 中甸乌头

参考文献：Cai L，Song L，Chen Q H，et al. 2010. Piepunine，a novel bis-diterpenoid alkaloid from the roots of *Aconitum piepunense*. Helvetica Chimica Acta，93：2251-2255.

piepunine 的 NMR 数据

位置	δ$_C$/ppm	δ$_H$/ppm（*J*/Hz）
1	23.5 t	2.44～2.48 m
2	23.0 t	1.47～1.52 m
		1.66～1.72 m
3	38.7 t	1.47～1.52 m
		1.68～1.72 m
4	35.8 s	
5	54.0 d	1.15～1.19 m
6	25.7 t	1.54～1.59 m
		1.70～1.74 m
7	34.0 d	2.03～2.08 m
8	50.6 s	
9	57.5 d	2.38～2.44 m
10	47.0 s	
11	71.2 d	3.80 dd（10.8，6.8）
12	34.4 d	1.90～1.94 m
13	31.3 t	1.22～1.26 m
		1.66～1.70 m
14	31.1 t	1.52～1.57 m
		1.92～1.97 m
15	135.3 d	6.45 s
16	141.2 s	
17	72.6 t	3.89 ABq（12.0）
		3.95 ABq（12.0）
18	26.0 q	0.70 s
19	56.9 t	2.15～2.40 m
		2.50～2.55 m

位置	δ_C/ppm	δ_H/ppm（J/Hz）
20	66.8 d	3.66 br s
21	50.8 t	2.37～2.40 m
		2.50～2.55 m
22	13.6 q	1.04 t（7.2）
1′	71.3 d	4.03 t（4.4）
2′	24.2 t	1.62～1.66 m
		1.90～1.95 m
3′	47.5 t	1.22～1.26 m
		1.90～1.95 m
4′	33.2 s	
5′	49.1 d	1.62～1.66 m
6′	19.4 t	1.50～1.55 m
		1.50～1.55 m
7′	25.9 t	0.90～0.95 m
		1.18～1.22 m
8′	45.5 s	
9′	40.0 d	2.15～2.19 m
10′	36.9 s	
11′	48.7 t	1.50～1.55 m
		1.66～1.72 m
12′	36.0 d	2.32～2.36 m
13′	28.1 t	1.63～1.67 m
14′	31.0 t	1.13～1.17 m
		1.70～1.74 m
15′	76.3 d	3.69 br s
16′	157.2 s	
17′	108.8 t	5.01 br s
		5.06 br s
18′	26.1 q	0.96 s
19′	94.2 d	4.78 s
20′	58.6 t	2.33 ABq（10.0）
		2.81 ABq（10.0）
21′	55.9 t	2.83～2.88 m
		3.00～3.04 m
22′	68.0 t	3.43～3.47 m
		3.50～3.55 m

注：溶剂 CDCl$_3$；^{13}C NMR：100 MHz；^{1}H NMR：400 MHz

少数二萜生物碱在文献中仅有相关结构，暂未见有关其核磁数据的报道。现将该部分化合物整理如下。

光翠雀碱型（denudatine type，C2）

化合物名称：jynosine

分子式：$C_{24}H_{35}NO_3$ 分子量（$M+1$）：386

植物来源：*Aconitum jinyangense* W. T. Wang 金阳乌头

参考文献：陈迪华, 宋维良. 1981. 金阳乌头生物碱的研究. 药学学报, 16（10）：748-751.

化合物名称：lepedine

分子式：$C_{23}H_{35}NO_3$ 分子量（$M+1$）：374

植物来源：*Aconitum pseudohuiliense* Chang ex W. T. Wang 雷波乌头

参考文献：Song W L，Li H Y，Chen D H. 1987. New diterpenoid alkaloids from *Aconitum pseudohuiliense*. Helvetica Chimica Acta，2（1）：48-50.

海替定型（hetidine type，C3）

化合物名称：septedine

分子式：C$_{22}$H$_{31}$NO$_3$　　　　　　分子量（$M+1$）：358

植物来源：*Aconitum septentrionale* Koelle. 紫花高乌头

参考文献：Usmanova S K，Yusupova I M，Tashkhodzhaev B，et al. 1995. Structure of septedine. Khimiya Prirodnykh Soedinenii，1：104-108.

海替生型（hetisine type，C4）

化合物名称：11-acetylisohypognavine

分子式：C$_{29}$H$_{33}$NO$_5$　　　　　　分子量（$M+1$）：476

植物来源：*Aconitum japonicum* Thunb.

参考文献：Sakai S，Takayama H，Okamoto T. 1979. On the alkaloids of *Aconitum japonicum* Thunb. collected at Mt. Takao（Tokyo）. Yakugaku Zasshi，99（6）：647-656.

化合物名称：11-acetylisohypognavinone

分子式：C$_{29}$H$_{31}$NO$_5$　　　　　　分子量（$M+1$）：474

植物来源：*Aconitum japonicum* Thunb.

参考文献：Sakai S，Takayama H，Okamoto T. 1979. On the alkaloids of *Aconitum japonicum* Thunb. collected at Mt. Takao（Tokyo）. Yakugaku Zasshi，99（6）：647-656.

化合物名称：11-dehydrokobusine

分子式：$C_{20}H_{25}NO_2$　　　　分子量（$M+1$）：312

植物来源：*Aconitum talassicum* 塔拉斯乌头

参考文献：Nishanov A A，Sultankhodzhaev M N，Yunusov M S. 1989. 11-Dehydrokobusine，a new alkaloid from *Aconitum talassicum*. Khimiya Prirodnykh Soedinenii，6：857.

化合物名称：15-benzoylpseudokobusine

分子式：$C_{27}H_{31}NO_4$　　　　分子量（$M+1$）：434

植物来源：*Aconitum yesoense* var. *macroyesoense* (Nakai) Tamura

参考文献：Bando H，Wada K，Amiya T，et al. Studies on the *Aconitum* species. V. Constituents of *Aconitum yesoense* var. *macroyesoense* (Nakai) Tamura. Heterocycles，26（10）：2623-2637.

化合物名称：15-veratroylpscudobusine

分子式：C$_{29}$H$_{35}$NO$_6$ 分子量（$M+1$）：494

植物来源：*Aconitum yesoense* var. *macroyesoense* (Nakai) Tamura

参考文献：Bando H，Wada K，Amiya T，et al. Studies on the *Aconitum* species. Ⅴ. Constituents of *Aconitum yesoense* var. *macroyesoense* (Nakai) Tamura. Heterocycles，26（10）：2623-2637.

化合物名称：diacetylisohypognavine

分子式：C$_{31}$H$_{35}$NO$_6$ 分子量（$M+1$）：518

植物来源：*Aconitum japonicum* Thunb.

参考文献：Sakai S，Takayama H，Okamoto T. 1979. On the alkaloids of *Aconitum japonicum* Thunb. collected at Mt. Takao（Tokyo）. Yakugaku Zasshi，99（6）：647-656.

化合物名称：ignavine

分子式：C$_{27}$H$_{31}$NO$_5$ 分子量（$M+1$）：450

植物来源：*Aconitum carmichaeli* Debx. 乌头

参考文献：Hikino H，Kuroiwa Y，Konno C. 1983. Pharmaceutical studies on Aconitum roots. Part 13. Structure of hokbusine A and B，diterpenic alkaloids of *Aconitum carmichaeli* roots from Japan. Journal of Natural Products，46（2）：178-182.

化合物名称：isohypognavine

分子式：$C_{27}H_{31}NO_4$ 　　　　　分子量（$M+1$）：434

植物来源：*Aconitum japonicum* Thunb.

参考文献：Okamoto T，Natsume M，Katama S. 1964. The structure of isohypognavine. Chemical & Pharmaceutical Bulletin，12（9）：1124-1128.

化合物名称：ryosenaminol

分子式：$C_{20}H_{27}NO_3$ 　　　　　分子量（$M+1$）：330

植物来源：*Aconitum ibukiense* Nakai

参考文献：Sakai S，Yamaguchi K，Yamamoto I，et al. 1983. Three new alkaloids，ryosenamine，ryosenaminol，and ibukinamine from *Aconitum ibukiense* Nakai. Chemical & Pharmaceutical Bulletin，31（9）：3338-3341.

化合物名称：zeraconine *N*-oxide

分子式：$C_{30}H_{40}N_2O_2$ 　　　　　分子量（$M+1$）：461

植物来源：*Aconitum zeravshanicum*

参考文献：Vaisov Z M，Yunusov M S. 1987. Structure of a new diterpene alkaloid，zeraconine，and its *N*-oxide. Khimiya Prirodnykh Soedinenii，23（3）：337-339.

化合物名称：zeravshanisine

分子式：$C_{29}H_{33}NO_6$　　　　　**分子量（$M+1$）**：492

植物来源：*Aconitum zeravschanicum*

参考文献：Salimov B T，Tashkhodaev B，Yusupova I M，et al. 1992. Zeravshanisine —A new alkaloid from *Aconitum zeravschanicum*. Chemistry of Natural Compounds，28（3）：329-334.

纳哌啉型（napelline type，C6）

化合物名称：1-dehydrosongorine

分子式：$C_{22}H_{29}NO_3$　　　　　**分子量（$M+1$）**：356

植物来源：*Aconitum finetianum* Hand.-Mazz. 赣皖乌头

参考文献：田如美，程牖民，陈葆仁，等. 1987. 赣皖乌头生物碱的研究 Ⅱ. 江西兴国产赣皖乌头中其他生物碱的分离和鉴定. 化学学报，45（8）：776-779.

化合物名称：12-acetyl-12-epinapelline

分子式：$C_{24}H_{35}NO_4$　　　　　**分子量（$M+1$）**：402

植物来源：*Aconitum soongoricum* Stapf 准噶尔乌头

参考文献：Salimov B T，Turgunjov K K，Tashkhodzhaev B，et al. 2004. Structure and antiarhythmic activity of 12-acetyl-12-epinapelline，a new diterpenoid alkaloid from *Aconitum soongoricum*. Chemistry of Natural Compounds，40（2）：151-155.

化合物名称：acofine

分子式：$C_{25}H_{38}NO_3Cl$　　　　　　分子量（$M+1$）：436

植物来源：*Aconitum karakolicum* Rapaics 多根乌头

参考文献：Tashkhodzhaev B，Sultankhodzhaev M N，Yusupova I M. 1993. Structure of the new unusual diterpenoid alkaloid acofine from *Aconitum karakolicum*. Khimiya Prirodnykh Soedinenii，29（2）：267-272.

阿诺特啉型（anopterine type，C11）

化合物名称：7β-hydroxyanopteryl-11α-4'-hydroxybenzoate 12α-ditiglate

分子式：$C_{33}H_{41}NO_9$　　　　　　分子量（$M+1$）：596

植物来源：*Anopterus macleayanus* F. Muell

参考文献：Johns S R，Lamberton J A，Suares H，et al. 1985. New alkaloids of the ent-kaurene type from *Anopterus* species. Ⅲ. A 2D-NMR study of anopterine and the determination of structure of six minor alkaloids by NMR. Australian Journal of Chemistry，38：1091-1106.

化合物名称：7β-hydroxyanopteryl-11α-benzoate 12α-ditiglate

分子式：C$_{33}$H$_{41}$NO$_8$　　　　　　分子量（$M+1$）：580

植物来源：*Anopterus macleayanus* F. Muell

参考文献：Johns S R，Lamberton J A，Suares H，et al. 1985. New alkaloids of the ent-kaurene type from *Anopterus* species. Ⅲ. A 2D-NMR study of anopterine and the determination of structure of six minor alkaloids by NMR. Australian Journal of Chemistry，38：1091-1106.

化合物名称：anopteryl 11α-4'-hydroxybenzoate 12α-tiglate

分子式：C$_{33}$H$_{41}$NO$_8$　　　　　　分子量（$M+1$）：580

植物来源：*Anopterus macleayanus* F. Muell

参考文献：Johns S R，Lamberton J A，Suares H，et al. 1985. New alkaloids of the ent-kaurene type from *Anopterus* species. Ⅲ. A 2D-NMR study of anopterine and the determination of structure of six minor alkaloids by NMR. Australian Journal of Chemistry，38：1091-1106.

化合物名称：anopteryl 12α-tiglate

分子式：$C_{26}H_{37}NO_6$　　　　　　　　分子量（$M+1$）：460

植物来源：*Anopterus macleayanus* F. Muell

参考文献：Johns S R，Lamberton J A，Suares H，et al. 1985. New alkaloids of the ent-kaurene type from *Anopterus* species. Ⅲ. A 2D-NMR study of anopterine and the determination of structure of six minor alkaloids by NMR. Australian Journal of Chemistry，38：1091-1106.

重排型（C13）

化合物名称：actaline

分子式：$C_{22}H_{31}NO_2$　　　　　　　　分子量（$M+1$）：342

植物来源：*Aconitum talassicum* 塔拉斯乌头

参考文献：Nishanov A A，Tashkhodzhaev B，Sultankhodzhaev M N，et al. 1989. Alkaloids from aerial parts of *Aconitum talassicum*. Structure of actaline. Khimiya Prirodnykh Soedinenii，25（1）：32-36.

双二萜生物碱

化合物名称：staphigine

分子式：C$_{43}$H$_{58}$N$_2$O$_3$　　　　　　　　分子量（$M+1$）：651

植物来源：*Delphinium staphisagria*

参考文献：Pelletier S W，Mody N V，Djarmati Z. 1976. The structures of staphigine and staphirine. Two novel bisditerpene alkaloids from *Delphinium staphisagria*. Journal of Organic Chemistry，41（18）：3042-3044.

化合物名称：staphinine

分子式：C$_{42}$H$_{56}$N$_2$O$_2$　　　　　　　　分子量（$M+1$）：621

植物来源：*Delphinium staphisagria*

参考文献：Pelletier S W，Mody N V，Djarmati Z，et al. 1976. The structures of staphidine，staphinine，and staphimine，three novel bis-diterpene alkaloids from *Delphinium staphisagria*. Tetrahedron Letters，14：1055-1058.

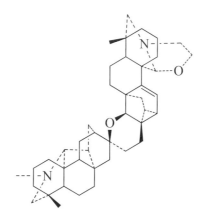

化合物名称：staphisagnine

分子式：$C_{44}H_{62}N_2O_3$　　　　　　　　分子量（$M+1$）：667

植物来源：*Delphinium staphisagria*

参考文献：Pelletier S W，Djarmati Z，Mody N V. 1976. The structures of staphisagnine and staphisagrine，two novel bis-diterpene alkaloids from *Delphinium staphisagria*. Tetrahedron Letters，21：1749-1752.

化合物名称：staphisagrine

分子式：$C_{43}H_{60}N_2O_2$　　　　　　　　分子量（$M+1$）：637

植物来源：*Delphinium staphisagria*

参考文献：Pelletier S W，Djarmati Z，Mody N V. 1976. The structures of staphisagnine and staphisagrine，two novel bis-diterpene alkaloids from *Delphinium staphisagria*. Tetrahedron Letters，21：1749-1752.

少数报道化合物的核磁共振波谱数据不全或未进行归属，现将这部分化合物整理如下。

化合物名称：sadosine

分子式：C$_{27}$H$_{31}$NO$_6$　　　　　　　分子量（*M*+1）：466

植物来源：*Aconitum japonicum* Thunb.

参考文献：Okamoto T，Sanjoh H，Yamaguchi K，et al. 1983. The structure and absolute configuration of sadosine. Chemical & Pharmaceutical Bulletin，31（1）：360-361.

δ_C/ppm：25.6，25.7，34.0，36.1，37.6，39.9，41.7，48.3，50.0，51.4，62.3，65.0，67.7，71.1，71.3，74.6，75.6，80.6，110.1，129.5，130.1，131.0，134.2，155.4，166.5。

化合物名称：tatsirine

分子式：C$_{20}$H$_{27}$NO$_3$　　　　　　　分子量（*M*+1）：330

植物来源：*Delphinium tatsienense* Franch. 康定翠雀花

参考文献：Zhang X L，Snyder J K. 1990. Tatsirine，a diterpenoid alkaloid from *Delphinium tatsienense* Franch. Heterocycles，31（10）：1879-1888.

δ_C/ppm：149.1，106.6，97.9，70.6，67.4，66.7，60.9，60.9，51.8，49.4，48.5，44.8，42.9，42.3，41.6，36.8，33.9，32.4，31.2，22.4。

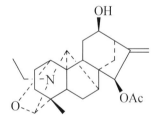

化合物名称：12-acetyllucidusculine

分子式：$C_{26}H_{37}NO_5$　　　　　　**分子量**（*M*+1）：444

植物来源：*Aconitum flavum* Hand.-Mazz. 伏毛铁棒锤

参考文献：Chen Z G，Lao A N，Wang H C，et al. 1987. Studies on the active principles from *Aconitum flavum* Hand.-Mazz. The structures of five new diterpenoid alkaloids. Heterocycles，26（6）：1455-1460.

δ_H/ppm（*J*/Hz）（溶剂 CDCl$_3$）：3.89 br t（7.1）（H-1），4.58 t（8.7）（H-12），2.47 d（3.4）（H-13），1.17 dd（12.4，3.6），1.98 d（12.8）（H$_2$-14），5.49 br s（H-15），4.97 br s，5.23 br s（H$_2$-17），0.74 s（H$_3$-18），2.20 ABq（11.3），2.43 ABq（11.3）（H$_2$-19），3.57 br s（H-20），1.04 t（6.88）（H$_3$-22），2.01 s（12-OAc），2.09 s（15-OAc）。

化合物名称：12-epi-19-dehydrolucidusculine

分子式：$C_{24}H_{33}NO_4$　　　　　　**分子量**（*M*+1）：400

植物来源：*Aconitum liangshanicum* W. T. Wang 凉山乌头

参考文献：Takayama H，Wu F E，Eda H，et al. 1991. Five new napelline-type diterpene alkaloids from *Aconitum liangshanicum*. Chemical & Pharmaceutical Bulletin，39（6）：1644-1646.

δ_H/ppm（*J*/Hz）：4.02 d（5.2）（H-1），4.18 t（7）（H-12），2.86 dd（8.5，4.7）（H-13），5.56 t（2.2）（H-15），5.19 br s（H$_2$-17），0.81 s（H$_3$-18），3.69 s（H-19），2.74 s（H-20），1.00 t（7.2）（H$_3$-22）。

化合物名称：12-epi-lucidusculine

分子式：C$_{24}$H$_{35}$NO$_4$　　　　　　**分子量**（M+1）：402

植物来源：*Aconitum liangshanicum* W. T. Wang 凉山乌头

参考文献：Takayama H，Wu F E，Eda H，et al. 1991. Five new napelline-type diterpene alkaloids from *Aconitum liangshanicum*. Chemical & Pharmaceutical Bulletin，39（6）：1644-1646.

δ_H/ppm（J/Hz）：3.84 dd（6.0，7.8）（H-1），5.50 d（2.2）（H-15），5.15 s，5.08 d（2.2）（H$_2$-17），0.69 s（H$_3$-18），3.24 s（H-20），0.98 t（7.2）（H$_3$-22），2.05 s（15-OAc）。

化合物名称：cardionidine

分子式：C$_{21}$H$_{25}$NO$_5$　　　　　　**分子量**（M+1）：372

植物来源：*Delphinium cardiopetalum* DC.

参考文献：Reina M，Madinaveitia A，De la Fuente G，et al. 1992. Cardionidine, an unusual C$_{20}$ diterpenoid alkaloid from *Delphinium cardiopetalum* DC. Tetrahedron Letters，33（12）：1661-1662.

δ_C/ppm（溶剂 CDCl$_3$-CD$_3$OD 1∶3）：210.1 s（C-2），167.6 s（C-6），170.9 s（C-7），69.2 t（C-13），146.1 s（C-16），107.3 t（C-17），22.7 q（C-18），41.8 q（C-21），29.3，29.6，33.4，36.5，40.9，45.6，45.8，56.3，57.6，62.3，64.2，67.9。

δ_H/ppm（J/Hz）（溶剂 CDCl$_3$-CD$_3$OD 1∶3）：2.07 d（14），3.07 d（14）（H$_2$-1），2.37 dd（7.0，2.4）（H-9），3.0 dd（9.8，2.4）（H-14），2.70 dt（2.04），2.85 dt（2.0）

（H$_2$-15），4.76 br s，4.89 br s（H$_2$-17），1.25 s（H-18），2.70 d（11.4），2.10 d（11.4）（H$_2$-19），3.29 s（H-20），2.03 s（H$_3$-21）。

化合物名称：pukeensine

分子式：C$_{44}$H$_{64}$N$_2$O$_3$ 分子量（M+1）：669

植物来源：*Aconitum pukeense* W. T. Wang 普格乌头

参考文献：Ding L S，Wu F E，Chen Y Z. 1992. A new skeleton bisditerpenoid alkaloid from *Aconitum pukeense*. Acta Pharmaceutica Sinica，27（5）：394-396.

δ_C/ppm（溶剂 CDCl$_3$）：19.5，20.6，22.0，23.5，24.8，25.2，26.0，26.1，26.6，28.2，29.7，31.1，31.2，34.0，34.4，35.8，36.0，37.0，39.6，39.9，40.6，45.3，45.4，47.1，47.6，48.8，49.2，51.7，53.9，56.0，57.1，58.7，68.1，70.9，71.4，72.6，76.4，94.2，108.8，157.3。

附　录

C₂₀-二萜生物碱索引

化合物名称	分子式	分子量 （M＋1）	骨架 类型	页码
（＋）-(13R, 19S)-1β, 11α-diacetoxy-2α-benzoyloxy-13, 19-dihydroxyhe-tisan	$C_{31}H_{35}NO_8$	550	C4	175
(13R, 15S, 19S)-13, 15, 19-triol-hetisan	$C_{20}H_{27}NO_3$	330	C4	176
1,15-di-O-acetylhypognavine	$C_{31}H_{35}NO_7$	534	C4	187
11, 13-O-diacetyl-9-deoxyglanduline	$C_{31}H_{41}NO_9$	572	C4	189
11-acetyl-1, 19-epoxydenudatine	$C_{24}H_{33}NO_4$	400	C2	97
11-acetylcardionine	$C_{26}H_{35}NO_6$	458	C4	190
11-acetylisohypognavine	$C_{29}H_{33}NO_5$	476	C4	440
11-acetylisohypognavinone	$C_{29}H_{31}NO_5$	474	C4	440
11-acetyllepenine	$C_{24}H_{35}NO_4$	402	C2	98
11-dehydrokobusine	$C_{20}H_{25}NO_2$	312	C4	441
11-epi-16α, 17-dihydroxylepenine	$C_{22}H_{35}NO_5$	394	C2	99
12-acetyl-12-epinapelline	$C_{24}H_{35}NO_4$	402	C6	444
12-acetyldehydrolucidusculine	$C_{26}H_{35}NO_5$	442	C6	341
12-acetyllucidusculine	$C_{26}H_{37}NO_5$	444	C6	451
12-epi-15-O-acetyl-17-benzoyl-16-hydroxy-16, 17-dihydronapelline	$C_{31}H_{41}NO_7$	540	C6	342
12-epi-19-dehydrolucidusculine	$C_{24}H_{33}NO_4$	400	C6	451
12-epiacetyldehydroluciduciduscullline	$C_{26}H_{35}NO_5$	442	C6	343
12-epi-acetyldehydronapelline	$C_{24}H_{33}NO_4$	400	C6	344
12-epi-dehydronapelline	$C_{22}H_{31}NO_3$	358	C6	345
12-epi-lucidusculine	$C_{24}H_{35}NO_4$	402	C6	452
12-epi-napelline	$C_{22}H_{33}NO_3$	360	C6	347
12-epinapelline N-oxide	$C_{22}H_{33}NO_4$	376	C6	346
13-(2-methylbutyryl)azitine	$C_{25}H_{37}NO_3$	400	C1	26
13-dehydro-1β-acetyl-2α, 6β-dihydroxyhetisine	$C_{22}H_{27}NO_5$	386	C4	191
13-dehydro-2β, 3α, 6β-trihydroxyhetisine	$C_{20}H_{25}NO_4$	344	C4	192
13-O-acetyl-9-deoxyglanduline	$C_{29}H_{39}NO_8$	530	C4	193

续表

化合物名称	分子式	分子量 (M+1)	骨架类型	页码
13-O-acetylglanduline	$C_{29}H_{39}NO_9$	546	C4	194
13-O-acetylvakhmatine	$C_{22}H_{29}NO_5$	388	C4	195
14-hydroxy-2-isobutyrylhetisine N-oxide	$C_{24}H_{33}NO_6$	432	C4	196
14-hydroxyhetisinone N-oxide	$C_{20}H_{25}NO_5$	360	C4	197
14-O-acetyl-9-deoxyglanduline	$C_{29}H_{39}NO_8$	530	C4	198
15, 22-O-diacetyl-19-oxodihydroatisine	$C_{26}H_{37}NO_5$	444	C1	27
15-acetylcardiopetamine	$C_{29}H_{31}NO_6$	490	C4	199
15-acetylsongoramine	$C_{24}H_{31}NO_4$	398	C6	349
15-acetylsongorine	$C_{24}H_{33}NO_4$	400	C6	348
15-benzoylpseudokobusine	$C_{27}H_{31}NO_4$	434	C4	441
15-deacetylvakognavine	$C_{32}H_{35}NO_9$	578	C5	316
15-veratroyl-17-acetyl-19-oxodictizine	$C_{32}H_{41}NO_8$	568	C2	100
15-veratroyl-17-acetyldictizine	$C_{32}H_{43}NO_7$	554	C2	101
15-veratroyldictizine	$C_{30}H_{41}NO_6$	512	C2	102
15-veratroylpscudobusine	$C_{29}H_{35}NO_6$	494	C4	441
16, 17-dihydro-12β, 16β-epoxynapelline	$C_{22}H_{33}NO_3$	360	C6	350
18-benzoyldavisinol	$C_{27}H_{31}NO_3$	418	C4	200
19-O-deethylspiramine N	$C_{20}H_{29}NO_3$	332	C1	28
19-oxodihydroatisine	$C_{22}H_{33}NO_3$	360	C1	29
1-acetylluciculine	$C_{24}H_{35}NO_4$	402	C6	338
1-dehydrosongorine	$C_{22}H_{29}NO_3$	356	C6	444
1-epi-napelline	$C_{22}H_{33}NO_3$	360	C6	339
1-O-acetylhypognavine	$C_{29}H_{33}NO_6$	492	C4	177
1α, 11, 13β-trihydroxylhetisine	$C_{20}H_{27}NO_3$	330	C4	178
22-O-acetyl-19-oxodihydroatisine	$C_{24}H_{35}NO_4$	402	C1	30
2-acetylseptentriosine	$C_{22}H_{29}NO_5$	388	C4	180
2-dehydrodeacetylheterophylloidine	$C_{21}H_{25}NO_3$	340	C3	132
2-O-acetyl-7α-hydroxyorochrine	$C_{23}H_{30}NO_5$	400 (M^+)	C4	181
2-O-acetylorochrine	$C_{23}H_{30}NO_4$	384 (M^+)	C4	182
2β, 9β, 11β, 13β-tetrahydrohetisine	$C_{20}H_{27}NO_4$	346	C4	179
3-epi-ignavinol	$C_{20}H_{27}NO_4$	346	C4	183
3α-hydroxy-12-epi-napelline	$C_{22}H_{33}NO_4$	376	C6	340
6, 15β-dihydroxylhetisine	$C_{20}H_{27}NO_2$	314	C4	184
6-hydroxylspiraqine	$C_{20}H_{29}NO_2$	316	C4	185

化合物名称	分子式	分子量 （M+1）	骨架 类型	页 码
7α-hydroxycossonidine	$C_{20}H_{27}NO_3$	330	C4	186
7β-hydroxyanopteryl-11α-4'-hydroxybenzoate 12α-ditiglate	$C_{33}H_{41}NO_9$	596	C11	445
7β-hydroxyanopteryl-11α-benzoate 12α-ditiglate	$C_{33}H_{41}NO_8$	580	C11	446
9-hydroxynominine	$C_{20}H_{27}NO_2$	314	C4	188
acetyldelgrandine	$C_{43}H_{45}NO_{13}$	784	C5	317
acochlearine	$C_{22}H_{35}NO_4$	378	C2	103
acofine	$C_{25}H_{38}NO_3Cl$	436	C6	445
aconicarchamine A	$C_{22}H_{35}NO_4$	378	C13	401
aconicarchamine B	$C_{31}H_{41}NO_7$	540	C2	104
aconicarmicharcutinium A trifluoroacetate	$C_{22}H_{32}NO_3$	358（M^+）	C9	382
aconicarmichinium A	$C_{22}H_{32}NO_3$	358（M^+）	C6	351
aconicarmichinium B	$C_{22}H_{30}NO_3$	356（M^+）	C6	352
aconicarmisulfonine A	$C_{22}H_{29}NO_6S$	436	新骨架	403
acoridine	$C_{23}H_{31}NO_5$	402	C4	201
acorientine	$C_{20}H_{27}NO_3$	330	C4	202
acozerine	$C_{31}H_{42}N_2O_3$	491	C3	133
acsinatine	$C_{22}H_{29}NO_4$	372	C4	203
actaline	$C_{22}H_{31}NO_2$	342	C13	447
ajabicine	$C_{22}H_{33}NO_2$	344	C13	402
ajaconine	$C_{22}H_{33}NO_3$	360	C1	31
albovionitine	$C_{23}H_{35}NO_4$	390	C3	134
andersonbine	$C_{22}H_{29}NO_4$	372	C4	204
anopterimine	$C_{25}H_{33}NO_3$	396	C11	389
anopterimine N-oxide	$C_{25}H_{33}NO_4$	412	C11	390
anopterine	$C_{31}H_{43}NO_7$	542	C11	391
anopteryl 11α-4'-hydroxybenzoate 12α-tiglate	$C_{33}H_{41}NO_8$	580	C11	446
anopteryl 12α-tiglate	$C_{26}H_{37}NO_6$	460	C11	447
anopteryl alcohol	$C_{21}H_{31}NO_5$	378	C11	392
anthoroidine A	$C_{40}H_{51}NO_5$	626	C4	205
anthoroidine C	$C_{24}H_{33}NO_5$	416	C8	378
anthoroidine D	$C_{30}H_{43}NO_{10}$	578	C8	379
anthoroidine E	$C_{23}H_{33}NO_4$	388	C8	380
anthoroidine F	$C_{20}H_{27}NO_2$	314	C3	135
anthoroidine G	$C_{27}H_{31}NO_3$	418	C4	206

续表

化合物名称	分子式	分子量（M+1）	骨架类型	页码
anthoroidine H	$C_{27}H_{31}NO_4$	434	C4	207
anthoroidine I	$C_{26}H_{35}NO_5$	442	C4	209
anthriscifolmine A	$C_{25}H_{37}NO_5$	432	C2	105
anthriscifolmine B	$C_{25}H_{37}NO_6$	448	C2	106
anthriscifolmine C	$C_{29}H_{31}NO_7$	506	C4	210
anthriscifolmine D	$C_{33}H_{41}NO_9$	596	C5	318
anthriscifolmine E	$C_{40}H_{49}NO_{13}$	752	C5	319
anthriscifolmine F	$C_{40}H_{49}NO_{12}$	736	C5	320
anthriscifolmine G	$C_{37}H_{43}NO_{13}$	710	C5	321
anthriscifolmine H	$C_{37}H_{43}NO_{12}$	694	C5	322
anthriscifolsine A	$C_{29}H_{31}NO_7$	506	新骨架	404
anthriscifolsine B	$C_{24}H_{31}NO_7$	446	C4	211
anthriscifolsine C	$C_{30}H_{43}NO_7$	530	C4	212
arcutine	$C_{25}H_{35}NO_3$	398	C9	383
arcutinine	$C_{24}H_{33}NO_3$	384	C9	384
atidine	$C_{22}H_{33}NO_3$	360	C1	32
atidine diacetate	$C_{26}H_{37}NO_5$	444	C1	33
atisine	$C_{22}H_{33}NO_2$	344	C1	34
atisine azomethine acetate	$C_{22}H_{31}NO_2$	342	C1	35
atisinium chloride	$C_{22}H_{34}NO_2$	344（M^+）	C1	36
atisinone	$C_{22}H_{31}NO_2$	342	C1	37
azitine	$C_{20}H_{29}NO$	300	C1	38
barbaline	$C_{34}H_{37}NO_{11}$	636	C5	323
barbisine	$C_{32}H_{35}NO_9$	578	C5	324
beiwusine A	$C_{22}H_{33}NO_4$	376	C1	39
beiwusine B	$C_{22}H_{33}NO_4$	376	C1	40
brunonine	$C_{22}H_{33}NO_3$	360	C1	41
bullatine H	$C_{23}H_{35}NO_6$	422	C2	107
cardiodine	$C_{38}H_{45}NO_{11}$	692	C4	213
cardionidine	$C_{21}H_{25}NO_5$	372	新骨架	452
cardionine	$C_{24}H_{33}NO_5$	416	C4	214
cardiopetamine	$C_{27}H_{29}NO_5$	448	C4	215
cardiopidine	$C_{36}H_{43}NO_9$	634	C4	216
cardiopimine	$C_{35}H_{41}NO_9$	620	C4	217

化合物名称	分子式	分子量（$M+1$)	骨架类型	页码
cardiopine	$C_{36}H_{43}NO_9$	634	C4	218
cardiopinine	$C_{35}H_{41}NO_9$	620	C4	219
carduchoron	$C_{21}H_{25}NO_3$	340	C3	136
carmichaedine	$C_{32}H_{45}NO_8$	572	C5	325
carmichaeline A	$C_{22}H_{29}NO_3$	356	C4	220
carmichaeline A trifluoroacetate	$C_{31}H_{35}NO_8$	550（M^+)	C4	221
carmichaeline B trifluoroacetate	$C_{29}H_{41}NO_6$	500（M^+)	C4	222
carmichaeline C trifluoroacetate	$C_{29}H_{41}NO_7$	516（M^+)	C4	223
carmichaeline D trifluoroacetate	$C_{30}H_{43}NO_7$	530（M^+)	C4	224
chellespontine	$C_{22}H_{33}NO_2$	344	C1	42
chuanfunine	$C_{22}H_{35}NO_5$	394	C6	353
cochleareine	$C_{22}H_{37}NO_4$	380	C1	43
cochlearenine	$C_{22}H_{35}NO_4$	378	C2	108
consorientaline	$C_{22}H_{33}NO_3$	360	C1	44
corifine	$C_{31}H_{42}N_2O_2$	475	C3	137
coryphidine	$C_{31}H_{44}N_2O_3$	493	C1	45
cossonidine	$C_{20}H_{27}NO_2$	314	C4	225
cossonine	$C_{31}H_{35}NO_7$	534	C4	226
cuauchichicine	$C_{22}H_{33}NO_2$	344	C12	394
davisine	$C_{20}H_{27}NO_2$	314	C4	227
davisinol	$C_{20}H_{27}NO_2$	314	C4	236
deacetylheterophylloidine	$C_{21}H_{27}NO_3$	342	C3	138
deacetylspiramine F	$C_{22}H_{33}NO_3$	360	C1	46
deacetylspiramine S	$C_{22}H_{31}NO_4$	374	C1	47
dehydrolucidusculine	$C_{24}H_{33}NO_4$	400	C6	354
dehydronapelline	$C_{22}H_{31}NO_3$	358	C6	355
delatisine	$C_{20}H_{25}NO_3$	328	C4	228
delbidine	$C_{20}H_{25}NO_4$	344	C4	229
delcarduchol	$C_{21}H_{27}NO_3$	342	C3	139
delfissinol	$C_{20}H_{27}NO_3$	330	C4	230
delgramine	$C_{27}H_{31}NO_6$	466	C4	231
delgrandine	$C_{41}H_{43}NO_{12}$	742	C5	326
delnuttaline	$C_{22}H_{27}NO_5$	386	C4	232

化合物名称	分子式	分子量（M+1）	骨架类型	页码
delnuttidine	$C_{20}H_{25}NO_3$	328	C4	233
delnuttine	$C_{22}H_{29}NO_4$	372	C4	234
delphatisine A	$C_{22}H_{33}NO_4$	376	C1	48
delphatisine B	$C_{24}H_{33}NO_4$	400	C1	49
delphatisine C	$C_{24}H_{31}NO_5$	414	C1	50
delphigraciline	$C_{40}H_{41}NO_{11}$	712	C4	235
denudatine	$C_{22}H_{33}NO_2$	344	C2	109
diacetylisohypognavine	$C_{31}H_{35}NO_6$	518	C4	442
dictyzine	$C_{21}H_{33}NO_3$	348	C2	110
dihydroajaconine	$C_{22}H_{35}NO_3$	362	C1	51
dihydroatisine	$C_{22}H_{35}NO_2$	346	C1	54
dihydroatisine azomethine	$C_{20}H_{31}NO$	302	C1	52
dihydroatisine diacetate	$C_{26}H_{39}NO_4$	430	C1	53
episcopalidine	$C_{30}H_{33}NO_6$	504	C3	140
finetianine	$C_{21}H_{29}NO_3$	344	C6	356
fissumine	$C_{22}H_{27}NO_4$	370	C4	237
flavadine	$C_{24}H_{35}NO_5$	418	C6	357
flavamine	$C_{22}H_{33}NO_4$	376	C6	358
garryine	$C_{22}H_{33}NO_2$	344	C12	395
geyeridine	$C_{22}H_{27}NO_5$	386	C4	238
geyerine	$C_{25}H_{33}NO_5$	428	C4	239
geyerinine	$C_{27}H_{37}NO_7$	488	C4	240
glanduline	$C_{27}H_{37}NO_8$	504	C4	241
gomandonine	$C_{21}H_{31}NO_4$	362	C2	111
gomandonine 13-O-acetate	$C_{23}H_{33}NO_5$	404	C2	112
grandiflodine A	$C_{22}H_{28}N_2O_3$	369	C4	242
guan fu base A	$C_{24}H_{31}NO_6$	430	C4	243
guan fu base A_1	$C_{24}H_{31}NO_6$	430	C4	244
guan fu base F	$C_{26}H_{35}NO_6$	458	C4	247
guan fu base G	$C_{26}H_{33}NO_7$	472	C4	245
guan fu base J	$C_{22}H_{29}NO_5$	388	C7	374
guan fu base K	$C_{20}H_{27}NO_4$	346	C7	375
guan fu base N	$C_{24}H_{33}NO_5$	416	C4	248

续表

化合物名称	分子式	分子量 （M＋1）	骨架 类型	页码
guan fu base O	C$_{25}$H$_{33}$NO$_6$	444	C4	249
guan fu base P	C$_{28}$H$_{37}$NO$_7$	500	C4	250
guan fu base Q	C$_{22}$H$_{27}$NO$_5$	386	C4	253
guan fu base R	C$_{27}$H$_{35}$NO$_7$	486	C4	254
guan fu base S	C$_{24}$H$_{29}$NO$_5$	412	C4	246
guan fu base T	C$_{20}$H$_{25}$NO$_4$	344	C4	255
guan fu base U	C$_{20}$H$_{25}$NO$_4$	344	C4	256
guan fu base V	C$_{20}$H$_{25}$NO$_3$	328	C4	257
guan fu base W	C$_{22}$H$_{29}$NO$_5$	388	C4	258
guan fu base X	C$_{22}$H$_{29}$NO$_6$	404	C4	259
guan fu base Y	C$_{22}$H$_{29}$NO$_5$	388	C4	251
guan fu base Z	C$_{24}$H$_{33}$NO$_5$	416	C4	252
gymnandine	C$_{22}$H$_{33}$NO	328	C2	113
heterophyllinine A	C$_{22}$H$_{33}$NO$_2$	344	C2	114
heterophyllinine B	C$_{24}$H$_{35}$NO$_4$	402	C1	55
heterophylloidine	C$_{23}$H$_{29}$NO$_4$	384	C3	141
hetidine	C$_{21}$H$_{27}$NO$_4$	358	C3	142
hetisane-2α, 11α, 13α, 19β-tetrol-2-benzoate-11-sulfonate	C$_{27}$H$_{31}$NO$_8$S	530	C4	260
hetisine	C$_{20}$H$_{27}$NO$_3$	330	C4	261
hetisine 13-O-acetate	C$_{22}$H$_{31}$NO$_4$	372	C4	262
hetisinone	C$_{20}$H$_{25}$NO$_3$	328	C4	263
honatisine	C$_{33}$H$_{49}$NO$_6$	556	C1	56
hypognavine	C$_{27}$H$_{31}$NO$_5$	450	C4	264
ignavine	C$_{27}$H$_{31}$NO$_5$	450	C4	442
ignavinol	C$_{20}$H$_{27}$NO$_4$	346	C4	265
isoatisine	C$_{22}$H$_{33}$NO$_2$	344	C1	57
isoazitine	C$_{20}$H$_{29}$NO	300	C1	58
isogarryfoline	C$_{22}$H$_{33}$NO$_2$	344	C12	396
isohypognavine	C$_{27}$H$_{31}$NO$_4$	434	C4	443
jaluenine	C$_{29}$H$_{33}$NO$_6$	492	C4	266
jynosine	C$_{24}$H$_{35}$NO$_3$	386	C2	439
karakomine	C$_{22}$H$_{33}$NO$_3$	360	C6	359
kaurine A	C$_{20}$H$_{27}$NO$_5$	362	新骨架	405
kaurine B	C$_{20}$H$_{27}$NO$_5$	362	C12	397

化合物名称	分子式	分子量 (M+1)	骨架类型	页码
kirinine A	$C_{24}H_{35}NO_4$	402	C2	115
kirinine B	$C_{22}H_{31}NO_3$	358	C2	116
kirinine C	$C_{22}H_{29}NO_4$	372	C2	117
kobusine	$C_{20}H_{27}NO_2$	314	C4	267
kusnesoline	$C_{20}H_{27}NO_3$	330	C7	376
lassiocarpine	$C_{29}H_{39}NO_6$	498	C2	118
lepedine	$C_{23}H_{35}NO_3$	374	C2	439
lepenine	$C_{22}H_{33}NO_3$	360	C2	119
lepenine N-oxide	$C_{22}H_{33}NO_4$	376	C2	120
leucostomine A	$C_{22}H_{34}NO_3$	360 (M^+)	C1	59
leucostomine B	$C_{22}H_{34}NO_4$	376 (M^+)	C1	60
liangshanine	$C_{23}H_{35}NO_3$	374	C6	360
liangshanone	$C_{23}H_{33}NO_3$	372	C6	361
lindheimerine	$C_{22}H_{31}NO_2$	342	C12	398
luciculine	$C_{22}H_{33}NO_3$	360	C6	372
lucidusculine	$C_{24}H_{35}NO_4$	402	C6	373
macrocentrine	$C_{22}H_{35}NO_5$	394	C2	121
macroyesoenline	$C_{23}H_{35}NO_6$	422	C2	122
majusidine A	$C_{22}H_{29}NO_5$	388	C4	268
majusidine B	$C_{25}H_{33}NO_4$	412	C4	269
majusimine A	$C_{45}H_{47}NO_{15}$	842	C5	327
majusimine B	$C_{43}H_{45}NO_{14}$	800	C5	328
majusimine C	$C_{41}H_{43}NO_{13}$	758	C5	329
majusimine D	$C_{34}H_{37}NO_{12}$	652	C5	330
N(19)-en-denudatine	$C_{20}H_{27}NO_2$	314	C2	123
nagaconitine D	$C_{24}H_{31}NO_6$	430	C4	270
napelline	$C_{22}H_{33}NO_3$	360	C6	362
navicularine C	$C_{29}H_{37}NO_3$	448	C3	143
naviculine A	$C_{20}H_{27}NO_2$	314	C3	144
naviculine B	$C_{20}H_{27}NO_2$	314	C3	145
N-deethyldehydrolucidusculine	$C_{22}H_{29}NO_4$	372	C6	363
N-deethyl-N-methyl-12-epi-napelline	$C_{21}H_{31}NO_3$	346	C6	364
N-ethyl-1α-hydroxy-17-veratroyldictizine	$C_{31}H_{43}NO_7$	542	C2	124
N-methyl dihydroztisine azomethine	$C_{21}H_{33}NO$	316	C1	61

化合物名称	分子式	分子量 （M＋1）	骨架 类型	页码
nominine	$C_{20}H_{27}NO$	298	C4	271
O, O, O, O-tetraacetylanopteryl alcohol	$C_{29}H_{39}NO_9$	546	C11	393
omeieline	$C_{20}H_{27}NO_3$	330	C7	377
orgetine	$C_{20}H_{27}NO_3$	330	C4	272
orientinine	$C_{20}H_{23}NO_5$	358	C4	273
orochrine	$C_{21}H_{28}NO_3$	342（M^+）	C4	274
ouvrardiandine A	$C_{28}H_{37}NO_7$	500	C1	62
ouvrardiandine B	$C_{30}H_{33}NO_7$	520	C1	63
ovatine	$C_{24}H_{35}NO_3$	386	C12	399
palmadine	$C_{31}H_{35}NO_5$	502	C4	275
palmasine	$C_{29}H_{33}NO_4$	460	C4	276
panicudine	$C_{20}H_{25}NO_3$	328	C4	277
paniculadine	$C_{20}H_{23}NO_3$	326	C4	278
panicutine	$C_{23}H_{29}NO_4$	384	C3	146
puberuline A	$C_{22}H_{29}NO_4$	372	C6	365
puberuline B	$C_{22}H_{29}NO_5$	388	C6	366
pubesine	$C_{23}H_{31}NO_5$	402	C2	125
racemulodine	$C_{21}H_{27}NO_4$	358	C3	147
racemulosine	$C_{22}H_{32}N_2O_3$	373	C8	381
racemulosine A	$C_{25}H_{33}NO_6$	444	C4	279
racemulotine	$C_{35}H_{37}NO_7$	584	C6	367
rotundifosine D	$C_{43}H_{45}NO_{13}$	784	C5	331
rotundifosine E	$C_{27}H_{31}NO_5$	450	C4	280
rotundifosine F	$C_{31}H_{43}N_2O_2$	475（M^+）	C3	148
rotundifosine G	$C_{30}H_{40}N_2O_2$	461	C3	149
ryosenamine	$C_{27}H_{31}NO_4$	434	C4	281
ryosenaminol	$C_{20}H_{27}NO_3$	330	C4	443
sadosine	$C_{27}H_{31}NO_6$	466	C4	450
sanyonamine	$C_{20}H_{27}NO_2$	314	C4	282
sczukidine	$C_{21}H_{27}NO_4$	358	C3	150
sczukinine	$C_{23}H_{29}NO_5$	400	C3	151
sczukitine	$C_{28}H_{37}NO_6$	484	C3	152
septatisine	$C_{22}H_{31}NO_3$	358	C3	153
septedine	$C_{22}H_{31}NO_3$	358	C3	439

化合物名称	分子式	分子量（M+1）	骨架类型	页码
septenine	$C_{22}H_{29}NO_5$	388	C4	283
septentriosine	$C_{20}H_{27}NO_4$	346	C4	284
sinchianine	$C_{23}H_{33}NO_5$	404	C2	126
sinomontanidine A	$C_{26}H_{37}NO_5$	444	C2	127
sinomontanidine B	$C_{24}H_{35}NO_4$	402	C2	128
songoramine	$C_{22}H_{29}NO_3$	356	C6	368
songorine	$C_{22}H_{31}NO_3$	358	C6	369
souline F	$C_{20}H_{27}NO_3$	330	C4	285
spiradine A	$C_{20}H_{25}NO_2$	312	C4	286
spiradine B	$C_{20}H_{27}NO_2$	314	C4	287
spirafine Ⅱ	$C_{22}H_{31}NO_2$	342	C3	154
spirafine Ⅲ	$C_{22}H_{31}NO_2$	342	C3	155
spiramide	$C_{26}H_{35}NO_6$	458	C1	64
spiramidine A	$C_{22}H_{31}NO_3$	358	C1	65
spiramidine B	$C_{22}H_{31}NO_3$	358	C1	66
spiramilactam A	$C_{22}H_{31}NO_4$	374	C1	67
spiramilactam B	$C_{22}H_{33}NO_5$	392	C1	68
spiramine A	$C_{24}H_{33}NO_4$	400	C1	69
spiramine B	$C_{24}H_{33}NO_4$	400	C1	70
spiramine C	$C_{22}H_{31}NO_3$	358	C1	71
spiramine D	$C_{22}H_{31}NO_3$	358	C1	72
spiramine E	$C_{26}H_{37}NO_5$	444	C1	73
spiramine F	$C_{24}H_{35}NO_4$	402	C1	74
spiramine G	$C_{22}H_{33}NO_3$	360	C1	75
spiramine H	$C_{22}H_{33}NO_3$	360	C1	76
spiramine I	$C_{24}H_{35}NO_4$	402	C1	77
spiramine J	$C_{23}H_{33}NO_3$	372	C1	78
spiramine K	$C_{23}H_{33}NO_3$	372	C1	79
spiramine L	$C_{25}H_{35}NO_4$	414	C1	80
spiramine M	$C_{25}H_{35}NO_4$	414	C1	81
spiramine N	$C_{22}H_{33}NO_3$	360	C1	82
spiramine O	$C_{21}H_{31}NO_3$	346	C1	83
spiramine P	$C_{22}H_{33}NO_4$	376	C1	87
spiramine Q	$C_{22}H_{33}NO_4$	376	C1	88

化合物名称	分子式	分子量（$M+1$）	骨架类型	页码
spiramine R	$C_{24}H_{33}NO_5$	416	C1	89
spiramine T	$C_{24}H_{35}NO_5$	418	C1	84
spiramine U	$C_{24}H_{35}NO_5$	418	C1	85
spiramine W	$C_{22}H_{33}NO_4$	376	C1	86
spiramine X	$C_{26}H_{35}NO_6$	458	C1	90
spiramine Y	$C_{24}H_{33}NO_5$	416	C1	91
spiramine Z	$C_{26}H_{37}NO_5$	444	C1	92
spiraqine	$C_{20}H_{29}NO$	300	C4	288
spirasine I	$C_{22}H_{29}NO_3$	356	C3	156
spirasine II	$C_{22}H_{29}NO_3$	356	C3	157
spirasine III	$C_{22}H_{27}NO_4$	370	C3	158
spirasine IV	$C_{20}H_{25}NO$	296	C4	294
spirasine IX	$C_{20}H_{25}NO$	296	C4	295
spirasine V	$C_{22}H_{31}NO_3$	358	C4	159
spirasine VI	$C_{22}H_{31}NO_3$	358	C3	160
spirasine VII	$C_{22}H_{31}NO_4$	374	C3	161
spirasine VIII	$C_{22}H_{31}NO_4$	374	C3	162
spirasine X	$C_{20}H_{25}NO_2$	312	C4	291
spirasine XI	$C_{20}H_{27}NO$	298	C4	296
spirasine XII	$C_{20}H_{25}NO_3$	328	C4	292
spirasine XIII	$C_{20}H_{25}NO_3$	328	C4	293
spirasine XIV	$C_{20}H_{27}NO_2$	314	C4	289
spirasine XV	$C_{20}H_{27}NO_2$	314	C4	290
spiratine A	$C_{22}H_{33}NO_3$	360	C1	93
spiratine B	$C_{24}H_{33}NO_5$	416	C1	94
spiredine	$C_{22}H_{27}NO_3$	354	C3	163
stenocarpine	$C_{21}H_{31}NO_3$	346	C2	129
subdesculine	$C_{24}H_{33}NO_4$	400	C6	370
tadzhaconine	$C_{31}H_{35}NO_7$	534	C4	297
talassamine	$C_{20}H_{27}NO_2$	314	C3	164
talassimidine	$C_{22}H_{29}NO_3$	356	C3	165
talassimine	$C_{22}H_{29}NO_3$	356	C3	166
tanaconitine	$C_{29}H_{38}N_2O_2$	447	C3	167

化合物名称	分子式	分子量（$M+1$）	骨架类型	页码
tanguticuline E	$C_{20}H_{25}NO_4$	344	C4	208
tangutimine	$C_{20}H_{27}NO_2$	314	C3	168
tangutisine	$C_{20}H_{27}NO_4$	346	C4	298
tangutisine A	$C_{41}H_{43}NO_{11}$	726	C5	332
tangutisine B	$C_{32}H_{35}NO_9$	578	C5	333
tatsienenseine A	$C_{43}H_{45}NO_{13}$	784	C5	334
tatsienenseine B	$C_{24}H_{31}NO_4$	398	C4	299
tatsienenseine C	$C_{24}H_{31}NO_3$	382	C4	300
tatsirine	$C_{20}H_{27}NO_3$	330	C4	450
ternatine	$C_{24}H_{33}NO_5$	416	C4	301
thalicsessine	$C_{22}H_{27}NO_4$	370	C3	169
thalicsiline	$C_{24}H_{35}NO_5$	418	C1	95
tiantaishandine	$C_{29}H_{33}NO_5$	476	C4	302
tongolinine	$C_{20}H_{27}NO_2$	314	C3	170
torokonine	$C_{27}H_{31}NO_5$	450	C4	303
tricalysiamide A	$C_{20}H_{27}NO_3$	330	C10	385
tricalysiamide B	$C_{20}H_{29}NO_3$	332	C10	386
tricalysiamide C	$C_{21}H_{31}NO_4$	362	C10	387
tricalysiamide D	$C_{20}H_{31}NO_4$	350	C10	388
trifoliolasine D	$C_{43}H_{45}NO_{13}$	784	C5	335
trifoliolasine E	$C_{39}H_{41}NO_{11}$	700	C5	336
trifoliolasine F	$C_{39}H_{41}NO_{10}$	684	C5	337
turpelline	$C_{22}H_{33}NO_4$	376	C6	371
uncinatine	$C_{22}H_{33}NO_3$	360	C1	96
vakhmadine	$C_{21}H_{30}NO_4$	360（M^+）	C4	304
vakhmatine	$C_{20}H_{27}NO_4$	346	C4	305
variegatine	$C_{21}H_{27}NO_2$	326	C3	171
veatchine	$C_{22}H_{33}NO_2$	344	C12	400
venudelphine	$C_{26}H_{33}NO_6$	456	C4	306
venulol	$C_{20}H_{27}NO_2$	314	C4	307
venuluson	$C_{20}H_{25}NO_3$	328	C4	308
vilmoridine	$C_{22}H_{29}NO_6$	404	新骨架	406
vilmorinianine	$C_{23}H_{33}NO_3$	372	C2	130
vilmorrianine E	$C_{20}H_{25}NO_2$	312	C4	309

化合物名称	分子式	分子量 （$M+1$）	骨架类型	页码
vilmorrianine F	$C_{28}H_{34}NO_6$	480（M^+）	C4	310
vilmorrianine G	$C_{28}H_{34}NO_5$	464（M^+）	C4	311
vilmorrianone	$C_{23}H_{27}NO_5$	398	C3	172
yesodine	$C_{25}H_{35}NO_4$	414	C4	312
yesoline	$C_{30}H_{37}NO_6$	508	C3	173
yesonine	$C_{21}H_{29}NO_3$	344	C3	174
yesoxine	$C_{25}H_{35}NO_6$	446	C2	131
yunnanenseine B	$C_{28}H_{37}NO_7$	500	C4	313
yunnanenseine C	$C_{26}H_{35}NO_6$	458	C4	314
zeraconine	$C_{30}H_{40}N_2O$	445	C4	315
zeraconine N-oxide	$C_{30}H_{40}N_2O_2$	461	C4	443
zeravshanisine	$C_{29}H_{33}NO_6$	492	C4	444

双二萜生物碱索引

化合物名称	分子式	分子量（$M+1$）	页码
anthoroidine B	$C_{40}H_{52}N_2O_4$	625	407
bulleyanine A	$C_{44}H_{62}N_2O_4$	683	409
bulleyanine B	$C_{44}H_{64}N_2O_3$	669	411
navicularine A	$C_{40}H_{50}N_2O_4$	623	413
navicularine B	$C_{47}H_{56}N_2O_5$	729	415
piepunine	$C_{44}H_{64}N_2O_4$	685	437
pukeensine	$C_{44}H_{64}N_2O_3$	669	453
staphidine	$C_{42}H_{58}N_2O$	607	417
staphigine	$C_{43}H_{58}N_2O_3$	651	448
staphimine	$C_{41}H_{54}N_2O$	591	418
staphirine	$C_{42}H_{56}N_2O_2$	621	419
staphinine	$C_{42}H_{56}N_2O_2$	621	448
staphisagine	$C_{44}H_{62}N_2O_3$	667	449
staphisagrine	$C_{43}H_{60}N_2O_2$	637	449
staphisine	$C_{43}H_{60}N_2O_2$	637	420
tangirine	$C_{49}H_{62}N_2O_7$	791	421
trichocarpidine	$C_{43}H_{58}N_2O_6$	699	425

化合物名称	分子式	分子量（$M+1$）	页码
trichocarpine A	$C_{43}H_{58}N_2O_7$	715	423
trichocarpine B	$C_{41}H_{56}N_2O_6$	673	433
trichocarpinine	$C_{45}H_{60}N_2O_6$	725	435
trichocarpinine A	$C_{47}H_{62}N_2O_7$	767	427
trichocarpinine B	$C_{47}H_{62}N_2O_6$	751	429
trichocarpinine C	$C_{46}H_{60}N_2O_7$	753	431